T0189171

G. Herbert Vogel
**Lehrbuch**
**Chemische Technologie**

G. Herbert Vogel

# Lehrbuch
# Chemische Technologie

Grundlagen
Verfahrenstechnischer Anlagen

WILEY-
VCH

WILEY-VCH Verlag GmbH & Co. KGaA

*Prof. Dr. G. Herbert Vogel*
TU Darmstadt
Ernst Berl Institut für Technische
und Makromolekulare Chemie
Petersenstraße 20
64287 Darmstadt

**Bibliografische Information
Der Deutschen Bibliothek –**
Die Deutsche Bibliothek verzeichnet diese Publi-
kation in der Deutschen Nationalbibliografie; de-
taillierte bibliografische Daten sind im Internet
über http://dnb.ddb.de abrufbar.

**Satz** Mitterweger & Partner
Kommunikationsgesellschaft mbH, Plankstadt

ISBN 978-3-527-31094-4

Meinen Kindern

*Birke, Karl, Anke* und *Till*

## Vorwort

Die Idee dieses Lehrbuches war es, dem Chemiestudenten ein preiswertes Lehrbuch in die Hand zu geben, das sowohl die Grundlagen der Technischen Chemie wie *Thermodynamik, Kinetik* und *Hydrodynamik* als auch die Hauptgebiete wie *Katalyse, Chemische Reaktionstechnik* und *Trennverfahren* in kompakter aber für ein erfolgreiches Studium ausreichendem Umfang enthält. Es stellt einen leicht modifizierten und erweiterten Extrakt aus dem Buch *Verfahrensentwicklung von der ersten Idee zur chemischen Produktionsanlage* dar und enthält das Grundwissen, das der Autor während seiner Industrietätigkeit bei der *BASF AG, Ludwigshafen* bei Entwicklung, Planung, Bau und Inbetriebnahme petrochemischer Produktionsanlagen benötigte und wie es auch heute Inhalt der Grundvorlesung Chemische Technologie an der Technischen Universität Darmstadt im Hauptstudium ist.

Ohne die aktive Hilfe von Herrn Dr.-Ing. *Gerd Kaibel (BASF Aktiengesellschaft, Ludwigshafen)* wäre dieses Buch nicht realisierbar gewesen. Er steuerte seine große industrielle Erfahrung bei, und hatte die Bearbeitung großer Teile des Kapitels 7 über thermische und mechanische Trennverfahren übernommen.

Schließlich bin ich Frau *Karin Sora* vom Verlag *Wiley-VCH* für ihr großes Engagement bei der Realisierung der Buchidee sowie meinen Töchtern *Birke* und *Anke Vogel* für das Korrekturlesen und die Erstellung des Registers zu Dank verpflichtet.

Für die in diesem Buch enthaltenen Fehler und Mängel bin ich alleine verantwortlich.

Darmstadt, im April 2004                                             G. Herbert Vogel

*Lehrbuch Chemische Technologie. Grundlagen Verfahrenstechnischer Anlagen.* G. Herbert Vogel
Copyright © 2004 WILEY-VCH Verlag GmbH & Co. KGaA, Weinheim
ISBN: 3-527-31094-0

# Inhaltsverzeichnis

*Lehrbuch Chemische Technologie. Grundlagen Verfahrenstechnischer Anlagen.* G. Herbert Vogel
Copyright © 2004 WILEY-VCH Verlag GmbH & Co. KGaA, Weinheim
ISBN: 3-527-31094-0

# 1
# Einführung

## 1.1
## Das Ziel industrieller Forschung und Entwicklung

In der chemischen Industrie (Abb. 1-1) werden ca. 7 % des Umsatzes für Forschung und Entwicklung ausgegeben [Jahrbuch 1991, VCI 2000, VCI 2001] (Tab. 1-1 und Anhang 8.18). Dieser Betrag liegt in der Größenordnung des Unternehmensgewinnes oder der Kapitalinvestitionen. Die Aufgabe des Forschungsmanagements ist es, diese Mittel zur Schaffung von Wettbewerbsvorteilen einzusetzen [Meyer-Galow 2000]. Denn der Markt hat sich verändert, von einem nationalen Verkäufermarkt nach dem zweiten Weltkrieg (Nachfrage > Angebot) zu einem Weltmarkt mit immer größer werdenden Konkurrenzdruck. Dies ist nicht ohne Auswirkung auf die Struktur der großen Chemiefirmen geblieben: aus integrierten, breit diversifizierten Konzernen (z. B. *Hoechst, ICI, Rhone-Poulenc*) sind in den *90er* Jahren Spezialisten für Bulk-

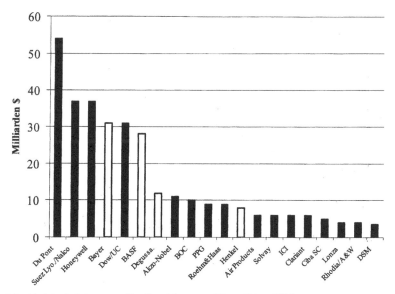

**Abb. 1-1** Marktkapitalisierung großer Chemiekonzerne [Meyer-Galow 2000].

*Lehrbuch Chemische Technologie. Grundlagen Verfahrenstechnischer Anlagen.* G. Herbert Vogel
Copyright © 2004 WILEY-VCH Verlag GmbH & Co. KGaA, Weinheim
ISBN: 3-527-31094-0

**Tab. 1-1** Wachstumskennzahlen der deutschen Chemischen Industrie [VCI 2001].

| | 1990 | 1995 | 1996 | 1997 | 1998 | 1999 | 2000 |
|---|---|---|---|---|---|---|---|
| Umsatz (Mrd. EURO) | 83,5 | 92,1 | 89,5 | 96,6 | 95,8 | 97,1 | 108,6 |
| Beschäftigte in Tausend | 592 | 536 | 518 | 501 | 485 | 478 | 470 |
| Investitionen in Sachanlagen (Mrd. EURO) | 6,5 | 5,8 | 6,4 | 6,4 | 6,9 | 6,9 | 7,2 |
| F&E-Aufwendungen (Mrd. EURO) | 5,4 | 5,3 | 5,8 | 6,1 | 7,0 | 7,3 | 7,9 |

**Tab. 1-2** Grobstruktur der Herstellkosten.

| | |
|---|---|
| Stoffkosten | |
| Energiekosten | *variable Kosten (Produktionsabhängig)* |
| Entsorgungskosten | |
| Personalkosten | |
| Werkstattkosten | |
| Abschreibung | *fixe Kosten (Produktionsunabhängig)* |
| sonstige Kosten | |
| Σ Herstellkosten | |

Chemikalien (*Dow/UCC, Celanese, Elenac/Montell*), Fein- und Spezial-Chemikalien (*Clariant, Ciba SC*) sowie Wirkstoffformulierungen (Pharma, Agro wie *Aventis, Norvatis*) geworden [Felcht 2000, Perlitz 2000]. Diese Entwicklung geht weiter wie das jüngste Beispiel der Bayer AG, Leverkusen zeigt (Abb. 1-2) [Niederwestberg 2002].

Da chemische Verkaufsprodukte im Gegensatz zu Konsumgütern (z. B. Automobile oder Artikel der Modebranche) überwiegend „emotionslose Produkte" sind (Beispiele: Polyethylen, Salzsäure), gelten für den professionellen Chemiekunden in erster Linie nur die Kaufanreize: *Nutzen und Preis.* Alle Forschungsaktivitäten eines Industrieunternehmens müssen sich daher in letzter Konsequenz auf drei Basisfaktoren von Wettbewerbsvorteilen reduzieren, nämlich das *Billiger* und/oder das *Besser* und/oder das *Schneller* als der Wettbewerber. Die UND-Kombination bietet die größten Wettbewerbsvorteile und wird daher auch als Weltmeisterstrategie bezeichnet. Häufiger wird man sich mit der ODER-Kombination schon zufrieden geben müssen. Das qualitative *Billiger* kann durch eine *Herstellkostenanalyse* quantifiziert werden. Dazu genügt es zunächst, sich die Grobstruktur der Herstellkosten anzuschauen. Jede Position in Tab. 1-2 kann so für sich analysiert und das Gesamtsystem optimiert werden. Der Wettbewerbsvorteil *Besser* bezieht sich heute nicht nur auf die Faktoren Verfügbarkeit und Produktqualität, sondern auch auf die Umweltverträglichkeit des Verfahrens [Gärtner 2000], das Qualitätssicherungskonzept, Lieferzeit, Exklusivität [Krekel 1992] usw.

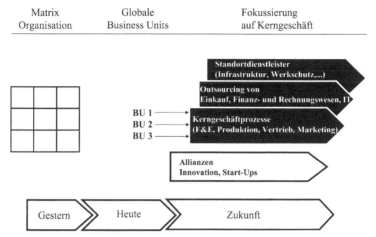

**Abb. 1-2**  Organisationsformen im Wandel der Zeit: von der Matrixorganisation zum Kerngeschäft in Ei-
genregie und Outsourcing von Unterstützungsprozessen.

## 1.2
## Die Produktionsstruktur der chemischen Industrie

Wenn man die Produktionsstruktur der chemischen Industrie betrachtet [Petroche-
mie 1990, BASF 1999, Petzny 1999], so stellt man fest, dass es nur einige hundert
große Grund- und Zwischenprodukte gibt, die im Maßstab von mindestens einigen
tausend bis zu mehreren Millionen Jahrestonnen weltweit hergestellt werden. Diese
relativ kleine Gruppe von Schlüsselprodukten, die wiederum nur aus ca. 10 Rohstoffen hergestellt werden, bilden den stabilen Sockel, auf dem sich die weitverzweigte
Veredlungschemie (Farbstoffe, Pharmaka usw.) mit ihren vielen tausend, oft nur
kurzlebigen Endprodukten aufbaut [Amecke 1987]. Es entstanden die bekannten
Stammbäume (Abb. 1-3), die wir auch als Synonym für einen intelligenten Produk-
tionsverbund mit oft erfolgsentscheidenden Synergien verstehen müssen.

Meilensteine der Produktentwicklung in der chemischen Industrie sind [Chemie-
report 2002]:

**Katalysatoren**: $V_2O_5$ für $SO_2$-Oxidation zu $SO_3$ (Knietsch, *1888*), Pt/Rh-Netze für
$NH_3$-Oxidation zu $HNO_3$ (Ostwald, *1906*), Ni zur Fetthärtung (Normann, *1907*), Fe
(Haber-Bosch, *1908*), Fe, Mo, Sn zur Kohlehydrierung (Bergius, *1913* und Pier,
*1927*), $V_2O_5$ für Naphthalin zu Phthalsäureanhydrid (Weiss, Downs, *1920*), ZnO/
$Cr_2O_3$ für Methanol aus Synthesegas (Mittach, *1923*), Fe, Co, Ni für Benzin aus Synthesegas (Fischer, Tropsch, *1925*), Ag für Ethylen zu Ethylenoxid (Lefort, *1930*), Ti-
Verbindungen zur Ethylenpolymerisation (Ziegler, Natta, *1954*), Bi/Mo-Mischoxide
für Propen zu Acrylnitril (Idol, *1959*).

**Pharma**: Aspirin (*1899*), Salvarsan (*1908*), Penicillin (*1928*), Sulfonamide (*1934*),
Polioimpfstoff (*1955*), Antibabypille (*1961*), Calciumantagonisten (*1980*), Gentech.
Insulin (*1982*).

**Abb. 1-3** Produktionsstammbaum der chemischen Industrie. Ausgehend von wenigen Rohstoffen gelangt man über die Grund- und Zwischenprodukte zu den Feinchemikalien, Veredlungs- und Verbraucherprodukten sowie Spezialchemikalien und Wirkstoffen [Quadbeck 1990, Jentzsch 1990, Chemie Manager 1998, Raichle 2001].

**Farbstoffe**: Alizarin (*1868*), Indigoblau (*1883*), Indanthren (*1901*), Nitrocellulose-Lacke (*1921*), Dispersionsfarbstoffe (*1923*), Alkydharze (*1931*), Dispersionsfarben auf Acrylharzbasis (*1934*), Acrylharzlacke (*1935*), Reaktivfarbstoffe (*1954*), Elektrotauchlacke, (*1964*), Pulverlacke (*1966*), Ultraviolett- und Elektronenstrahlhärtende Lacksysteme (*1968/1970*), Wasserbasislacke und Wasserklarlacke (*1987/1992*).

**Landwirtschaft**: Haber-Bosch-Verfahren (*1909*), Nitrophoska (*1926*), Phosphorsäureester (E 605) (*1947*), Wuchsstoffherbizide (*40er* Jahre), Pyrethroide (*1970*), Moderne Beizen (*1977*), Gentechnik im Pflanzenschutz (*80er* Jahre), Intelligente Dünger (Ende *80er* Jahre), Strobilurine (*1996*).

**Kunststoffe**: Silicone (*1900*), Synthetischer Kautschuk (*1909*), PVC (*1912*), Polystyrol (*1920*), Polyethylen (*1933*), Polyurethan (*1937*), Teflon (*1938*), Styropor (*1951*).

**Kommunikations- und Informationstechnologie**: Celluloid (*1869*), Laccain (*1902*), Bakelit (*1909*), Farbfilm (*1907*), Tonband (*1934*), Polycarbonat (*1953*), Solarzellen (*1954*), Silizium-Wafer (*1961*), Flüssigkristalle (*1968*).

**Klebstoffe**: Phenolharze (*1909*), Karit-Leime (*1920*), Dispersionshaftklebstoffe (*1943*), Cyanacrylat-Klebstoffe (*1958/1960*), UV-Vernetzbare Klebrohstoffe (*1970*), Leitfähige Klebstoffe (*1979*), Lösemittelfreie Klebstoffe (*1981*).

**Chemiefasern**: Kunstseide/Viskose (*1884*), Reifencord (*1935*), Nylon (*1935/40*), Elastan (*1937*), Perlon (*1938*), Polyester (*1941*), Polyacrylnitirl (*1941*), Polypropylen (*1956*), Spinnvlies (*1965*), Mikrofasern (*1980*).

**Waschmittel**: Persil (*1907*), Biologisch abbaubare Tenside (*1960*).

Ein besonderes Kennzeichen der *Grund- und Zwischenprodukte* ist ihre Langlebigkeit [Raichle 2001]. Sie sind durch die große Zahl ihrer Folgeprodukte und die Vielfalt ihrer Verwendungsmöglichkeiten statistisch so gut abgesichert, dass sie vom ständigen Wandel in den Verkaufspaletten kaum berührt werden. Anders als viele Endprodukte, die im Laufe der Zeit durch bessere abgelöst werden, haben jene selbst keinen *Lebenszyklus*. Der Wandel erfasst bei ihnen jedoch die Verfahren zu ihrer Herstellung. Er wird einerseits durch neue technische Möglichkeiten und Fortschritte seitens der Forschung initiiert, andererseits aber auch von der jeweils herrschenden Rohstoffsituation diktiert (Abb. 1-4, Tab. 1-3).

Langfristig wird es in 40 bis 50 Jahren zu einer Erdölverknappung kommen, was einen verstärkten Einsatz von Erdgas zur Folge haben wird. Als langfristigster fossiler Energieträger mit mehr als 500 Jahren Reichweite ist sicher die Kohle anzusehen. Ob die Erdgasvorräte in Form von Methanhydrat – hier ist mehr Kohlenstoff gespeichert als in den übrigen fossilen Rohstoffen – erschließbar sind, kann heute noch nicht beantwortet werden, da diese in geographisch ungünstigen Lagen (Permafrostgebiete, Kontinentalhänge der Ozeane, Tiefsee > 500 m) liegen (1,8 $10^{12}$ Tonnen Steinkohleneinheiten).

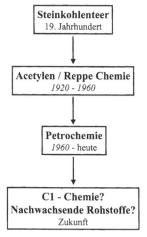

**Abb. 1-4**  Die Rohstoffbasis der chemischen Industrie im Wandel der Zeit [Graeser 1995, Petzny 1997, Plotkin 1999, Van Heek 1999].

**Tab. 1-3** Weltproduktionszahlen in Mio. jato der wichtigsten Energie- und Rohstoffquellen [Hopp 2000].

|  | Jahr 1994 | Jahr 1997 |
|---|---|---|
| **a) Fossile Rohstoffe** | | |
| Steinkohle | 3568 | 3834 |
| Erdöl | 3200 | 3475 |
| Braunkohle | 950 | 914 |
| Erdgas [Mrd. Nm$^3$] | *2162*$^*$*)* | *2300*$^*$*)* |
| **b) Nachwachsende Rohstoffe** | | |
| Getreide mit Mais | 1946 | 1983 |
| Kartoffeln | 275 | 295 |
| Hülsenfrüchte | 57 | 55 |
| Fleisch | 199 | 221 |
| Zucker | 111 | 124 |
| Fette (tierische und pflanzliche) | / | ca. 100 |

*) 1 t SKE (Steinkohleeinheiten) = 882 Nm$^3$ Erdgas = 0,7 t Öläquivalente = 29,3 $10^6$ kJ

Die Rohstoffe, ihre Verfügbarkeit und Preisstruktur (s. Tab. 1-3a und b) haben zu jeder Zeit die technologische Basis und damit den Auf- und Ausbau der industriellen Chemie entscheidend mit gestaltet. In der chemischen Industrie werden aus wenigen anorganischen und organischen Rohstoffen eine Vielzahl von Produkten hergestellt. Ausgehend von den z.Z. wichtigsten organischen Chemierohstoffen Erdgas und Erdöl und den wichtigsten anorganischen Rohstoffen Luft, Wasser, Kochsalz und Schwefel werden die Basischemikalien Synthesegas (CO/H$_2$-Gemisch), Acetylen, Ethylen, Propylen, Benzol, Ammoniak, Schwefelsäure u.a. hergestellt, aus denen wiederum die Zwischenprodukte wie Methanol, Styrol, Harnstoff, Ethylenoxid, Essigsäure, Acrylsäure, Cyclohexan u.a. produziert werden (Abb. 1-3) (Tab. 1-6). Jede Änderung in Preis und Verfügbarkeit der Rohstoffe muss daher die Herstellverfahren für die Folgeprodukte besonders treffen. Die genauen Einkaufspreise (*Transferpreise*) müssen zu jeder Zeit in einem chemischen Betrieb abrufbar sein und auf dem neuesten Stand gehalten werden. Sie sind eine wichtige Informationsquelle für die Beurteilung der Herstellkosten (Tab. 1-7).

Außer dem Preis sind die Verfügbarkeit und die Qualität (Reinheit, Lieferform) für die potenziellen Rohstoffe zu ermitteln. Die Entscheidung für einen bestimmten Rohstoff kann nie allgemeingültig getroffen werden, sondern hängt von der Verfügbarkeit am Standort und von der zeitlichen Entwicklung ab.

Vom wichtigsten Chemierohstoff, dem Erdöl, werden heute ca. 3,6 Milliarden Tonnen in rund 600 Raffinerien weltweit aufgearbeitet. Aus Tabelle 1-4 geht hervor, dass die chemische Industrie nur ca. 7 % dieser Rohstoffquelle anzapft; der Löwenanteil geht in die Bereiche Verkehr und Heizung. Da Erdöl ein komplexes Kohlenwasserstoffgemisch ist, kann es nur über Summenparameter oder Kennzahlen wie:

- Dichte (z.B. AIP density = 141,5; $\rho$ (15,5 °C) = −131,5; AIP = Am. Petroleum Institut)

**Tab. 1-4** Weltweiter Erdölverbrauch in Milliarden Tonnen.

|  | 1995 | 2000 | 2010 |
|---|---|---|---|
| Verkehr | 1,60 | 1,87 | 2,32 |
| Heizung | 1,22 | 1,27 | 1,43 |
| Petrochemie | 0,19 (= 6 %) | 0,25 (= 7 %) | 0,30 (= 7 %) |
| **Gesamt** | **3,2** | **3,6** | **4,3** |

- Siedepunkt, Siedeanalyse (TBP = *True Boiling Point*)
- S-Gehalt (0,1 bis 7 %)
- Wachsgehalt (n-Alkane: 5 bis 7%) u.a.

charakterisiert werden.

Nach der destillativen Zerlegung des Erdöls bei Normaldruck in:

- Flüssiggas (LPG: Propan, Butan)          *Kp* < 20 °C
- Leichtbenzin (LDF[1]: leichtes Naphtha)          *Kp*: 20...75 °C
- Schwerbenzin (schweres Naphtha)          *Kp*: 75...175 °C
- Kerosin (Petroleum)          *Kp*: 175...225 °C
- Gasöl          *Kp*: 225...350 °C
- Atmosphärenrückstand (*long residue*)          *Kp* > 350 °C

wird der Atmosphärenrückstand durch Vakuumdestillation (ca. 50 mbar) weiter aufgetrennt in:

- Vakuumgasöl
- schwere Vakuumdestillate
- Vakuumrückstand (*short residue*).

Die für die chemische Industrie wichtigen petrochemischen Raffinerien verarbeiten diese Schnitte durch verschiedene chemische, vorwiegend katalytische Verfahren weiter in petrochemische Primärprodukte (Grundchemikalien wie Olefine, Diolefine, Aromaten, Paraffine, Acetylen). Diese Veredlungsverfahren  Verschiebung des C/H-Verhältnisses der Produkte  kann man prinzipiell einteilen in:

**Carbon-Out-Methoden** ($C_nH_m \rightarrow C_{n-x}H_m + x\ C$)

- Thermisches Cracken
- Visbreaking (interne Verschiebung des C/H-Verhältnisses, rein thermischer Crackprozess, z.B. n-$C_{12}H_{26} \rightarrow$ n-Hexen + n-Hexan)
- Fluidcoking
- Delayed Coking (verschärfter thermischer Crackprozess, heute in den USA noch weit verbreitet)

---

1 LDF = Low density fuel.

- Flexicoking (hat sich aus Kostengründen nicht durchgesetzt, Renaissance in der Zukunft für Teersand denkbar)
- Catcracking (Catalytic Cracking an Zeolithen besitzt heute die größte Bedeutung).

**Hydrogen-In-Methoden** ($C_nH_m + x\,H_2 \rightarrow C_nH_{m+2x}$)

- Hydrocracking (spaltende Hydrierung bei hohem Druck und Temperatur, Heteroatomentfernung, vor allem S-Hydrierung zu $H_2S$)
- Rückstandscracken
- H-Oil-Cracking,

um so das H/C-Verhältnis (Tab. 1-5) zu steigern.

Bei den *Grund- und Zwischenprodukten* (Tab. 1-6) hat nicht das chemische Individuum, sondern das Herstellverfahren bzw. die Technologie ihre Lebenskurve. Abb. 1-5 stellt beispielhaft die Lebenszyklen der Acrylsäure- und Ethylenoxidverfahren dar [Jentzsch 1990, Ozero 1984, Grasselli 2003]. Um hier im Wettbewerb bestehen zu können, muss der Produzent die Kostenführerschaft bei seinen Verfahren besitzen. Strategische Erfolgsfaktoren sind daher [Felcht 2000]:

- eine ausgefeilte Prozesstechnologie
- die Nutzung der *economy of scale* durch *word-scale*-Anlagen
- die Nutzung einer flexiblen Verbundstruktur am Produktionsstandort

Beispiel BASF Werk Ludwigshafen und Werk Antwerpen:

| | Werk Ludwigshafen | Werk Antwerpen N.V. |
|---|---|---|
| Gründungsdatum | *1865* | *1964* |
| Grundfläche | 7,11 km$^2$ | 5,98 km$^2$ |
| Mitarbeiter | ca. 24 000 BASF-Mitarbeiter ca. 5 000 Fremdfirmenmitarbeiter | ca. 3 450 BASF-Mitarbeiter ca. 1 200 Fremdfirmenmitarbeiter |
| Umsatz (*2002*) | ca. 8,5 Milliarden € | ca. 3 Milliarden € |
| Zahl der Produktionsanlagen | 250 | 54 |
| Verkaufsprodukte | über 8 000 | ca. 100 |
| Gesamtvolumen der Verkaufsprodukte | ca. 8 Mio. Tonnen | ca. 8 Mio. Tonnen |

- die professionelle Abwicklung der Logistik großer Produktströme.

Die Anforderungen an die Verfahrensentwicklung für die *Feinchemikalien* unterscheidet sich deutlich von denen an die Grund- und Zwischenprodukte (Abb. 1-6 und Abb. 1-7). Neben den schon diskutierten Randbedingungen Besser und/oder Billiger kommen hier hinzu *Time to Market* (= Produktion des Produktes zur richtigen Zeit für eine begrenzte Periode) und *fokussierter F&E-Aufwand*. Nur eine kleine Anzahl von Feinchemikalien wie Vanillin, Menthol, Ibuprofen u. a., erreichen bzgl. Produktionshöhe und Lebensdauer die Bulkchemikalien. Weitere strategische Erfolgsfaktoren bei diesem Geschäft sind [Felcht 2000]:

**Tab. 1-5** H/C-Verhältnis verschiedener Rohstoffklassen.

| | |
|---|---|
| Erdgas | 4 |
| Aliphaten | 2 |
| Aromaten | 1 |
| Kohle | 0 |

**Tab. 1-6** Weltbedarf an den wichtigsten organischen Grundchemikalien in Millionen Tonnen [Martino 2000].

| | 1998 | 2010 |
|---|---|---|
| Ethylen | 80 | 120 |
| Propylen | 45 | 82 |
| 1-Buten | 0,8 | 1,4 |
| höhere α-Olefine | 1,0 | 2,2 |
| Benzol | 27 | 40 |
| Toluol | 13 | 21 |
| p-Xylol | 14 | 30 |

**Tab. 1-7** Preise fur Energieträger sowie ausgewählte Rohstoffe und Grundchemikalien [VCI 2001].

| | 1997 | 1998 | 1999 | 2000 |
|---|---|---|---|---|
| **Energieträger** | | | | |
| Steinkohle/€ t$^{-1}$ | 42 | 39 | 34 | 40 |
| Heizöl/€ t$^{-1}$ | 118 | 101 | 118 | 191 |
| Erdgas/€ GJ$^{-1}$ | 3,02 | 3,09 | 2,73 | 3,65 |
| Strom/€-cent/kWh | | | | |
| 4 MW/4000 h | 7,40 | 7,40 | 7,08 | 5,55 |
| 10 MW/6000 h | 5,84 | 5,84 | 5,41 | 4,23 |
| 40 MW/8000 h | 4,96 | 4,96 | 4,46 | 3,50 |
| **Rohstoffe** | | | | |
| Rohöl/US$/ bbl | 19,12 | 12,72 | 17,79 | 28,33 |
| Naphtha/€ t$^{-1}$ | 167 | 117 | 156 | 284 |
| **Olefine** | | | | |
| Ethylen/€ t$^{-1}$ | 508 | 422 | 422 | 664 |
| Propylen/€ t$^{-1}$ | 414 | 290 | 303 | 548 |
| **Aromaten** | | | | |
| Benzol/€ t$^{-1}$ | 270 | 225 | 236 | 410 |
| o-Xylol/€ t$^{-1}$ | 351 | 225 | 236 | 410 |
| p-Xylol/€ t$^{-1}$ | 411 | 327 | 343 | 541 |

- strategische Entwicklungspartnerschaften mit wichtigen Kunden.
- das Potenzial, komplizierte mehrstufige organische Synthesen entwickeln zu können.
- ein breites Technologieportfolio bei den entscheidenden Synthesemethoden.

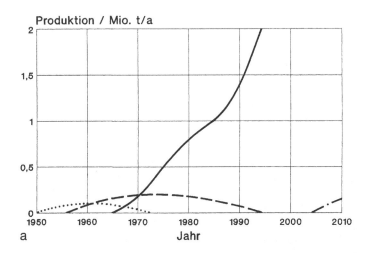

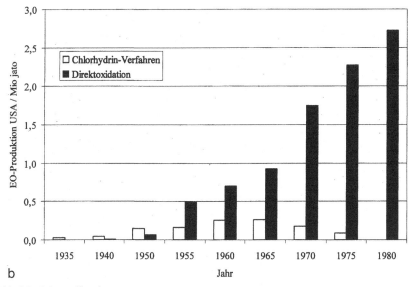

**Abb. 1-5** Lebenszyklus der
a) Acrylsäureproduktionsverfahren:
............ Cyanhydrin- und Propiolacton-Prozess
– – – – – Reppe-Prozess
_____ Heterogenkatalysierte Propylenoxidation
(*2000*: 3,456 Mio.t; *2003*: 4,8 Mio.t (geschätzt) [Vogel 2001])
–.–.–.–.– neue Prozesse?
b) Ethylenoxidproduktionsverfahren.

- zertifizierte Technikums- und Produktionsanlagen.
- Renommee und Image als kompetenter und zuverlässiger Lieferant.

*Spezialchemikalien* sind komplexe Mischungen, deren Wertschöpfung in der synergistischen Wirkung der Inhaltsstoffe beruht. Die Anwendungstechnik ist hier entscheidend für den Verkaufserfolg. Der Hersteller kann nicht mehr alle Inhaltsstoffe selbst produzieren, was zu gewissen Abhängigkeiten führt. Strategische Erfolgsfaktoren für den Hersteller sind [Felcht 2000, Willers 2000]:

- gute Marktkenntnisse über die Bedürfnisse der Kunden
- eine Vielzahl von *magic ingredients* im Portfolio
- gutes technologisches Verständnis der Kundensysteme
- Technologiebreite und Flexibilität.

*Wirkstoffe* wie Pharma- und Agroprodukte lassen sich nur während der Patentlaufzeit wirtschaftlich vermarkten, bevor Generikaanbieter auf den Markt drängen. Die Wirkstoffhersteller müssen sich daher sowohl auf die teure Forschung konzentrieren als auch sofort nach dem Ende der Wirksamkeitsstudien und der Zulassung mit dem weltweiten Vertrieb beginnen, um in der Patentrestlaufzeit keine Zeit für die Markterschließung zu verlieren. Dagegen tritt die eigentliche chemische Produktion der Wirkstoffe in den Hintergrund. Benötigte Vorprodukte können von Zulieferern gekauft und die Produktion des Wirkstoffes nach außen vergeben werden. Erfolgsfaktoren für die Wirkstoffhersteller sind [Felcht 2000]:

- Erforschung der biomolekularen Krankheitsursachen und Targetsuche für pharmakologische Effekte.
- effiziente Wirkstoffentwicklung (*High Throughput Screening*, Leitstrukturfindung und -optimierung, klinische Entwicklung)

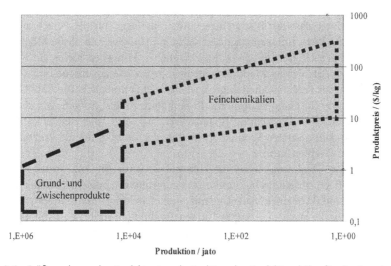

**Abb. 1-6** Größenordnung der Produktpreise als Funktion der Produktionshöhe für die Grund- und Zwischenprodukte sowie für die Feinchemikalien [Metivier 2000].

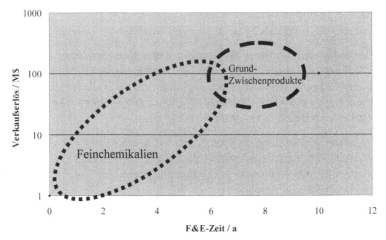

**Abb. 1-7** Vergleich zwischen Bulk- und Feinchemikalien bzgl. Verkaufserlös und Entwicklungszeit des zugrundliegenden Produktionsverfahrens [Metivier 2000].

- Patentschutz
- leistungsfähige Vertriebsorganisation.

Unternehmen, die bereits über Wettbewerbsvorteile verfügen, müssen in ihrer Forschungs- und Entwicklungsstrategie die *Technologie-S-Kurve* [Marchetti 1982, Marquardt 1999] berücksichtigen (Abb. 1-8). Aus ihr wird ersichtlich, dass mit zunehmendem Forschungs- und Entwicklungsaufwand für eine bestimmte Technologie die Produktivität dieser Aufwendungen im Zeitablauf abnimmt [Krubasik 1984]. Nähern sich Unternehmen der Grenze der Möglichkeiten einer bestimmten Technologie, so beanspruchen sie überproportional hohe Forschungs- und Entwicklungsaufwendungen, mit dem Ergebnis, dass der Beitrag dieser Anstrengungen für die Forschungsziele *Billiger und/oder Besser* immer marginaler und dem Imitator immer die Möglichkeit geben wird, den technischen Vorsprung einzuholen. Hingegen hat es ein Neuling schwer, in einen etablierten Markt einzudringen. Aber wie japanische und koreanische Firmen in der Vergangenheit zeigten, ist dies nicht unmöglich. Die Abb. 1-9 zeigt die sog. *Lernkurve* für einen bestimmten Produktionsprozess. Aufgetragen sind – in doppellogarithmischer Darstellung (Potenzgesetz $y = x^n$) – die Herstellkosten als Funktion der akkumulierten Produktionsmenge, die als Maß für die Prozesserfahrung aufgefasst werden kann.

Mit steigender Erfahrung sinken die Herstellkosten für ein bestimmtes Produkt. Wenn aber z. B. ein ausländischer Konkurrent aufgrund von besseren Standortbedingungen sein Produkt in einer Neuanlage mit deutlich niedrigeren Anfangskosten herstellen kann, hat er nach ca. 100 000 Tonnen Produktionserfahrung (Abb. 1-9) den inländischen Wettbewerber, der schon 10 Mio. Tonnen produziert hat, eingeholt und kann danach billiger produzieren.

Spätestens wenn ein Unternehmen im oberen Bereich der Produkt- oder Technologie-S-Kurve angelangt ist, stellt sich die Frage, ob durch Innovation nicht ein Über-

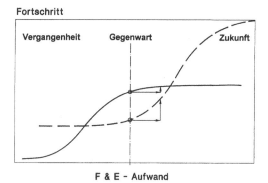

**Abb. 1-8** Die Technologie-S-Kurve [Specht 1988, Blumenberg 1994]. Beim Übergang von der Basistechnologie (‒‒‒) zu einer neuen Schrittmachertechnologie (‒ ‒ ‒) steigt die Produktivität der Forschungs- und Entwicklungsaufwendungen erheblich an.

gang von der Standardtechnologie zu einer neuen *Schrittmachertechnologie* notwendig ist, um sich einen ausreichend großen Wettbewerbsvorteil zu erarbeiten [Perlitz 1985, Börnecke 2000]. Abb. 1-8 gibt schematisch diesen Umstieg auf eine neue Schlüsseltechnologie wieder. Aus ihr wird deutlich, wie beim Übergang von einer Basistechnologie zu einer neuen Schrittmachertechnologie die Produktivität im Forschungs- und Entwicklungsbereich steigt und sich auf diese Weise beachtliche Wettbewerbsvorteile erzielen lassen [Miller 1997, Wagemann 1997].

Die Technologiepotenziale der alten Technologie sind nur noch gering für eine Weiterentwicklung eines Besser und/oder Billiger, während bei der neuen Technologie beträchtliche Potenziale für Wettbewerbsvorteile geschaffen werden. Gerade für hochentwickelte Länder wie Deutschland, Japan u. a., die arm sind an natürlichen Rohstoffen, basiert der Wohlstand im wesentlichen auf dieser Innovationstätigkeit,

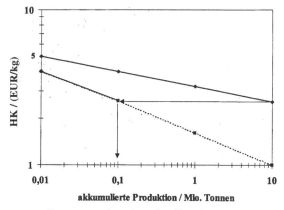

**Abb. 1-9** Lernkurve: Herstellkosten (HK) als Funktion der akkumulierten Produktion, die als Maß für die Prozesserfahrung aufgefasst werden kann, in doppellogarithmischer Darstellung [Semel 1997]: ♦ inländindischer Produzent, ■ ausländischer Konkurrent (Erläuterungen s. Text).

denn *Forschung bedeutet eine Investition in die Zukunft* mit kalkulierbaren Risiken [Mittelstraß 1994], während Kapitalinvestitionen Investitionen in die Gegenwart auf Basis existierender Technologien sind.

## 1.3
## Struktur chemischer Produktionsanlagen

Die *Gesamtanlage* ist, ähnlich wie ein Lebewesen, mehr als die Summe der einzelnen Bestandteile (hier Units genannt, dort Organe geheißen) [GVC VDI 1997]. Eine gut funktionierende Chemieanlage erfordert das harmonische Zusammenspiel aller Anlagenteile [Sapre 1995]. In Abb. 1-10 sind die wichtigsten Bestandteile einer Chemieanlage wiedergegeben. Da heute mehr als 85 % aller technisch durchgeführten Synthesen einen Katalysator benötigen [Romanow 1999], kann man sagen, dass der *Katalysator* der eigentliche *Kern der Anlage* ist [Misono 1999]. Die Entwicklung der chemischen Industrie wird im überwiegenden Maße durch die Entwicklung und Einführung neuer katalytischer Verfahren bestimmt. Im Jahre *1995* lag der Handelswert aller Katalysatoren weltweit bei ca. 8,6 Milliarden US-$ (Polymerisation 36 %, Chemikalienherstellung 26 %, Mineralölverarbeitung 22 %, Emissionsbegrenzung 16 %) [Quadbeck 1997, Felcht 2001, Senkan 2001].

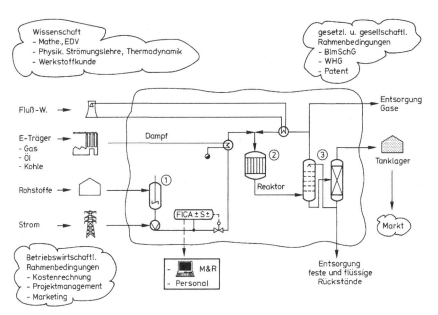

**Abb. 1-10** Prinzipieller Aufbau einer Chemieanlage. Um die eigentliche Produktionsanlage mit der Eduktvorbereitung, dem Reaktor und der Aufarbeitung des Reaktionsaustrages ranken sich eine Reihe weiterer Hilfseinrichtungen, ohne die ein Betrieb nicht möglich ist.

Die chemische Reaktion, die sich am aktiven Zentrum des Katalysators abspielt, bestimmt das *Design des Reaktors*, der sich darum aufbaut [Bartholomew 1994]. Der Reaktor wiederum bestimmt die Eduktvorbereitung (Zerkleinern, Lösen, Mischen, Filtrieren, Sieben u. a.) und die *Produktaufarbeitung* (Rektifikation, Extraktion, Kristallisation, Filtration, Trocknung u. a.). Aus deren Struktur folgt wiederum die benötigte *Infrastruktur*, wie Entsorgung, Tanklager, Energieanschlüsse, Sicherheitseinrichtungen usw. Planungsfehler aufgrund falscher Vorgaben wirken sich aufgrund der in Abb. 1-11 angedeuteten Pyramidenstruktur unterschiedlich stark aus.

Verhält sich der Katalysator im Betrieb nur geringfügig anders als in der F&E-Vorgabe (z. B. Aktivität, Selektivität, Lebensdauer, mechanische Festigkeit), so hat das dramatische Auswirkungen auf die Gesamtanlage, bis hin zum Verschrotten. Werden Auslegefehler in der „Pyramide" (Abb. 1-11) weiter oben gemacht, so können diese meist durch eine Nachrüstung von Apparaten behoben werden. Eine integrierte Verfahrensentwicklung, ist erst sinnvoll, wenn die Performance des Katalysators im wesentlichen festliegt. Aufgrund der geschilderten Bedeutung der Katalyse für die Verfahrensentwicklung muss der Verfahrensingenieur über genügende Sachkenntnisse auf diesem Gebiet verfügen, um den Stand der Katalysatorentwicklung sicher beurteilen zu können [Bisio 1997, Armor 1996] [Ertl 1997].

**Abb. 1-11**  Pyramidenstruktur der Verfahrensentwicklung. Ohne die Basis eines funktionierenden Katalysators ergibt die weitere Verfahrensentwicklung keinen Sinn [Sapre 1995].

# 2
# Chemische Thermodynamik

## 2.1
## Reaktionswärme

Für die Auswahl des geeigneten Reaktortyps ist u. a. die Kenntnis der umgesetzten Reaktionswärme unter Standardbedingungen $\Delta_R H^{\phi}$ von ausschlaggebender Bedeutung. Da normalerweise $\Delta_R H^{\phi}$ nicht direkt im Kalorimeter bestimmt werden kann (technisch relevante Reaktionen laufen nicht mit 100 % Ausbeute ab), muss diese über die experimentell leicht zugänglichen Verbrennungswärmen der Reaktanten $\Delta_C H_i^{\phi}$ ermittelt werden.

Die aus den Verbrennungswärmen $\Delta_C H^{\phi}$ nach dem Hess'schen Satz errechneten Bildungsenthalpien der Reaktanten i [Yaws 1988]:

$$\Delta_f H_i^{\phi} = \sum_{\text{Elemente}} \Delta_C H_{\text{Elemente}}^{\phi} - \Delta_C H_i^{\phi}. \tag{2-1}$$

und die hieraus berechnete Reaktionsenthalpie $\Delta_R H^{\phi}$ ist dann oft eine Differenz großer Zahlen (s. auch Beispiel 2-1) und damit stark Fehler behaftet *(Vorsicht!)*:

$$\Delta_R H^{\phi} = \sum_{i} \nu_i \cdot \Delta_f H_i^{\phi}. \tag{2-2}$$

Es bleibt dann oft, um das scale-up Risiko zu minimieren, nichts anderes übrig als die Reaktion in einem Pilotreaktor unter adiabatischen Bedingungen zu untersuchen *(teuer!)*. In kleinen Laborreaktoren sind adiabatische Verhältnisse normalerweise nicht zu erreichen *(Prüfung!)*.

*Lehrbuch Chemische Technologie. Grundlagen Verfahrenstechnischer Anlagen.* G. Herbert Vogel
Copyright © 2004 WILEY-VCH Verlag GmbH & Co. KGaA, Weinheim
ISBN: 3-527-31094-0

**Beispiel 2-1** _____

*Gesucht ist die Bildungsenthalpie von Benzol, d. h. die Enthalpie der Reaktion:*

$$6\ C + 3\ H_2 \rightarrow C_6H_6 \tag{2-3}$$

*Aus den gemessenen bzw. bekannten Verbrennungswärmen von Benzol und den entsprechenden Elementen folgt:*

$$C_6H_6 + 7{,}5\ O_2 \rightarrow 6\ CO_2 + 3\ H_2O; \quad \Delta_C H^{\varnothing} = -3268\ \text{kJ mol}^{-1} \tag{2-4}$$

$$6\ CO_2 \qquad\qquad \rightarrow 6\ C + 6\ O_2; \quad 6^*\Delta_f H^{\varnothing} = 6^*(393{,}51\ \text{kJ mol}^{-1} \tag{2-5}$$

$$3\ H_2O \qquad\qquad \rightarrow 3\ H_2 + 1{,}5\ O_2; \quad 3^*\Delta_f H^{\varnothing} = 3^*(285{,}83\ \text{kJ mol}^{-1}). \tag{2-6}$$

*Aus der entsprechenden Addition der Gleichungen (2-4) bis (2-6) erhält man:*

$$\Delta_f H^{\varnothing}(Benzol) = -6 \cdot (393{,}51) - 3 \cdot (285{,}83) + 3268\ \text{kJ mol}^{-1} = +49{,}5\ \text{kJ mol}^{-1}.$$

_____

In Tab. 2-1 sind die Reaktionsenthalpien für einige technisch wichtige Reaktionstypen angegeben, um ein Gefühl für die Größenordnung zu vermitteln.

## 2.2
# Thermodynamisches Gleichgewicht

Viele chemische Reaktionen, wie z. B. Veresterungen, Hydrierungen und Dimerisierungen, verlaufen über Gleichgewichte. Das thermodynamische Gleichgewicht liefert eine Aussage über den maximal möglichen Umsatz, der auch durch noch so gute Katalysatoren oder kinetische Tricks nicht überschritten werden kann. Um dieses Umsatzpotenzial abschätzen zu können, muss man wissen, wie weit die erzielten Umsätze vom chemischen Gleichgewicht entfernt sind (s. Beispiel 2-2).

**Beispiel 2-2** _____

*Die Bildung von Trioxan aus Formaldehyd:*

$$3\ CH_2O \leftrightarrow C_3H_6O_3 \tag{2-7}$$
$$(FA) \qquad\ (Tri)$$

*in der Gasphase ist eine typische Gleichgewichtsreaktion. Die Gleichgewichtskonstante:*

$$K_p = \frac{P(Tri)}{P(FA)^3} = \frac{4 \cdot (^0P(FA) - P)}{(3P - {}^0P(FA))^3} \tag{2-8}$$

**Tab. 2-1** Reaktionsenthalpien für einige technisch wichtige Reaktionsklassen [Weissermel 1994], (s. auch Anhang 8.10).

| Hydrierungen | $\Delta_R H^{\phi}$/kJ mol$^{-1}$ |
|---|---|
| $CH_2 = CH_2 + H_2 \rightarrow CH_3 - CH_3$ | − 137 |

| Oxidationen | |
|---|---|
| $H_2 + \frac{1}{2}O_2 \rightarrow H_2O$ | − 285 |
| $C + \frac{1}{2}O_2 \rightarrow CO$ | − 111 |
| $C + O_2 \rightarrow CO_2$ | − 393 |
| $CH_2 = CH_2 + \frac{1}{2}O_2 \rightarrow$ Ethylenoxid | − 105 |
| $CH_3 - CH = CH_2 + 4/2\, O_2 \rightarrow 3\, CO_2 + 3\, H_2O$ | − 1920 |
| $CH_3 - CH = CH_2 + O_2 \rightarrow CH_2 = CH - CHO + H_2O$ | − 340 |
| $CH_2 = CH - CHO + \frac{1}{2}O_2 \rightarrow CH_2 = CH - COOH$ | − 250 |
| $CH_3CH_2CH_3 + \frac{1}{2}O_2 \rightarrow CH_3 - CH = CH_2 + H_2O$ | − 122 bei 500 °C [Watzenberger 1999] |

| Hydratisierung | |
|---|---|
| $CH_2 = CH_2 + H_2O \rightarrow CH_3CH_2OH$ | − 46 |
| $CH_3 - CH = CH_2 + H_2O \rightarrow CH_3CH(OH)CH_3$ | − 50 |

| Polymerisation | |
|---|---|
| $CH_2 = CH_2 \rightarrow -CH_2 - CH_2-$ | − 90 |

| Neutralisation | |
|---|---|
| $H^+ + OH^- \rightarrow H_2O$ | − 55 |
| $NH_3$ (aq) $+ HNO_3$ (aq) $\rightarrow NH_4NO_3$ (aq) | − 50 |

| Chlorierung | |
|---|---|
| $CH_2 = CH_2 + Cl_2 \rightarrow Cl - CH_2CH_2 - Cl$ | − 180 |

| $P$ | = | *Gesamtdruck im Gleichgewicht* |
|---|---|---|
| $°P(FA)$ | = | *Partialdruck am Anfang* |
| $P(Tri)$, $P(FA)$ | = | *Gleichgewichtsdruck* |

*beträgt [Busfield 1969] als Funktion der Temperatur:*

$$\lg(K_P/\text{bar}^{-2}) = \frac{7350}{T/K} - 19{,}8. \qquad (2\text{-}9)$$

*Daraus folgt, dass unter den angenommenen Prozessbedingungen* $T = 80\,°C$ *und* $°P(FA) = 0{,}2$ bar *ein maximaler Formaldehyd-Umsatz von:*

$$U = \frac{3 \cdot P(Tri)}{P(FA)} \cdot 100 = 35\,\% \qquad (2\text{-}10)$$

*im geraden Durchgang erreichbar ist. Der tatsächlich erreichte Umsatz kann nur kleiner als 35% sein und hängt vom Katalysatorsystem und von der Art des Reaktors ab.*

---

Das chemische Gleichgewicht ist dadurch gekennzeichnet, dass die freie Reaktions-enthalpie $\Delta_R G$ gleich null ist:

$$\Delta_R G = 0 = \Delta_R G^0 + RT \cdot ln\ K(T). \tag{2-11}$$

$\Delta_R G^0$ ist die Gibbssche[1] Standard-Reaktionsenthalpie für den Standardzustand $P^0 = 1{,}013\ bar$ und der Temperatur $T$. Mit Hilfe von tabellierten molaren Gibbs-schen Standard-Bildungsenthalpien $\Delta_f G_i^{\emptyset}$ für die Reaktanten $A_i$ lässt sich für die all-gemeine Reaktionsgleichung:

$$\sum_i v_i \cdot A_i = 0 \tag{2-12}$$

$v_i$ = stöchiometrischer Koeffizient (Produkte +; Edukte −),

die Gibbssche Standard-Reaktionsenthalpie ($T_0 = 298\ K$ und $P^0 = 1{,}013\ bar$):

$$\Delta_R G^{\emptyset} = \sum_i v_i \cdot \Delta_f G_i^{\emptyset} \tag{2-13}$$

und daraus die thermodynamische Gleichgewichtskonstante $K$ berechnen:

$$ln\ K(T_0) = -\frac{\Delta_R G^{\emptyset}}{RT_0} = \sum_i ln\ \left(\frac{f_i}{P^0}\right)^{v_i} \tag{2-14}$$

$f_i$ = Fugazität
$P^0$ = Standarddruck (1,013 bar).

Die Fugazität $f_i$ ist anschaulich ein korrigierter Druck und nur bei idealen Gasen sind Fugazität und Partialdruck identisch. Für diesen Fall kann $K$ gleich:

$$K_P = \Pi_i \left(\frac{P_i}{P^0}\right)^{v_i} \tag{2-15}$$

gesetzt werden, wobei $P_i$ der Partialdruck des Reaktanten $i$ ist. Der Zusammenhang von $P_i$ und $f_i$ ist über den Fugazitätskoeffizienten $\varphi(T,\ P)$ gegeben ($f_i = \varphi \cdot P_i$). Dieser kann bei Kenntnis der kritischen Daten ($P_k,\ T_k$) aus Abb. 2-1 abgeschätzt werden [Atkins 1990].

Aufgrund der exponentiellen Abhängigkeit der Gleichgewichtskonstanten von der Gibbsschen Standard-Reaktionsenthalpie verstärken sich Fehler in $\Delta_R G^{\emptyset}$ exponentiell *(Vorsicht!)*.

---

1 *Josiah W. Gibbs*, amerik. Physiker *(1839-1903)*.

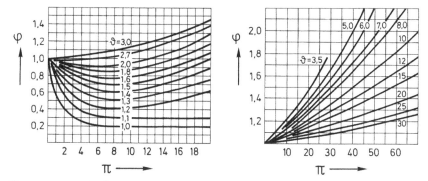

**Abb. 2-1** Fugazitätskoeffizienten $\varphi$ eines reinen van-der-Waals-Gases als Funktion von $\Pi = P/P_K$ (Abszisse) und $\upsilon = T/T_K$ (Kurvenparameter). Beispiel: 400 mol $N_2$ ($T_K = 126$ K, $P_K = 34$ bar) bei 100 °C in einem 20 L Behälter: $P_{ideal} = 620$ bar; $\varphi$ aus Abbildung 3.1.2-1 ist 1,4; daraus folgt $f_{N2} = 870$ bar.

$\Delta_R G^{\ominus}$-*Werte* erhält man nach:

$$\Delta_R G^{\ominus} = \Delta_R H^{\ominus} - T_0 \cdot \Delta_R S^{\ominus} \tag{2-16}$$

aus der Standardreaktionsenthalpie $\Delta_R H^{\ominus}$ und der Standardreaktionsentropie $\Delta_R S^{\ominus}$.
Die $\Delta_R H^{\ominus}$-*Werte* können für viele Verbindungen aus den tabellierten Standardbildungsenthalpien $\Delta_f H_i^{\ominus}$ [Landolt-Börnstein] nach:

$$\Delta_R H^{\ominus} = \sum_i v_i \cdot \Delta_f H_i^{\ominus} \tag{2-17}$$

berechnet werden. Stehen $\Delta_f H_i^{\ominus}$-Werte nicht aus der Literatur zur Verfügung, so können sie mit *geringem experimentellen Aufwand* via Bombenkalorimeter aus den Verbrennungsenthalpien $\Delta_C H^{\ominus}$ bestimmt werden (Gl. (2-1)).
Schwieriger gestaltet sich die Situation bei den $\Delta_R S_i^{\ominus}$-*Werten*, die über die Standard-Entropie $S_i^{\ominus}$ der Reaktanten nach:

$$\Delta_R S^{\ominus} = \sum_i v_i \cdot S_i^{\ominus} \tag{2-18}$$

zwar berechnet werden können, die $S_i^{\ominus}$-Werte aber oft fehlen und nur *mit großem experimentellen Aufwand* über die Wärmekapazitäten $c_p(T)$ und Umwandlungswärmen $\Delta_U H$ nach folgendem schematischen Integrationsschema bestimmt werden können:

$$S_i^{\ominus} = S(0) + \int_0^{T_1} \frac{C_{P1}(T)}{T} \cdot dT + \frac{\Delta_U H_1}{T_1} + \int_{T_1}^{\cdots} \cdots + \int_{\cdots}^{298,2} \frac{c_{Pk}(T)}{T} \cdot dT. \tag{2-19}$$

Diesen großen Aufwand kann man umgehen, wenn man sich mit *Näherungsverfahren* (z. B. Gruppenbeitragsmethoden) begnügt [Knapp 1987].

Die nach Gl. (2-14) ermittelte Gleichgewichtskonstante bei 25 °C lässt sich mit Hilfe der van't Hoff-Gleichung[2] [Gmehling 1992]:

$$\left.\frac{\partial \ln K}{\partial T}\right|_p = \frac{\Delta_R H(T)}{RT^2} \tag{2-20}$$

auf die gewünschte Temperatur umrechnen:

$$\ln K(T) = \ln K(T_0) + \frac{\Delta_R H^{\emptyset}}{R}\left(\frac{1}{T_0} - \frac{1}{T}\right), \tag{2-21}$$

wenn man annimmt, dass $\Delta_R H^{\emptyset}$ in erster Näherung temperaturunabhängig ist. Ist diese Annahme nicht gerechtfertigt, so muss mit Hilfe der molaren Wärmekapazitäten der Reaktanten $c_{pi}(T)$ dieser Einfluss berücksichtigt werden:

$$\Delta_R H(T) = \Delta_R H^{\emptyset} + \int_{T_0}^{T} \sum_i \nu_i \cdot c_{pi}(T') \cdot dT'. \tag{2-22}$$

Ist in erster Näherung $\sum_i \nu_i \cdot c_{pi} = \Delta_R c_p(T_0) = \Delta_R c_p^{\emptyset}$ temperaturunabhängig, so gilt:

$$\frac{\partial \ln K(T)}{\partial T} = \frac{\Delta_R H^{\emptyset}(T_0) + \Delta_R c_p^{\emptyset} \cdot (T - T_0)}{RT^2} \tag{2-23}$$

oder integriert:

$$\ln \frac{K(T)}{K(T_0)} = \frac{\Delta_R H^{\emptyset}}{R} \cdot \left(\frac{1}{T_0} - \frac{1}{T}\right) + \frac{\Delta_R c_p^{\emptyset}}{R} \cdot \left\{\ln \frac{T}{T_0} + \frac{T_0}{T} - 1\right\}. \tag{2-24}$$

**Beispiel 2-3** _____

*Gesucht ist die Gleichgewichtskonstante der Schift-Gas-Reaktion* $(CO + H_2O \leftrightarrow CO_2 + H_2)$ *bei 1000 K. Aus Tab. 2-2 ergeben sich die entsprechenden Werte für H, S bzw. $c_p$ (– 41,20 kJ* mol$^{-1}$; *– 42,10 J* mol$^{-1}$ K$^{-1}$ *bzw. 3,20 J* mol$^{-1}$ K$^{-1}$*). Daraus folgt:*

*aus Gl. (2-16):* $\Delta_R G^{\emptyset} = -41,20 - 298 \cdot (-0,04210) = -28,65$ *kJ* mol$^{-1}$

*aus Gl. (2-14):* $\ln K(298\ K) = \dfrac{28,65 \cdot 1000}{8,313 \cdot 298} = 11,559.$

*Unter der Annahme, dass* $\Delta_R H$ *temperaturunabhängig ist, ergibt sich nach Gl. (2-21):* K (1000 K) = 0,89.

*Unter der Annahme, dass* $\Delta_R c_p$ *temperaturunabhängig ist, ergibt sich nach Gl. (2-24):* K (1000 K) = 1,1.

_____

**2** *Jacobus Henricus van't Hoff* (1852-1911).

**Tab. 2-2** Thermodynamische Größen für einige wichtige Grund- und Zwischenprodukte [Fratzscher 1993, Fedtke 1996, Atkins 1990, Sandler 1999] (s. auch Anhang 8.9).

| Stoff | $\Delta_f H_i^{\ominus}$ / kJ mol⁻¹ | $S_i^{\ominus}$ / J mol⁻¹ K⁻¹ | $\Delta_f G_i^{\ominus}$ / kJ mol⁻¹ | $\Delta_c H_i^{\ominus}$ /kJ mol⁻¹ Edukt bei 25 °C H₂O(l), CO₂(g) | $c_p^{\ominus}$ / J mol⁻¹ K⁻¹ |
|---|---|---|---|---|---|
| $H_2$ (g) | 0 | 130,7 | 0 | 285,8 | 28,8 |
| $N_2$ (g) | 0 | 191,6 | 0 | / | 29,1 |
| $O_2$ (g) | 0 | 205,0 | 0 | / | 29,4 |
| $H_2O$ (g) | − 241,8 | 188,8 | − 228,6 | / | 33, 6 |
| $H_2O$ (l) | − 285,8 | 69,91 | − 237,1 | / | |
| C (Graphit) | 0 | 5,74 | 0 | 393,5 | |
| CO (g) | − 110,5 | 197,7 | − 137,2 | 283,0 | 29,2 |
| $CO_2$ (g) | − 393,5 | 213,7 | − 394,4 | / | 37,1 |
| $CH_4$ (g) | − 74,8 | 186,3 | − 50,7 | 890 | 35,8 |
| $CH_3OH$ (l) | − 200,7 | 239,8 | − 162,0 | | |
| $CH_2O$ (g) | − 108,6 | 218,8 | − 102,5 | | 35,3 |
| HCOOH (l) | − 424,7 | 129,0 | − 361,4 | | |
| $CH_3CH_3$ (g) | − 84,7 | 229,6 | − 32,8 | 1560 | 52,7 |
| $CH_2 = CH_2$ (g) | 52,3 | 219,6 | 68,15 | | 43,6 |
| $CH_3CH_2OH$ (l) | − 277,7 | 160,8 | − 174,8 | | |
| $CH_3CHO$ (l) | − 192,3 | 160,2 | − 128,1 | | |
| $CH_3COOH$ (l) | − 484,5 | 159,8 | − 389,9 | | |
| $CH_3CH_2CH_3$ | − 103,8 | 269,9 | − 23,5 | 2220 | 63,9 |
| $CH_3$-CH $= CH_2$ | 20,4 | 267,0 | 62,8 | | |
| $C_6H_6$ | 82,9 | | 129,7 | 3268 | |
| $C_6H_5$-$CH_3$ | 12,2 | | 113,6 | 3910 | |

Die zur Berechnung der Gleichgewichtskonstante benötigten *thermodynamischen Daten* (Standard-Bildungsenthalpie und -entropie, spezifische Wärme der Reaktanten) können aus *Tabellenwerken* entnommen oder durch *Näherungsmethoden* abgeschätzt werden [Ullmann, Knapp 1987].

## 2.3
## Stoffdaten

Die genaue Kenntnis der Stoffdaten hat in den letzten Jahren immer mehr an Bedeutung zugenommen [Fratzscher 1993, Reid 1987]. Dies hat mehrere Gründe:

- Durch den ständig steigenden Einsatz von Simulationsprogrammen werden die Anforderungen an exakte Stoffdaten immer wichtiger. Das Ergebnis einer Simulationsrechnung kann nur so gut sein wie die Qualität der Stoffdaten.

- Die Behörden verlangen bei der Genehmigung von chemischen Anlagen Auskunft über die Toxizität, die Abbaubarkeit und die Sicherheitsdaten der beteiligten Stoffe [Streit 1991, Roth 1991].
- Die Öffentlichkeit möchte in zunehmenden Maße Informationen über die Auswirkung der gehandhabten Stoffe auf die Umwelt haben.

Am Anfang der Verfahrensentwicklung werden *Stoffdatenordner* (Rein-, Binär- und Ternärdaten) angelegt. Die Stoffdatenordner wachsen mit fortschreitendem Entwicklungsstand und sind immer auf dem neusten Stand zu halten. Sie werden später als Unterlage an die Planungsabteilung und den Anlagenbau weitergegeben. Viele Firmen unterhalten und pflegen heute jeweils eigene *Stoffdatenbanken*. Die dort gesammelten Daten sind bewertete Größen und sollten sich beim Einsatz in der Praxis bewährt haben. Die Zeiten, dass in einer Firma zehn verschiedene Sätze von ANTOIN-Parameter (Gl. (2-27)) für Wasser zwischen 0 und 100 °C existieren, sollten vorbei sein. Letzten Endes ist eine experimentelle Bestimmung bzw. Überprüfung der wichtigsten Werte, auf denen eine ganze Anlagenauslegung beruht, unumgänglich. Es ist sträflicher Leichtsinn, sich auf Stoffdaten zu verlassen, von denen es in der Literatur nur eine einzige Quelle gibt.

### 2.3.1
### Reinstoffdaten

Als Deckblatt für die einzelnen Kapitel der Reinstoffdatensammlung hat sich die in Tab. 2-3 dargestellte Form bewährt.

In ihnen werden die als zuverlässig bewerteten Daten niedergelegt. Nur diese fließen in die Rechenprogramme ein. Am Anfang der Verfahrensentwicklung wird man zunächst die in der Literatur verfügbaren Daten über einen Stoff zusammentragen [Ullmann 3]. Die Einteilung in Tab. 2-4 in physikalisch-chemische Daten, Ökotoxdaten und Sicherheitsdaten hat sich bewährt:

**Tab. 2-3** Wichtige Reinstoffdaten, die bei der Verfahrensentwicklung häufig benötigt werden, am Beispiel der Acrylsäure [Ullmann 1, BASF 1987].

| Produktname: Acrylsäure | | | |
|---|---|---|---|
| CAS-Nr. | | 79-10-7 | |
| Summenformel | | $C_3H_4O_2$ | |
| Molmasse | kg kmol$^{-1}$ | 72,06 | |
| Schmelzpunkt | °C | 13,5 | |
| Siedepunkt | °C | 141,0 | |
| ANTOINE Parameter | | A = 9,135 | für 15 bis 140 °C |
| ln $(P$/bar$) = A + B / (C + T/°C)$ | | B = − 3245 | |
| | °C | C = 216,4 | |
| Dampfdruck bei 20 °C | mbar | 10 | |

**Produktname: Acrylsäure**

| Verdampfungswärme | kJ kg$^{-1}$ | 633 | bei Siedetemp. |
|---|---|---|---|
| Wärmekapazität | kJ kg$^{-1}$ K$^{-1}$ | 1,93 | flüssig |
| Dichte | kg m$^{-3}$ | 1040 | bei 30 °C |
| Viskosität | mPa s | 1,149 | bei 25 °C |
| Bildungswärme | kJ mol$^{-1}$ | / | |
| oberer Heizwert | kJ kg$^{-1}$ | 19 095 | |
| Umwandlungswärme | kJ kg$^{-1}$ | 1075 | (Polymerisation) |
| Schmelzwärme | kJ kg$^{-1}$ | 154 | bei 13 °C |
| Löslichkeit in H$_2$O | | $\infty$ | bei |
| Löslichkeit von H$_2$O | | $\infty$ | bei |
| MAK-Wert | | / | |
| Giftigkeit | mg kg$^{-1}$ | LD$_{50}$ = 340 | rat, oral |
| Wassergefährdungsklasse | | 1 | schwach wasser-gefährdend |
| Geruchsschwelle | | stechend | |
| Flammpunkt | °C | 54 | |
| Zündtemperatur | °C | 390 | |
| Explosionsgrenzen, untere | Vol.-% | 2,4 | bei 47,5 °C |
| obere | | 16 | bei 88,5 °C |

**Tab. 2-4** Einteilung der Reinstoffdaten in physikalisch chemische-, ökotox- und Sicherheitsdaten.

| Allgemeine Angaben | • Produktname |
|---|---|
| | • Synonyme |
| | • Molmasse |
| | • CAS-Nummer |
| **Physikalisch-chemische Daten** | • Siedepunkt |
| | • Schmelzpunkt |
| | • Dichte |
| | • Dampfdruck |
| | • Verdampfungswärme |
| | • Wärmekapazität |
| | • Viskosität |
| | • Brechungsindex |
| | • Wasserlöslichkeit |
| | • Wasseraufnahme |
| | • dielektrische Konstante |
| | • spez. Drehung |

| **Sicherheitsdaten** (s. auch Anhang 8.16) | • Umwandlungswärmen |
| | • Flammpunkt |
| | • Explosionsgrenzen |
| | • Zündtemperatur |
| | • WGK (Wassergefährdungsklasse) |
| | • VbF-Einteilung (Verordnung über brennbare Flüssigkeiten) |
| | • R-Sätze (Hinweise auf besondere Gefahren) |
| | • S-Sätze (Sicherheitsratschläge) |
| **Ökotoxdaten** | • $LD_{50}$ (oral) |
| | • $LD_{50}$ (skin) |
| | • $LC_{50}$ (inhalativ – Gase, Dämpfe) |
| | • $LC_{50}$ (inhalativ – Aerosole, Stäube) |
| | • MAK-Wert (maximale Arbeitsplatzkonzentration) |
| | • $BSB_5$ |
| | • CSB |

## 2.3.2
## Mischungsdaten

Phasengleichgewichte sind eine wesentliche Grundlage vieler Verfahrensschritte in chemischen Prozessen. Quantitative Angaben über diese Gleichgewichte und Daten über die beteiligten Stoffe bilden deshalb eine notwendige Voraussetzung für die Projektierung von Verfahren und die Auslegung von Apparaten. Die wichtigsten Binärdaten sind Dampf/Flüssig- und Flüssig/Flüssig-Gleichgewichte [Gmehling 1992].

*Dampf/Flüssig-Gleichgewichte* kann man experimentell leicht messen und mathematisch gut beschreiben. Die allgemeine Beziehung für das Gleichgewicht zwischen einer flüssigen Phase und einer idealen Gasphase lautet:

$$y_i(x_i,\ T) = \frac{\gamma_i(x_i,\ T) \cdot P_i^0\ (T)}{P} \cdot x_i \tag{2-25}$$

$y_i$      = Molenbruch der Komponente i in der Gasphase
$x_i$      = Molenbruch der Komponente i in der flüssigen Phase
$P_i^0\ (T)$ = Sättigungsdruck der reinen Komponente i bei der Systemtemperatur $T$
$P$      = Dampfdruck der Mischung
$\gamma_I$      = Aktivitätskoeffizient der Komponente i in der Flüssigphase.

Der Dampfdruck der reinen Komponente $P_i^0$ kann im einfachsten Fall durch die *CLAUSIUS-CLAPEYRON-Gleichung* ausgedrückt werden:

$$ln\ P_i^0(T) = -\frac{\Delta_V H_i}{RT} + konst. \tag{2-26}$$

Da die Verdampfungswärme $\Delta_V H_i$ aber nicht konstant ist, wird in der Praxis häufig der dreiparametrige *Ansatz von ANTOINE* verwendet, der auch über größere Temperaturbereiche den Dampfdruck hinreichend genau beschreibt (Anhang 8-11):

$$\ln P_i^0(T) = A_i + \frac{B_i}{C_i + T}.$$ (2-27)

Die Verdampfungswärme kann in einer groben Näherung nach der Pictet/Trouton-Regel abgeschätzt werden:

$$\Delta_V H / \text{kJ kg}^{-1} \approx \frac{88 / \text{kJ kmol}^{-1} \cdot T_{siede} / \text{K}}{M / \text{kg kmol}^{-1}}.$$ (2-28)

Zur Darstellung des Aktivitätskoeffizienten $\gamma_i$ stehen mehrere Modelle zur Verfügung wie z. B. das *WILSON-Modell*, das für homogene Flüssigkeitsgemische anwendbar ist, oder das *NRTL-Modell*, welches auch für Systeme mit Mischungslücken geeignet ist [Prausnitz 1969, Gmehling 1977, Gmehling 1992].

Sind keine Stoffwerte in der Literatur auffindbar, was oft für binäre bzw. ternäre Datensätze gilt, so sind diese für die ersten Arbeiten durch empirische Formeln abzuschätzen oder durch sinnvolle Werte zu ergänzen [Sandler 1999, Poling 2001].

# 3
# Chemische Kinetik

Um den späteren Reaktortyp festlegen zu können, müssen Informationen über den potenziellen Reaktionsweg zu Haupt-, Neben- und Folgeprodukten vorhanden sein. Die Bildungsgeschwindigkeiten sowie ihre Abhängigkeit von den Prozessparametern wie Temperatur, Druck, Katalysatorkonzentration usw. sollten möglichst quantitativ bekannt sein. Auf die Aufklärung des Reaktionsmechanismus muss bei der Verfahrensentwicklung am Anfang aus Zeitgründen verzichtet werden. Die dazu notwendigen detaillierten kinetischen Untersuchungen zur Bestimmung der *Mikrokinetik* (= reine chemische Kinetik ohne Transportlimitierungen durch den äußeren Stofftransport wie Konvektion oder Diffusion [Forzatti 1997] werden oft erst durchgeführt, wenn die technische Anlage schon produziert.

Im Rahmen der Verfahrensentwicklung ist es oft nur möglich die *Makrokinetik* (= Überlagerung der chemischen Kinetik durch Stoff- und Wärmetransportvorgänge) zu ermitteln. In diesem Fall muss darauf geachtet werden, dass der Laborreaktor dem voraussichtlich einzusetzenden technischen Reaktor hydrodynamisch ähnlich ist (vor allem das Länge/Durchmesser-Verhältnis), um die Transporteinflüsse in beiden Systemen ungefähr gleich zu halten. Besonders einfach ist dies z. B. bei Rohrbündelreaktoren, wie sie oft bei Partialoxidationen eingesetzt werden (z. B. Phthalsäureanhydrid, Acrylsäure und Ethylenoxid), möglich. Hier kann im Labor die Makrokinetik am Original-Einzelrohr durchgeführt werden, da die hydrodynamischen Verhältnisse später identisch sind (Scale-up Faktor = 1).

Für kinetische Untersuchungen stehen verschiedene Versuchsreaktoren wie Differential-, Differentialkreislauf- (kontinuierlicher Rührkessel [Reisener 2000]) (Abb. 3-2) und Integralreaktoren (Strömungsrohr [Hofe 1998], diskontinuierlicher Rührkessel) zur Verfügung (Abb. 3-1) [Forni 1997].

## 3.1
## Grundlagen

Die *absolute Reaktionsgeschwindigkeit r* für eine allgemeine Reaktion $v_A A \rightarrow v_p P$ im *diskontinuierlichen Betrieb* ist definiert als die auf den stöchiometrischen Koeffizienten $v_A$ bzw. $v_p$ (Edukte negativ, Produkte positiv, s. auch Gl. (2-12) ) bezogene zeitliche Molzahländerung des Eduktes A bzw. Produktes P:

*Lehrbuch Chemische Technologie. Grundlagen Verfahrenstechnischer Anlagen.* G. Herbert Vogel
Copyright © 2004 WILEY-VCH Verlag GmbH & Co. KGaA, Weinheim
ISBN: 3-527-31094-0

a) Differentialreaktor

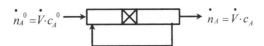

$$\dot{n}_A^{\,0} = \dot{V} \cdot c_A^{\,0} \longrightarrow \boxtimes \longrightarrow \dot{n}_A = \dot{V} \cdot c_A$$

b) Differentialkreislaufreaktor

$$\dot{n}_A^{\,0} = \dot{V} \cdot c_A^{\,0} \longrightarrow \boxtimes \longrightarrow \dot{n}_A = \dot{V} \cdot c_A$$

c) Integralreaktor

$$\dot{n}_A^{\,0} = \dot{V} \cdot c_A^{\,0} \longrightarrow \boxtimes \longrightarrow \dot{n}_A = \dot{V} \cdot c_A$$

**Abb. 3-1** Laborreaktortypen zur Bestimmung der Kinetik von heterogenkatalysierten Reaktionen [Luft 1978a, Forni 1997, Cavalli 1997, Bertucco 2001]:
a) *Differentialreaktor*: Direkte Bestimmung der Reaktionsgeschwindigkeit möglich, aber stark Fehler behaftet, wenn die Analyse nicht ausreichend genau ist.

$r_m \approx \dfrac{1}{\nu_A} \dfrac{\dot{n}_A - \dot{n}_A^0}{m_{\text{Kat}}}$, wenn der Umsatz von A kleiner als ca. 10 % ist.

(Vorsicht: Die Differenz etwa gleich großer Zahlen ist stark Fehler behaftet!)

b) *Differentialkreislaufreaktor*: Direkte Bestimmung der Reaktionsgeschwindigkeit mit hoher Genauigkeit möglich.

$r_m = \dfrac{1}{\nu_A} \dfrac{\dot{n}_A - \dot{n}_A^0}{m_{\text{Kat}}}$, wenn das Kreislaufverhältnis größer als 20 ist.

c) *Integralreaktor*: Nur indirekte Bestimmung der Reaktionsgeschwindigkeit möglich. $r_{\text{Kat}}$ muss aus der Steigung der gemessenen Konzentrations/Zeit(Ort)-Profile ermittelt werden und ist oft nicht eindeutig den Prozessparametern (Temperatur, Partialdrücke u. a.) zuordenbar. Oft ist es auch schwierig, isotherme Verhältnisse zu garantieren.

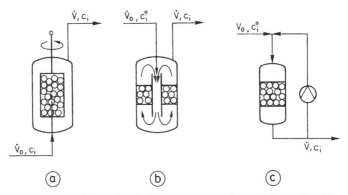

**Abb. 3-2** Prinzipien von Differenzialkreislaufreaktoren mit Katalysatorschüttung [Buzzi-Ferraris 1999, Perego 1999, Forni 1997] zur Bestimmung der Kinetik von heterogenkatalysierten Reaktionen:
a) „Spinning Basket"- Prinzip, ein drehender Korb mit Katalysatorpellets ist als Rührer ausgebildet
b) Treibstrahlprinzip mit innerem Umlauf [Luft 1973 b, Luft 1978, Dreyer 1982]
c) Umwälzungsprinzip mit externem Kreislauf.

$$r = \frac{+1}{v_A} \cdot \frac{dn_A}{dt} = \frac{1}{v_P} \cdot \frac{dn_P}{dt}. \tag{3-1}$$

$$r = \frac{+1}{v_A} \cdot r_A = \frac{1}{v_P} \cdot r_P. \tag{3-2}$$

$r$ ist für alle Reaktanten gleich und für die obige Reaktion stets positiv, $r_A$ bzw. $r_P$ sind die stoffbezogenen Reaktionsgeschwindigkeiten.

Ersetzt man die Molzahl $n_A$ durch die molare Konzentration des Eduktes $A(c_A = n_A/V = A \text{ mol L}^{-1})$, so folgt mit der Produktregel:

$$r = \frac{+1}{v_A} \cdot \frac{d(V \cdot A)}{dt} = \frac{1}{v_A} \left[ V \cdot \dot{A} + A \cdot \dot{V} \right]. \tag{3-3}$$

Unter der Annahme einer volumenbeständigen Reaktion ($\dot{V} = 0$) definiert man die volumenbezogene Reaktionsgeschwindigkeit für homogene Reaktionen:

$$r_V = \frac{r_A}{V} = \frac{1}{v_A} \cdot \frac{dA}{dt}. \tag{3-4}$$

Für heterogene Reaktionssysteme ist es zweckmäßig, die Reaktionsgeschwindigkeit im diskontinuierlichen Betrieb auf die Oberfläche oder die Masse eines Katalysators zu beziehen:

$$r_m = \frac{r_A}{m_{Kat}} = \frac{1}{v_A} \cdot \frac{dn_A}{m_{Kat} \cdot dt}. \tag{3-5}$$

Analog formuliert man die entsprechenden Größen für den *kontinuierlichen Betrieb*:

$$r = \frac{\Delta \dot{n}_A}{v_A} = \frac{\Delta \dot{n}_P}{v_P}. \tag{3-6}$$

$$r = \frac{+1}{v_A} \cdot r_A = \frac{1}{v_P} \cdot r_P. \tag{3-7}$$

$$r_V = \frac{r}{V} = \frac{1}{v_A} \cdot \frac{\Delta \dot{n}_A}{V} = \frac{1}{v_A} \cdot \frac{\Delta c_A}{\tau} = \frac{1}{v_A} \cdot \frac{\Delta A}{\tau}. \tag{3-8}$$

$$r_m = \frac{r}{m_{Kat}} = \frac{1}{v_A} \cdot \frac{1}{m_{Kat}} \Delta \dot{n}_A = \frac{1}{v_A} \cdot \frac{1}{m_{Kat}} \cdot \Delta c_A \cdot \dot{V}. \tag{3-9}$$

**Beispiel 3-1** _____

In einen kontinuierlichen Rohrreaktor geht ein konstanter Stoffmengenstrom von $\dot{n}_A^0 = A_0 \cdot \dot{V}$, der an der Katalysatormasse $m_{Kat}$ umgesetzt wird. Aus dem Reaktor fließen heraus $\dot{n}_A(U_A) = A \cdot \dot{V}$. An einer infinitesimalen Katalysatormasse $dm_{Kat}$ setzen sich $d\dot{n}_A$ mole A um:

$$r_m = \frac{1}{v_A} \cdot \frac{d\dot{n}_A}{dm_{Kat}}$$

$$= \frac{1}{v_A} \cdot \frac{d[\dot{n}_A^0 \cdot (1 - U_A)]}{dm_{Kat}} = \frac{1}{v_A} \cdot \dot{n}_A^0 \cdot (-1) \cdot \frac{dU_A}{dm_{Kat}} \ . \tag{3-10}$$

Trennung der Variablen und Integration bis zum Endumsatz $U_e$ bzw. bis zur Verweilzeit $\tau$ ergibt:

$$m_{Kat} = \frac{\dot{n}_A^0}{|v_A|} \cdot \int\limits_0^{Ue} \frac{dU_A}{r_m(U_A)} \ , \tag{3-11}$$

woraus die benötigte Menge an Katalysator berechnet werden kann. Für eine Reaktion 1. Ordnung (A → Produkte) mit $r_m = k_m A = k_m A_0 (1 - U_A)$ folgt z.B.:

$$m_{Kat} = \frac{\dot{n}_A^0}{|v_A|} \cdot \int\limits_0^{Ue} \frac{dU_A}{k_m \cdot A_0 \cdot (1 - U_A)} = -\frac{\dot{V}}{k_m} \cdot ln(1 - U_e). \tag{3-12}$$

Zur direkten Bestimmung der Reaktionsgeschwindigkeit $r_V$ bzw. $r_m$ ist der *Differentialkreislaufreaktor* besonders geeignet (Abb. 3-2). Bei diesem Reaktortyp kann aus der gemessenen Konzentrationsänderung der Komponente A die Reaktionsgeschwindigkeit $r_V$ direkt berechnet werden:

$$r_V = \frac{1}{v_A} \frac{A_{ende} - A_0}{\tau} \text{ für homogene Reaktionen} \tag{3-13}$$

A: Konzentration der Komponente A in mol $L^{-1}$
$\tau$: Verweilzeit im Reaktor

$$r_m = +\frac{1}{v_A} \frac{\dot{n}_{A,ende} - \dot{n}_A^0}{m_{Kat}} \text{ für heterogenkatalysierte Reaktionen} \tag{3-14}$$

$\dot{n}_{A,ende}$: Mole der Komponente A, die pro Zeiteinheit aus dem Reaktor austreten in mol $s^{-1}$
$\dot{n}_A^0$:     Mole der Komponente A, die pro Zeiteinheit in den Reaktor eintreten in mol $s^{-1}$.

und somit $r_V$ bzw. $r_m$ eindeutig den Versuchsparametern (Temperatur, Konzentrationen, Druck) zugeordnet werden, da durch die Rückführung bzw. die gute Durchmischung ein gradientenfreier Betrieb gewährleistet ist [Erlwein 1998].

Der *Integralreaktor* ist experimentell oft einfacher zu handhaben und liefert einen schnelleren Überblick über die Kinetik. Jedoch muss aus den gemessenen Konzentrations/Zeit-Kurven durch differenzieren die Reaktionsgeschwindigkeit $r_V$ abgeleitet werden *(Vorsicht Fehler!)*. Außerdem sind den so ermittelten *r*-Werten die Reaktantenkonzentrationen und die Temperatur oft nicht eindeutig zuordenbar.

## 3.2
## Kinetische Modelle

Die im Labor bestimmten Geschwindigkeitsdaten ($r_V(t)$ bzw. $A(t)$ als Funktion von $T$, $P$) sollten nun an möglichst physikalisch *sinnvolle Modelle* angepasst werden, die gegebenenfalls den Mechanismus der Reaktion andeuten können [Santacesaria1999, Wang 1999]. Die historische physikalische Interpretation der chemischen Kinetik ist ganz einfach: Die thermische Bewegung führt zu Zusammenstößen zwischen den Eduktteilchen A und B. Die meisten davon sind elastisch, d.h. sie verändern die kinetische Translations-, Rotations- und Schwingungsenergie, ohne die elektronische Struktur zu beeinflussen. Ein Teil der Zusammenstöße ist jedoch reaktiv und führt zu neuen chemischen Spezies (AB)[#]. Aufgrund dieses Bildes ist zu erwarten, dass die Gesamtzahl der Zusammenstöße zwischen den Molekülen der zwei Spezies A und B ebenso wie die Anzahl der inelastischen, reaktiven Stöße den Konzentrationen proportional sein wird:

*Reaktionsgeschwindigkeit bei homogenen Reaktionen =*

- $Z_{AB}$ *(Zahl der Stöße zwischen Teilchen A und B pro Zeit- und Volumeneinheit)\**
- $V$ *(Reaktionsvolumen)\**
- *(Wahrscheinlichkeit eines inelastischen Stoßes)*

mit:

$$Z_{AB} = 2 \cdot c_A \cdot c_B \cdot N_L^2 \cdot \sigma_{AB} \cdot \sqrt{\frac{2 \cdot RT}{\frac{M_A \cdot M_B}{M_A + M_B} \cdot \pi}} \tag{3-15}$$

$c_{A,B}$ = Molarität
$\sigma_{AB}$ = Stoßquerschnitt (s. Kap. 5)
$N_L$ = 6,023 $10^{23}$ mol$^{-1}$
$M_{A,B}$ = Molmasse von A bzw. B

*Reaktionsgeschwindigkeit bei heterogenkatalysierten Reaktionen =*

- $Z_W$ *(Zahl der Stöße auf die Oberfläche pro Zeiteinheit)\**
- *(aktive Oberfläche)\**
- *(Wahrscheinlichkeit eines reaktiven Stoßes)*

mit:

$$Z_W = \frac{P_A \cdot N_L}{\sqrt{2\pi \cdot M_A \cdot RT}} = \frac{1}{4} \cdot \frac{N_A}{V_{mol}} \cdot \sqrt{\frac{8 \cdot RT}{\pi \cdot M}} \tag{3-16}$$

**Beispiel 3-2**

*Bei einer Sauerstoffkonzentration von 10 Vol.-% in Stickstoff ($P_{ges}$ = 1 bar) wird eine Fläche von 1 nm Seitenlänge nach obiger Gleichung ca. 250 millionenmal von $O_2$-Molekülen in einer Sekunde getroffen.*

Im ersten Schritt wird man probieren, ob die kinetischen Messdaten mit einem einfachen Separationsansatz:

$$r_V = f_1(T) \cdot f_2(A_1 ...)\qquad(3\text{-}17)$$

zu beschreiben sind. Der *T-abhängige Term* $f_1(T)$ kann oft durch einen einfachen Arrheniusansatz [Mezinger 1969]:

$$f_1(T) = k_A(T) = k_0 \cdot exp\left(-\frac{E_a}{RT}\right)\qquad(3\text{-}18)$$

beschrieben werden, wobei $k_A$ die Geschwindigkeitskonstante, $k_0$ der sog. präexponentielle Faktor (Stoßfaktor) und $E_a$ die sog. Aktivierungsenergie ist. Typische Werte für $E_a$ liegen zwischen 50 und 100 kJ mol$^{-1}$ für heterogenkatalysierte Reaktionen und 200 und 400 kJ mol$^{-1}$ für homogene Gasphasenreaktionen. Abweichungen vom Arrhenius-Verhalten können als Indiz für einen Mechanismuswechsel (Hoch- zu Tieftemperatur- oder radikalischer zu ionischem Mechanismus) gewertet werden. Nur bei sehr hohen Drücken hat auch der Druck - über das Aktivierungsvolumen $\Delta V_a^{\#}$ – einen Einfluss auf die Geschwindigkeitskonstante [Steiner 1967, Luft 1969, Luft 1989]:

$$f_1(T,\ P) = k_A(T,\ P) = k_0 \cdot exp\left(-\frac{E_a + \Delta V_a^{\#} \cdot (P - P_0)}{RT}\right)\qquad(3\text{-}19)$$

Typische Werte für $\Delta V_a^{\#}$ liegen zwischen $-25$ und $+15$ cm$^3$ mol$^{-1}$.

Für den konzentrationsabhängigen Term $f_2(A ...)$ kann oft ein Potenzansatz gewählt werden, so dass sich folgender einfacher Ausdruck für die Reaktionsgeschwindigkeit ergibt:

$$r_V = k_A(T) \cdot A^{n_A} \cdot ...,\qquad(3\text{-}20)$$

wobei $n_A$ die Ordnung der Reaktion bzgl. der Komponente A genannt wird. Sie stellt einen an die experimentellen Daten anpassbaren Parameter dar. Diesen Parameter erhält man z. B. durch doppellogarithmische Auftragung von $r_V$ gegen A.

In der technischen Chemie werden gerne die vorher eingeführten Potenzansätze gewählt, da sie mathematisch einfach zu handhaben sind. Den meisten Reaktionen, bei denen ein Katalysator beteiligt ist, liegt aber ein *komplizierterer Reaktionsmechanismus* zugrunde, wodurch die mathematische Beschreibung der Kinetik schnell sehr kompliziert wird. Einfache Geschwindigkeitsgesetze sind dann eher selten. Ein Grund liegt darin, dass die Verteilung von reaktionsfähigen Teilchen nicht mehr zufällig ist und so in der Nähe von Instabilitäten aus dem chaotischen Verhalten kohärente Strukturen entstehen. Im Folgenden seien einige Beispiele für komplexere Reaktionsmechanismen genannt:

**Beispiel 3-3** _____

*Enzymkatalysierter Reaktionsmechanismus nach* **Michaelis-Menten:**
*Das Substrat A reagiert in einer vorgelagerten Gleichgewichtsreaktion mit dem Enzym E zum aktivierten Komplex $A^*$. Dieser reagiert langsam unter Freisetzung von E zum Produkt P ab:*

$$A + E \underset{k_{-1}}{\overset{k_1}{\rightleftarrows}} A^* \xrightarrow{k_2} P + E. \tag{3-21}$$

*Voraussetzungen:*

- $E_0 = E + A^*$
- $A_0 = A + P + A^* \approx A + P$
- $dA^*/dt \approx 0$.

*Daraus ergeben sich die Differentialgleichungen:*

$$\dot{P} = k_2 \cdot A^*$$
$$\dot{A}^* = k_1 \cdot A \cdot E - k_{-1} \cdot A^* - k_2 \cdot A^* = 0 \tag{3-22}$$

*Nach Umformen erhält man:*

$$\dot{P} = -\dot{A} = k_2 \cdot E_0 \cdot \frac{A}{K_m + A}, \tag{3-23}$$

*mit der Michaelis-Menten-Konstanten $K_m = (k_{-1} + k_2)/k_1$. Die Kinetik weist also einen hemmenden Term im Nenner auf. Je nach Grenzfall kann man diese Kinetik durch ein Geschwindigkeitsgesetz pseudo 1. Ordnung oder pseudo 0. Ordnung approximieren:*

$$Fall\ 1:\ A << K_m \rightarrow \dot{P} = -\dot{A} = \left(\frac{k_2 \cdot E_0}{K_m}\right) \cdot A^1 \tag{3-24}$$

$$Fall\ 2:\ A >> K_m \rightarrow \dot{P} = -\dot{A} = (k_2 \cdot E_0) \cdot A^0. \tag{3-25}$$

*Auf der Basis der ermittelten Kinetik kann man nun die Reaktorauswahl (Idealrohr oder konti. Kessel) treffen (s. Kap. 6):*

*Idealrohr:*

$$0 = -u \cdot \frac{\partial A}{\partial x} - k_2 \cdot E_0 \cdot \frac{A}{K_m + A}. \tag{3-26}$$

*Integration dieser Differentialgleichung und Auflösen nach der Verweilzeit τ ergibt sich:*

$$\tau_{Rohr} = \frac{1}{k_2 \cdot E_0} \cdot \left( A_0 - A - K_m \cdot ln\,\frac{A}{A_0} \right). \tag{3-27}$$

*Idealer kontinuierlicher Rührkessel:*

$$\dot{A} = -\frac{A_0 - A}{\tau} = -k_2 \cdot E_0 \cdot \frac{A}{K_m + A} \tag{3-28}$$

*Auflösung nach der Verweilzeit τ ergibt:*

$$\tau_{Kessel} = \frac{(A_0 - A) \cdot (K_m + A)}{k_2 \cdot E_0 \cdot A}. \tag{3-29}$$

*Das Verhältnis der Verweilzeiten $F = \tau_{Rohr}/\tau_{Kessel}$ ist immer kleiner als eins, so dass aus reaktionstechnischer Sicht ein Rohrreaktor bevorzugt wäre (Abb. 3-3).*

Ähnliche Reaktionskinetiken wie in Beispiel 3-3 mit einem hemmenden Term im Nenner findet man auch bei heterogen katalysierten Reaktionen (Kap. 5) und solche mit einem Beschleunigungsterm bei autokatalytischen Reaktionen, z. B. der Esterhydrolyse [Krammer 1999] (s. Beispiel 3-4).

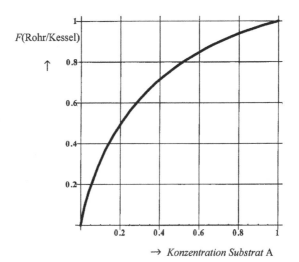

$F$(Rohr/Kessel)

→ *Konzentration Substrat* A

**Abb. 3-3**  Verhältnis *F* der Verweilzeiten von Rohr/Kessel (Gl. (3-27 und 29)) als Funktion der Konzentration des Substrates A für das Beispiel: $k_1 = k_{-1} = 1$; $k_2 = 0,1$; $A_0 = 1$.

**Beispiel 3-4** _____

*Die Hydrolyse von Ethylacetat (E) in heißem Hochdruckwasser ist eine typische autokatalytische Reaktion, da die aus der produzierten Essigsäure (HAc) gebildeten $H^+$-Ionen nach dem Reaktionsstart die Verseifung katalysieren. Nach Krammer [Krammer 1999] gilt folgender Mechanismus:*

$$E + H^+ \xleftrightarrow{K_2} EH^+, \quad K_2 = \frac{EH^+}{E \cdot H^+}$$

$$EH^+ + 2\, H_2O \xrightarrow{K_3} HAc + EtOH + H_3O^+ \tag{3-30}$$

$$HAc \xleftrightarrow{K_A} H^+ + Ac^-, \quad K_A = \frac{H^{+2}}{HAc}$$

*Da die Abreaktionsgeschwindigkeit von E durch den langsamsten Schritt bestimmt wird, gilt in guter Näherung:*

$$r_V = -\frac{dE}{dt} = k_3 \cdot EH^+ \cdot H_2O^2. \tag{3-31}$$

*Einsetzen der Gleichgewichtskonstanten (Gl.(3-30) ) $K_2$ und $K_A$ liefert:*

$$-\frac{dE}{dt} = k_3 \cdot K_2 \cdot H_2O^2 \cdot \sqrt{K_A} \cdot E \cdot \sqrt{E_0 - E}. \tag{3-32}$$

*Diese Differentialgleichung lässt sich durch Trennung der Variablen leicht geschlossen lösen:*

$$E = E_0 \cdot \left[ 1 - tanh \left\{ \frac{const. \cdot \sqrt{E_0}}{2} \cdot t \right\}^2 \right] \tag{3-33}$$

*mit const. $= k_3 \cdot K_2 \cdot H_2O^2 \cdot \sqrt{K_A}$. Die Abb. 3-4 zeigt die für autokatalytische Reaktionen typische S-förmige Kurve.*

---

Noch *komplexer* wird die Situation, wenn nicht nur ein *Produkt* gebildet wird, sondern sich *Nebenprodukte* bilden [Lintz 1999]. Das prinzipielle Vorgehen bei der Aufstellung der kinetischen Gleichungen ist im Folgenden wiedergegeben:

Für eine allgemeine Reaktion entsprechend Gl. (2-12) ist die absolute Gesamtreaktionsgeschwindigkeit $r$ gleich:

$$r = \frac{1}{v_i} \cdot r_i. \tag{3-34}$$

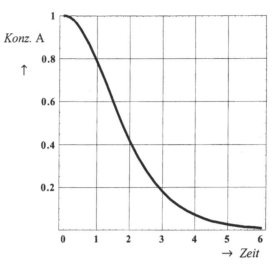

**Abb. 3-4**  Konzentrationsverlauf der Verseifung von Essigester in heißem Hochdruckwasser ($E_0 = 1$, const. = 1) [Krammer 1999].

Wenn die Edukte ($v_i < 0$) bzw. Produkte ($v_i > 0$) in mehr als einer Reaktion vorkommen (j-Reaktionen mit $j = 1$ bis $N$), so gilt für die Stoffmengenänderungsgeschwindigkeit der $i$-ten Komponente:

$$r_i = \sum_{j=1}^{N} v_{ij} \cdot r_{ij} = v_i \cdot r, \qquad (3\text{-}35)$$

wobei $v_{ij}$ die Matrix der stöchiometrischen Koeffizienten ist [Santacesaria 1997]. Die Propylenoxidation an einem Mischoxid-Katalysator soll als ein Beispiel für die kinetische Analyse eines Reaktionsnetzwerkes dienen [König 1998].

**Beispiel 3-5** _____

*Die Abb. 3-5 gibt den angenommenen Reaktionsmechanismus wider.*

*Es liegen vier unabhängige chemische Reaktionen ($j = 1$ bis $N$ mit $N = 4$) vor:*

$$
\begin{aligned}
&1.)\ 1 \cdot C_3H_6 + 2 \cdot [O] \xrightarrow{k_{C3H6}} 1 \cdot C_3H_4O + 1 \cdot H_2O + 2 \cdot [\ ] \\
&2.)\ 1 \cdot O_2 + 2 \cdot [\ ] \xrightarrow{k_{O2}} 2 \cdot [O] \\
&3.)\ 1 \cdot C_3H_6 + 4{,}5 \cdot O_2 \xrightarrow{k_{1CO2}} 3 \cdot CO_2 + 3 \cdot H_2O \\
&4.)\ 1 \cdot C_3H_4O + 7 \cdot [O] \xrightarrow{k_{2CO2}} 3 \cdot CO_2 + 2\,H_2O + 7 \cdot [\ ]
\end{aligned}
\qquad (3\text{-}36)
$$

*die man wie folgt modellieren kann [König 1998]:*

$$r_1 = k_{C3H6} \cdot [O] \cdot C_3H_6$$
$$r_2 = k_{O2} \cdot (1 - [O]) \cdot O_2$$
$$r_3 = k_{1CO2} \cdot (1 - [O]) \cdot C_3H_6 \cdot O_2. \tag{3-37}$$
$$r_4 = k_{2CO2} \cdot [O] \cdot \frac{C_3H_4O}{C_3H_6}$$

*Wir stellen entsprechend Gl. (3-35) die Matrix der stöchiometrischen Koeffizienten auf:*

| j ↓ | i → $C_3H_6$ | [O] | $O_2$ | $C_3H_4O$ | $CO_2$ | $H_2O$ | [ ] |
|---|---|---|---|---|---|---|---|
| 1 | – 1 | – 2 | 0 | 1 | 0 | 1 | 2 |
| 2 | 0 | 2 | – 1 | 0 | 0 | 0 | – 2 |
| 3 | – 1 | 0 | – 4,5 | 0 | 3 | 3 | 0 |
| 4 | 0 | – 7 | 0 | – 1 | 3 | 2 | 7 |

*Daraus ergeben sich die Geschwindigkeitsgleichungen aller Edukte und Produkte zu:*

$$\dot{CO_2} = 3 \cdot r_3 + 3 \cdot r_4$$
$$\dot{O_2} = -1 \cdot r_2 - 4{,}5 \cdot r_3$$
$$C_3\dot{H_6} = -1 \cdot r_1 - 1 \cdot r_3 \tag{3-38}$$
$$C_3\dot{H_4}O = 1 \cdot r_1 - 1 \cdot r_4$$

*Dieses System gekoppelter Differentialgleichungen lässt sich nur nummerisch lösen. Die Parameter (= Geschwindigkeitskonstanten) sind an die im Rohrreaktor ermittelten Konzentrations/Zeit-Kurven iterativ anzupassen. Die muss für jeden Katalysatortyp individuell durchgeführt werden. In Abb. 3-6 sind beispielhaft für einen typischen Acrolein-Katalysator die simulierten Konzentrations/Zeit-Verläufe aller Reaktanten wiedergegeben.*

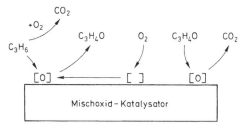

**Abb. 3-5** Reaktionsmechanismus der Propylenoxidation an einem Mischoxid-Katalysator. Mit [O] bzw. [ ] werden die aktiven Sauerstoffspezies bzw. Sauerstoff-Leerstellen des Mischoxid-Katalysators bezeichnet [Moro 1993].

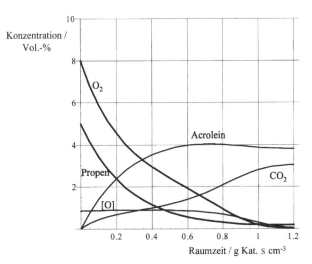

**Abb. 3-6** Konzentrations/Raumzeit-Verläufe bei 400 °C der Edukte Propen und Sauerstoff sowie der Produkte Acrolein und Kohlendioxid für einen vorgegebenen Satz von Geschwindigkeitskonstanten ($k_{C3H6} = 3{,}94$ cm$^3$ g$^{-1}$ s$^{-1}$; $k_{O2} = 16{,}0$ cm$^3$ g$^{-1}$ s$^{-1}$; $k_{1CO2} = 0{,}38$ cm$^3$ g$^{-1}$ s$^{-1}$; $k_{2CO2} = 0{,}14$ cm$^3$ g$^{-1}$ s$^{-1}$), die für den betrachteten typischen Acrolein-Katalysator individuell an Messungen angepasst wurden. Anstelle der Verweilzeit wurde die auf die Katalysatormasse bezogene Raumzeit [$m_{kat}/(g) \div \dot{V}/(cm^3\ s^{-1})$] verwendet. Diese Simulation erfolgte für einen stationären Sauerstoffbedeckungsgrad von $[O] = 0{,}82$.

In einem weiteren Beispiel ist ein einfaches Reaktionsnetzwerk aus Folge- und Parallelreaktionen 1. Ordnung wiedergegeben. Mit diesem einfachen Netzwerk-Modell lässt sich z. B. die technisch wichtige Reaktionsklasse der Partialoxidationen oft gut beschreiben.

**Beispiel 3-6** _____

*Das Ausgangsprodukt A reagiert nicht nur zum Produkt P sondern [Fitzer 1975]: a) in einer Parallelreaktion zu dem unerwünschten Nebenprodukt Y bzw. b) in einer Folgereaktion zu dem unerwünschten Folgeprodukt X:*

$$A \xrightarrow{k_1} P \xrightarrow{k_2} X$$
$$A \xrightarrow{k_3} Y \qquad . \tag{3-39}$$

### a) Parallelreaktion erster Ordnung
*Für die zeitliche Änderung der Eduktkonzentration A gilt mit der vereinfachten Schreibweise $dc_A/dt = \dot{A}$:*

$$\dot{A} = -(k_1 + k_3) \cdot A \tag{3-40}$$

*mit $A(t = 0) = A_0$ erhält man nach Integration:*

$$A = A_0 \cdot exp\left\{-(k_1 + k_3) \cdot t\right\}. \tag{3-41}$$

*Für das Wertprodukt P erhält man:*

$$\dot{P} = k_1 \cdot A. \tag{3-42}$$

*Die Integration liefert mit $P(t = 0) = P_0$:*

$$P = P_0 + \frac{k_1 \cdot A_0}{(k_1 + k_3)} \cdot \{1 - exp\,[-(k_1 + k_3) \cdot t]\}. \tag{3-43}$$

*Entsprechendes gilt für Y.*

## b) Folgereaktion erster Ordnung
*Hierfür lauten die drei simultanen Differentialgleichungen:*

$$\dot{A} = -k_1 \cdot A$$
$$\dot{P} = k_1 \cdot A - k_2 \cdot P \tag{3-44}$$
$$\dot{X} = k_2 \cdot P.$$

*Deren Integration ergibt, wenn $P_0 = X_0 = 0$ und $k_1 \neq k_2$ ist:*

$$A = A_0 \cdot exp\,(-k_1 \cdot t) \tag{3-45}$$

$$P = \frac{k_1 \cdot A_0}{k_1 - k_2} \cdot \{exp\,(-k_2 \cdot t) - exp\,(-k_1 \cdot t)\} \tag{3-46}$$

$$X = A_0 \cdot \left\{1 + \frac{k_1}{k_2 - k_1} \cdot exp\,(-k_2 \cdot t) - \frac{k_2}{k_2 - k_1} \cdot exp\,(-k_1 \cdot t)\right\}. \tag{3-47}$$

## c) Kombinierte Folge- und Parallelreaktion
*Mit dem Differentialgleichungssystem:*

$$\dot{A} = -(k_1 + k_3) \cdot A$$
$$\dot{P} = k_1 \cdot A - k_2 \cdot P$$
$$\dot{X} = k_2 \cdot P \tag{3-48}$$
$$\dot{Y} = k_3 \cdot A$$

*ergibt sich als Lösung:*

$$A = A_0 \cdot exp\,\{-(k_1 + k_3) \cdot t\} \tag{3-49}$$

$$P = \frac{k_1 \cdot A_0}{(k_1 + k_3 - k_2)} \cdot \{exp\,(-k_2 \cdot t) - exp\,(-(k_1 + k_3) \cdot t)\} \tag{3-50}$$

$$X = \frac{k_1 \cdot A_0}{(k_1 + k_3)} \cdot \left\{1 - \frac{exp\,(-k_2 \cdot t)}{k_1 + k_3 - k_2} \cdot [k_1 + k_3 - k_2 \cdot exp\,(-(k_1 + k_3 - k_2) \cdot t)]\right\} \tag{3-51}$$

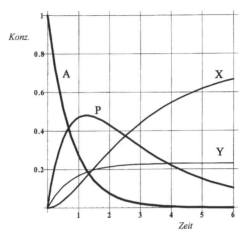

**Abb. 3-7** Verlauf der Reaktantkonzentrationen A, P, X, und Y für eine einfache Folge- und Parallelreaktion (Gl. (3-49 bis 52)) mit den Werten: $k_1 = 1$; $k_2 = 0,4$; $k_3 = 0,3$ und $A_0 = 1$.

$$Y = \frac{k_3 \cdot A_0}{k_1 + k_3} \cdot \left\{ 1 - exp\left(-(k_1 + k_3) \cdot t\right) \right\}. \tag{3-52}$$

*Die Abb. 3-7 zeigt den Verlauf der Reaktantkonzentrationen für den Fall einer einfachen Folge- und Parallelreaktion (Gl. (3-48)).*

## 3.3
## Selektivität und Umsatz als Funktion der Prozessparameter

Mit Hilfe der Kinetik kann der Reaktor dimensioniert werden (Kap. 6). Andere wichtige Größen, welche die Wirtschaftlichkeit des gesamten Verfahrens nachhaltig beeinflussen, sind die Selektivität und der Umsatz. Bei Kenntnis der Kinetik können beide Größen optimiert und damit die Ausbeute (= Selektivität mal Umsatz) maximiert werden. Zunächst müssen wir diese Größen definieren. Betrachten wir die Reaktion der Edukte A und B zum Produkt P:

$$\nu_A \ A + B \ (\text{im stöchiometrischen Überschuss}) \rightarrow \nu_P \ P \tag{3-53}$$

Der *Umsatz* $U_A$ ist definiert als die umgesetzte Stoffmenge des Eduktes A (welches unterstöchiometrisch vorliegt) bezogen auf die eingesetzte Stoffmenge:

$$U_A = \frac{n_A^0 - n_A}{n_A^0}. \tag{3-54}$$

Die sog. *integrale Selektivität* $^I S_p$ bzgl. des Produktes P (oft nur Selektivität genannt) ist definiert als die gebildete Stoffmenge (hier $P$) bezogen auf die umgesetzte Menge des Eduktes (hier $A$) dividiert durch die stöchiometrischen Koeffizienten:

$$^I S_P = \frac{n_P / \nu_P}{(n_A^0 - n_A) / \nu_A}.$$ 
(3-55)

Diese ist abhängig von den Prozessbedingungen wie $T, P, Konz.$, von der Art des Katalysators und vom Umsatz:

$$^I S_P \{ (T, P, Konz.), (Katalysator), (Umsatz) \}.$$ 
(3-56)

Die sog. *differentielle (augenblickliche) Selektivität* $^D S_p$ ist über das Verhältnis der Reaktionsgeschwindigkeiten der Bildung von P und dem Zerfall von A definiert:

$$^D S_P = \frac{r_P}{r_A}.$$ 
(3-57)

Beide, integrale und differentielle Selektivität, können ineinander umgerechnet werden:

$$^I S_P = \frac{1}{U_e} \cdot \int_0^{U_e} {}^D S_P(U) \cdot dU,$$ 
(3-58)

$$^I S_P^{\text{id konti Rührkessel}} = {}^D S_P^{\text{id konti Rührkessel}}$$

wobei $U_e$ der erreichte Endumsatz im diskontinuierlich betriebenen Reaktor (= idealer Rohrreaktor) darstellt. Experimente im diskontinuierlich betriebenen Reaktor (= idealer Rohrreaktor) liefern $^I S_P$-Werte. Experimente im idealen kontinuierlichen Rührkessel liefern direkt $^D S_P$-Werte, die infolge der unterstellten Gradientenfreiheit identisch mit $^I S_P$-Werten sind. Wir wollen dies wieder am Beispiel eines einfachen Reaktionsnetzwerkes von Folge- und Parallelreaktion zeigen.

**Beispiel 3-7** _____

*Für das folgende Dreiecksschema erster Ordnung:*

$$A \xrightarrow{k_1} P \xrightarrow{k_2} X$$
$$A \xrightarrow{k_3} X$$
(3-59)

*lauten die Differentialgleichungen in vereinfachter Schreibweise ($c_A = A$, $dc_A/dt = \dot{A}$ usw.) für den Batchbetrieb:*

$$\dot{A} = -k_1 \cdot A - k_3 \cdot A$$
$$\dot{P} = +k_1 \cdot A - k_2 \cdot P$$
$$\dot{X} = +k_2 \cdot P + k_3 \cdot A$$
(3-60)

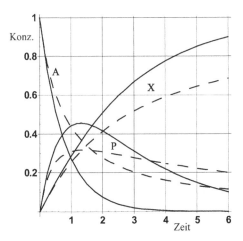

**Abb. 3-8** Verlauf der Reaktantkonzentrationen *A*, *P* und *X* für ein einfaches Reaktionsnetzwerk (Gl. (3-59)) mit $k_1 = 1$; $k_2 = 0{,}4$; $k_3 = 0{,}3$ und $A_0 = 1$ im diskontinuierlichen Rührkessel (ausgezogene Linie, Gl. (3-61 bis 3-63)) sowie im idealen kontinuierlichen Rührkessel (gestrichelte Linie, Gl. (3-65)).

*mit den Lösungen:*

$$A = A^0 \cdot exp\left\{-(k_1 + k_3) \cdot t\right\} \tag{3-61}$$

$$P = \frac{k_1 \cdot A_0}{(k_1 + k_3 - k_2)} \cdot \left\{exp\left(-k_2 \cdot t\right) - exp\left(-(k_1 + k_3] \cdot t\right)\right\} \tag{3-62}$$

$$X = A_0 - \frac{A_0}{(k_1 + k_3 - k_2)} \cdot \left\{k_1 \cdot exp\left(-k_2 \cdot t\right) + (k_3 - k_2) \cdot exp\left(-(k_1 + k_3) \cdot t\right)\right\}$$
$$\tag{3-63}$$

*Die Abb. 3-8 zeigt den Verlauf der Reaktantenkonzentration.*

*Analog formulieren wir die Bilanzgleichungen für den Fall des idealen kontinuierlichen Rührkessels:*

$$\frac{A_0 - A}{\tau} = +k_1 \cdot A + k_3 \cdot A$$

$$\frac{0 - P}{\tau} = -k_1 \cdot A + k_2 \cdot P, \tag{3-64}$$

$$\frac{0 - X}{\tau} = -k_2 \cdot P - k_3 \cdot A$$

*Unter den Randbedingungen ($A_0 > 0$ und $P_0 = X_0 = 0$) ergeben sich die Lösungen:*

$$A = A_0 \cdot \frac{1}{1 + (k_1 + k_3) \cdot \tau}$$

$$P = A_0 \cdot \frac{k_1 \cdot \tau}{(1 + k_2 \cdot \tau) \cdot (1 + (k_1 + k_3) \cdot \tau)} . \tag{3-65}$$

$$X = A_0 \cdot \frac{k_3 \cdot \tau + (k_1 \cdot k_2 + k_2 \cdot k_3) \cdot \tau^2}{(1 + k_2 \cdot \tau) \cdot (1 + (k_1 + k_3) \cdot \tau)}$$

*Die Abb. 3-8 zeigt den Verlauf der Reaktantkonzentrationen als Funktion der Verweilzeit $\tau$.*

**a) Differentielle Selektivität für den Batchbetrieb**
*Aus der Definitionsgleichung (3-57) folgt:*

$$^D S_P = \frac{r_1 - r_2}{r_1 + r_3} = \frac{k_1 \cdot A - k_2 \cdot P}{(k_1 + k_3) \cdot A} . \tag{3-66}$$

*Nach Einführung der Gl. (3-61) und (3-62) sowie des Umsatzes $U = (A_0 - A)/A_0$ bzw. $t = -\ln (1 - U)/(k_1 + k_3)$ folgt:*

$$^D S_P = \frac{k_1}{(k_1 + k_3) \cdot (k_1 + k_3 - k_2)} \cdot \left\{ k_1 + k_3 - k_2 \cdot (1 - U)^{\frac{k_1 + k_3 - k_2}{k_1 + k_3}} \right\} . \tag{3-67}$$

*Eine Grenzwertbetrachtung liefert:*

*a) $k_2 \to 0$ (reine Parallelreaktion):*

$$\lim_{k_2 \to 0} {}^D S_P = \frac{k_1}{k_1 + k_3} . \tag{3-68}$$

*b) $k_3 \to 0$ (reine Folgereaktion):*

$$\lim_{k_3 \to 0} {}^D S_P = \frac{k_1 - k_2 \cdot (1 - U)^{\frac{k_2 - k_1}{k_1}}}{k_1 - k_2} . \tag{3-69}$$

*c) $U \to 0$ (Grenzselektivität):*

$$\lim_{U \to 0} {}^D S_P = \frac{k_1}{k_1 + k_3} \tag{3-70}$$

*d) Für den Fall $U \to 1$ ergibt sich ein sehr komplexes Grenzwertverhalten. Je nach Relation der Geschwindigkeitskonstanten können sich auch negative Selektivitäten ergeben, was messtechnisch nicht möglich ist.*

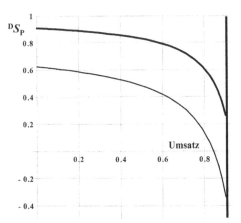

**Abb. 3-9** Differentielle Selektivität $^{D}S_{P}$ als Funktion des Umsatzes $U$ (Gl. (3-67)) für die zwei Fälle: dicke Kurve: $k_1 = 1$; $k_2 = 0{,}1$; $k_3 = 0{,}1$ dünne Kurve: $k_1 = 1$; $k_2 = 0{,}4$; $k_3 = 0{,}6$.

*Die Abb. 3-9 zeigt beispielhaft den Verlauf der differentiellen Selektivität als Funktion des Umsatzes.*

### b) Integrale Selektivität für den Batchbetrieb

*Aus der Definitionsgleichung (3-55) ergibt sich mit den Gln. (3-61 und 62) sowie der Umsatzdefinition:*

$$^{I}S_{P} = \frac{P_{e}}{A_{0} - A_{e}} = \frac{1}{U_{e}} \cdot \frac{k_{1}}{(k_{1} + k_{3} - k_{2})} \cdot \left\{ (1 - U_{e})^{\frac{k_{2}}{k_{1} + k_{3}}} - (1 - U_{e}) \right\}. \tag{3-71}$$

$^{I}S_{P}$ *kann auch mit Hilfe von Gl. (3-58) aus $^{D}S_{P}$ (Gl. (3-67)) ausgerechnet werden:*

$$^{I}S_{P} = \frac{1}{U_{e}} \cdot \int_{0}^{U_{e}} \frac{k_{1}}{(k_{1} + k_{3}) \cdot (k_{1} + k_{3} - k_{2})} \cdot \left\{ k_{1} + k_{3} - k_{2} \cdot (1 - U)^{-\frac{k_{1} + k_{3} - k_{2}}{k_{1} + k_{3}}} \right\} \cdot dU. \tag{3-72}$$

*Eine Grenzwertbetrachtung liefert:*

*a) $k_{2} \rightarrow 0$ (reine Parallelreaktion):*

$$\lim_{k_{2} \rightarrow 0} {}^{I}S_{P} = \frac{k_{1}}{k_{1} + k_{3}}. \tag{3-73}$$

*b) $k_{3} \rightarrow 0$ (reine Folgereaktion):*

$$\lim_{k_{3} \rightarrow 0} {}^{I}S_{P} = \frac{1}{U_{e}} \cdot \frac{k_{1}}{k_{1} - k_{2}} \cdot \left\{ (1 - U_{e})^{\frac{k_{2}}{k_{1}}} - (1 - U_{e}) \right\}. \tag{3-74}$$

c) $U \to 0$ (Grenzselektivität):

$$\lim_{U \to 0} {}^I S_P = \frac{k_1}{k_1 + k_3} \, . \tag{3-75}$$

d) Für $U \to 1$ ergibt sich immer der Wert null.

Die Abb. 3-10 zeigt den Verlauf der integralen Selektivität als Funktion des Umsatzes für ein gewähltes Beispiel.

### c) Differentielle Selektivität für den idealen kontinuierlichen Rührkessel

Aus der Definitionsgleichung (3-57) folgt:

$$^D S_P = \frac{r_1 - r_2}{r_1 + r_3} = \frac{k_1 \cdot A - k_2 \cdot P}{(k_1 + k_3) \cdot A} \, . \tag{3-76}$$

Nach Einsetzen der Gnl. (3-65) sowie des Umsatzes $U = (A_0\text{-}A)/A_0$ bzw. $\tau = \frac{1}{k_1 + k_3} \cdot \frac{U}{1-U}$ folgt:

$$^D S_P = \frac{k_1}{k_1 + k_3} \cdot \left( 1 - \frac{k_2 \cdot U}{(k_1 + k_3) \cdot (1 - U) + k_2 \cdot U} \right) . \tag{3-77}$$

Eine Grenzwertbetrachtung liefert:

a) $k_2 \to 0$ (reine Parallelreaktion):

$$\lim_{k_2 \to 0} {}^D S_P = \frac{k_1}{k_1 + k_3} \, . \tag{3-78}$$

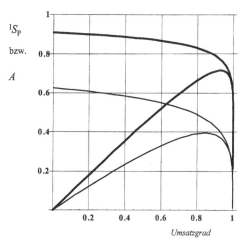

**Abb. 3-10** Verlauf der integralen Selektivität $^I S_P$ bzw. der Ausbeute A in Abhängigkeit vom erreichten Endumsatz $U_e$. (Gl. (3-71)): dicke Kurve: $k_1 = 1$; $k_2 = 0{,}1$; $k_3 = 0{,}1$ und dünne Kurve: $k_1 = 1$; $k_2 = 0{,}4$; $k_3 = 0{,}6$.

*b)* $k_3 \to 0$ *(reine Folgereaktion):*

$$\lim_{k_3 \to 0} {}^D S_P = 1 - \frac{k_2 \cdot U}{k_1 \cdot (1 - U) + k_2} U. \tag{3-79}$$

*c)* $U \to 0$ *(Grenzselektivität):*

$$\lim_{U \to 0} {}^D S_P = \frac{k_1}{k_1 + k_3}. \tag{3-80}$$

*d) Für $U \to 1$ ergibt sich immer der Wert null.*

*Die Abb. 3-11 zeigt den Verlauf der differentiellen Selektivität als Funktion des Umsatzes für ein gewähltes Beispiel.*

### d) Integrale Selektivität im idealen kontinuierlichen Rührkessel
*Da der kontinuierliche Rührkessel gradientenfrei ist, ergibt sich:*

$$^I S_P = \frac{P_e}{A_0 - A_e} = {}^D S_P = \frac{k_1}{k_1 + k_3} \cdot \left(1 - \frac{k_2 \cdot U}{(k_1 + k_3) \cdot (1 - U) + k_2 \cdot U}\right). \tag{3-81}$$

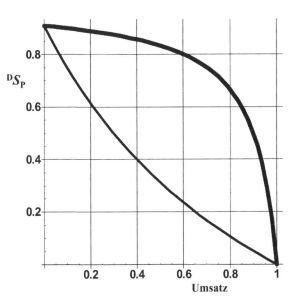

**Abb. 3-11** Differentielle Selektivität $^D S_P$ für den idealen kontinuierlichen Rührkessel als Funktion des Umsatzes $U$ (Gl. (3-77)) für die zwei Fälle: dicke Kurve: $k_1 = 1$; $k_2 = 0,1$; $k_3 = 0,1$; dünne Kurve: $k_1 = 1$; $k_2 = 2,1$; $k_3 = 0,1$.

**Beispiel 3-8** _____

*Für das folgende Reaktionsschema erster Ordnung:*

$$A \xrightarrow{k_1} B \xrightarrow{k_2} P \xrightarrow{k_3} X \, , \tag{3-82}$$

*bei dem das Produkt P erst über eine Zwischenstufe B gebildet wird, lautet das Differential-gleichungssystem in vereinfachter Schreibweise ($c_A = A$, $dc_A/dt = \dot{A}$ usw.) für den Batch-betrieb (= idealer Rohrreaktor):*

$$\dot{A} = -k_1 \cdot A$$
$$\dot{B} = +k_1 \cdot A - k_2 \cdot B$$
$$\dot{P} = +k_2 \cdot B - k_3 \cdot P \tag{3-83}$$
$$\dot{X} = +k_3 \cdot P$$

*mit den Lösungen:*

$$A = A_0 \cdot exp(-k_1 \cdot t)$$

$$B = -A_0 \cdot \frac{k_1}{k_1 - k_2} \cdot exp \left\{ -(k_1 + k_2) \cdot t \right\} \cdot \left[ exp(k_2 \cdot t) - exp(k_1 \cdot t) \right]$$

$$P = A_0 \cdot \frac{k_1 \cdot k_2}{(k_1 - k_2) \cdot (k_1 - k_3) \cdot (k_2 - k_3)} \cdot exp\{ -(k_1 + k_2 + k_3) \cdot t \} \cdot \tag{3-84}$$

$$\cdot \begin{bmatrix} k_1 \cdot exp\{(k_1 + k_2) \cdot t\} - k_1 \cdot exp\{(k_1 + k_3) \cdot t\} + \\ k_2 \cdot exp\{(k_2 + k_3) \cdot t\} - k_2 \cdot exp\{(k_1 + k_2) \cdot t\} + \\ k_3 \cdot exp\{(k_1 + k_3) \cdot t\} - k_3 \cdot exp\{(k_2 + k_3) \cdot t\} \end{bmatrix}$$

*Die Abb. 3-12 zeigt den Verlauf der Reaktantkonzentrationen.*

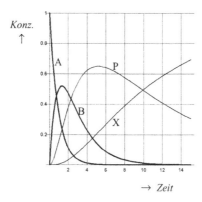

**Abb. 3-12** Verlauf der Reaktantkonzentrationen *A, B, P* und *X* (Gl. (3-84)) für ein Reaktionsschema (Gl. (3-82)), bei dem das Produkt aus einer vorgelagerten Zwischenstufe gebildet wird mit $k_1 = 1{,}1$; $k_2 = 0{,}5$; $k_3 = 0{,}1$.

*Die zugehörige differentielle Selektivität* $^D S_P$ *lautet:*

$$^D S_P = \frac{r_2 - r_3}{r_1} = \frac{k_2 \cdot B - k_3 \cdot P}{k_1 \cdot A} \tag{3-85}$$

*Durch Einsetzen obiger Gleichungen für A, B und P sowie Substitution der Zeit t durch den Umsatz nach t = -ln(1-U)/k₁ folgt der in Abb. 3-13 gezeigte Verlauf der differentiellen und integralen Selektivität.*

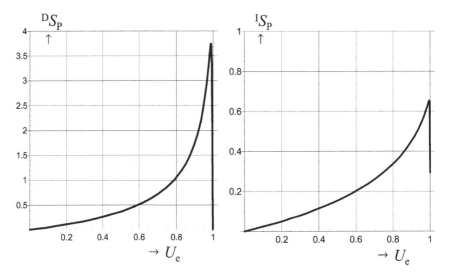

**Abb. 3-13** Verlauf der differentiellen und integralen Selektivität für das Reaktionsschema (Gl. (3-82)) bei dem das Produkt aus einer vorgelagerten Zwischenstufe gebildet wird mit $k_1 = 1,1$; $k_2 = 0,5$; $k_3 = 0,1$ für den Batchkessel.

# 4
# Hydrodynamik

## 4.1
## Grundlagen

Der Strömungslehre und insbesondere der *Hydrodynamik* (Lehre von den bewegten Flüssigkeiten) kommt bei der Projektierung von Chemieanlagen eine überragende Bedeutung zu. Die Hydrodynamik bestimmt wesentlich den Energieverbrauch der Gesamtanlage, die Trennleistung von Kolonnen, das Verweilzeitverhalten der Reaktoren; Strömungsturbulenzen können Leitungen zerstören. Die klassischen Gleichungen für die Beschreibung des Strömungszustandes (= Geschwindigkeitsfeld in Raum und Zeit) eines Fluids stammen von *Navier*[1] und *Stokes*[2] aus dem 19. Jahrhundert:

$$\frac{\partial \vec{u}}{\partial t} = -\vec{u} \cdot div(\vec{u}) + \vec{a} - \frac{1}{\rho} \cdot grad(P) + v \cdot grad[div(\vec{u})] \tag{4-1}$$

$\vec{u}$ = Geschwindigkeit
$\vec{a}$ = Beschleunigung (z. B. Erdbeschleunigung)
$\rho$ = Dichte des Fluids
$P$ = Druck
$v$ = kinematische Zähigkeit,

oder vereinfacht für nur eine Raumrichtung $x$:

$$\frac{\partial u_x}{\partial t} = -u_x \cdot \frac{\partial u_x}{\partial x} + a_x - \frac{1}{\rho} \cdot \frac{\partial P}{\partial x} + v \cdot \frac{\partial^2 u_x}{\partial x^2}. \tag{4-2}$$

Die einzelnen Terme auf der rechten Seite von Gl. (4-2) haben folgende Bedeutung:

1. Term: örtliche Änderung des Geschwindigkeitsfeldes
2. Term: „Massenkraft" (Kraft = Masse · Beschleunigung)
3. Term: „Oberflächenkraft"
4. Term: „Scherkraft".

---

[1] *Claude L. M. H. Navier*, frz. Physiker (*1785-1836*).
[2] *George G. Stokes*, Mathematiker und Physiker (*1819-1903*).

*Lehrbuch Chemische Technologie. Grundlagen Verfahrenstechnischer Anlagen*. G. Herbert Vogel
Copyright © 2004 WILEY-VCH Verlag GmbH & Co. KGaA, Weinheim
ISBN: 3-527-31094-0

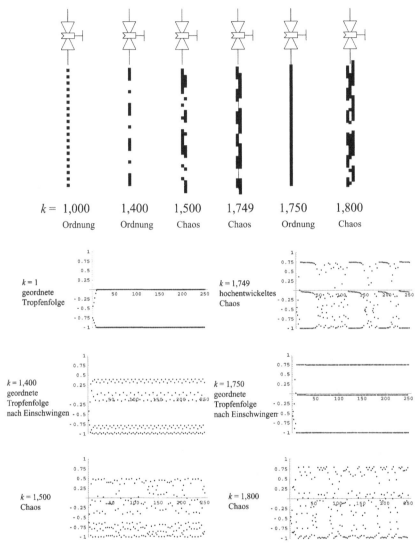

**Abb. 4-1** Der Wechsel von Ordnung zum Chaos am Beispiel eines Wasserhahns simuliert mit der einfachen Iteration $x_0 \rightarrow (k\,x_0^2 - 1) \rightarrow x_1 \rightarrow (k\,x_1^2 - 1) \rightarrow x_2$ usw. Der Parameter $k$ symbolisiert die Öffnung des Ventils. Beispiel: Bei $k = 1{,}749$ sehen wir voll entwickeltes Chaos, eine winzig kleine Änderung in der dritten Stelle nach dem Komma führt zu Ordnung.

Diese partielle Differentialgleichung ist naturgemäß deterministisch. Die Praxis zeigt aber, dass viele hydrodynamische Phänome (z. B. der Übergang vom laminaren in den turbulenten Strömungszustand) chaotische Züge zeigten (deterministisches Chaos [Stewart 1993]) (Abb. 4-1). Der Grund liegt darin, dass die Navier-Stokes-Gleichung von einem idealen Fluid ausgeht, das homogen ist. Ein reales Fluid besteht aber aus Atomen und Molekülen.

Zur Lösung der Navier-Stokes-Gleichung unter bestimmten Randbedingungen stehen heute hochentwickelte nummerische Strömungssimulatoren (CFD = Computational Fluid Dynamics) zur Verfügung (z. B. FLUENT, Deutschland GmbH, Darmstadt). Damit können heute auch komplexe Strömungsverhältnisse, einschließlich Partikel-, Tropfen-, Blasen-, Pfropfen- und freie Oberflächenströmungen, sowie Mehrphasenströmungen, wie z. B. in Wirbelschichtreaktoren und Blasensäulen, nummerisch behandelt werden [Fluent 1998].

Die Annahme eines reibungsfreien Fluids führt durch Weglassen des Reibungsterms zur sog. *Euler*[3]*-Gleichung*:

$$\frac{\partial u_x}{\partial t} = -u_x \cdot \frac{\partial u_x}{\partial x} + a_x - \frac{1}{\rho} \cdot \frac{\partial P}{\partial x}, \tag{4-3}$$

die sich für den stationären Betrieb weiter vereinfacht zu:

$$u_x \cdot \frac{\partial u_x}{\partial x} = a_x - \frac{1}{\rho} \cdot \frac{\partial P}{\partial x}. \tag{4-4}$$

Diese Gleichung führt für aufwärtsgerichtete Strömungen ($a_x = -g$, mit g der Erdbeschleunigung und der Höhe $x = h$) nach Variablentrennung und Integration zur bekannten *Bernoulli*[4]*-Gleichung* (Abb. 4-2):

$$\int_{u_1}^{u_2} u_x \cdot du_x = -g \cdot \int_{h_1}^{h_2} dx - \frac{1}{\rho} \cdot \int_{P_1}^{P_2} dP, \tag{4-5}$$

$$\frac{u_2^2 - u_1^2}{2} = -g \cdot (h_2 - h_1) - \frac{1}{\rho} \cdot (P_2 - P_1) \tag{4-6}$$

oder allgemein:

$$\frac{\rho}{2} \cdot u^2 + \rho \cdot g \cdot h + P = P_{ges} = \text{konst.} \tag{4-7}$$

Hierin bedeutet der:

1. Term: dynamischer Druck (kinetische Energie $m\, u^2/2$)
2. Term: Höhendruck (potenzielle Energie $m\, g\, h$)
3. Term: Betriebsdruck (Druckenergie $P\, V$).

Die im Rahmen einer Verfahrensentwicklung wichtigsten Aspekte aus der Strömungslehre werden im Folgenden diskutiert.

---

3 *Leonhard Euler*, Mathematiker und Physiker (*1707-1783*).
4 *Daniel Bernoulli*, Universalgelehrter (*1700-1782*).

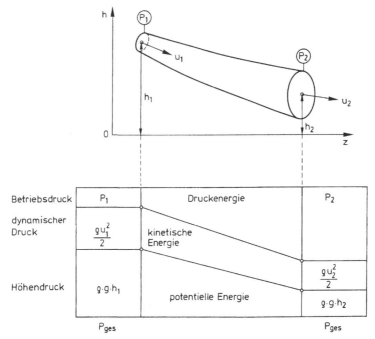

**Abb. 4-2** Veranschaulichung der Bernoulli-Gleichung an einem Strömungsrohr mit Druck- und Energiever-lauf.

## 4.2
## Einphasenströmung in Rohrleitungen

Der Strömungszustand eines Fluids in einer Rohrleitung wird durch die sog. Reynolds[5]-Zahl gekennzeichnet:

$$Re = \frac{u \cdot d}{v} \tag{4-8}$$

$u$ = Strömungsgeschwindigkeit
$d$ = Rohrdurchmesser
$v$ = kinematische Zähigkeit.

Bei *Re*-Zahlen von kleiner als 2300 spricht man von *laminarer Strömung*, die im Idealfall (keine Störungen durch Rohrrauhigkeiten, Einbauten u. a.) durch das Hagen-Poiseuille-Gesetz beschrieben werden kann. Bei der Ableitung dieses Gesetzes erhält man durch Gleichsetzen der Oberflächen- und der Scherkraft ein parabolisches Strömungsgeschwindigkeitsprofil $u(r)$ (Abb. 4-3):

---

5 *Osborne Reynolds (1842-1912).*

$$u_{laminar}(r) = \frac{\Delta P \cdot d^2}{16 \cdot \eta \cdot L} \cdot \left(1 - 4 \cdot \frac{r^2}{d^2}\right) = u_{max} \cdot \left(1 - 4 \cdot \frac{r^2}{d^2}\right) \tag{4-9}$$

$\Delta P$ = Druckdifferenz über die Rohrlänge $L$
$d$ = Rohrleitungsdurchmesser
$\eta$ = dynamische Viskositätszahl
$u_{max}$ = $2\bar{u}$, mit $\bar{u}$ der mittleren Strömungsgeschwindigkeit.

Die aus einem Rohr mit dem Querschnitt $A = \pi/4 \cdot d^2$ austretende Fluidmenge ergibt sich zu:

$$\int_0^{\dot{V}} d\dot{V}' = \int_0^A u(r) \cdot dA' = \int_0^{d/2} u(r) \cdot 2\pi \cdot r \cdot dr$$

$$\dot{V} = \frac{\Delta P \cdot \pi}{8 \cdot \eta \cdot L} \cdot r^4 = \frac{\Delta P \cdot \pi}{128 \cdot \eta \cdot L} \cdot d^4, \tag{4-10}$$

eine Gleichung, die gerne zur Bestimmung der dynamischen Viskosität mit einem Ubbelohde-Viskosimeter verwendet wird.

Der andere Grenzfall, die sog. *Pfropfenströmung*, die in guter Näherung ab *Re*-Zahlen von größer 10 000 auftritt, ist gekennzeichnet durch:

$$u_{Pfropfen}(r) = \text{konstant.} \tag{4-11}$$

Im Übergangsbereich (2 300 < Re < 10 000) findet man ein labiles Strömungsprofil, das zwischen diesen Grenzwerten, je nach Rohrrauhigkeit, hin und her schwanken kann. Zur Ausbildung eines konstanten Strömungsprofils wird eine gewisse Einlaufstrecke $l$ benötigt, die durch folgende Gleichungen abgeschätzt werden kann:

$$l_{laminar} = 0{,}058 \cdot Re \cdot d$$
$$l_{turbulent} = 50 \cdot d. \tag{4-12}$$

Erst nach dieser Einlaufstrecke dürfen z. B. Durchflussmessgeräte eingebaut werden.

Der reale Strömungszustand in technischen Rohrleitungen ist der sog. *turbulente Bereich*, der durch folgendes Strömungsprofil näherungsweise beschrieben werden kann:

$$u_{turbulent}(r) = u_{max}\left(\frac{d - 2 \cdot r}{d}\right)^{1/7}. \tag{4-13}$$

Hier erkennt man ein stark abgeflachtes Strömungsprofil (Abb. 4-3), welches erst am Rande der Rohrleitung schnell auf null abfällt. Die Dicke $\delta$ der sog. laminaren Grenzschicht lässt sich durch folgende Gleichung abschätzen [Bohl 1994]:

$$\delta \approx \frac{d}{\sqrt{Re}} \approx \frac{34{,}2 \cdot d}{(0{,}5 \cdot Re)^{0{,}875}} \tag{4-14}$$

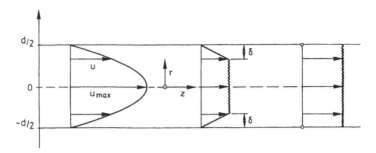

| laminares | turbulentes | Pfropfen- |
| Strömungsprofil | Strömungsprofil | strömungsprofil |

$$u_z(r) = u_{max} \cdot \left(1 - \frac{4 \cdot r^2}{d^2}\right) \qquad u_z(r) = u_{max} \cdot \left(1 - \frac{2 \cdot r}{d}\right)^{1/7} \qquad u_z(r) = konst.$$

$$\delta = \frac{d}{\sqrt{Re}}$$

**Abb. 4-3** Strömungsprofile.

Die *Auslegung von Rohrleitungen* ist eine wirtschaftliche Optimierung zwischen:

- möglichst großem Leitungsquerschnitt, um einen möglichst geringen Druckverlust zu erreichen, d. h. Energiekosten für die Antriebsaggregate zu sparen, gilt besonders für Leitungen mit Dauerbetrieb und
- möglichst geringem Leitungsquerschnitt, um Material- und Montagekosten zu sparen. Dies gilt besonders für Leitungen mit kurzem, absatzweisem Betrieb und Leitungen aus hochwertigen, sprich teuren Werkstoffen.

Für eine erste Abschätzung kann man die optimale Strömungsgeschwindigkeit über den sog. *F-Faktor* (= Belastungsfaktor = Maß für kinetische Energie):

$$F/(\sqrt{Pa}) = u_{opt}/(\mathrm{m\ s^{-1}}) \cdot \sqrt{\rho/(\mathrm{kg\ m^{-3}})} \approx 50 \qquad (4\text{-}15)$$

$u_{opt}$ = optimale Strömungsgeschwindigkeit in m s$^{-1}$
$\rho$ = Dichte des strömenden Mediums in kg m$^{-3}$

ausrechnen. In der Praxis haben sich die in Tab. 4-1 aufgeführten Strömungsgeschwindigkeiten für die Auslegung bewährt.

Die Berechnung der *Rohrnennweite* aus der Strömungsgeschwindigkeit ergibt sich dann zu:

$$d/\mathrm{m} = \sqrt{\frac{\dot{V}/(\mathrm{m^3\ h^{-1}})}{u_{opt}/(\mathrm{m\ s^{-1}}) \cdot 2827}}. \qquad (4\text{-}16)$$

**Tab. 4-1** Richtwerte der Strömungsgeschwindigkeit für verschiedene Medien zur Auslegung von Rohrleitungen.

| Medium | Strömungsgeschwindigkeit $u$/m s$^{-1}$ |
|---|---|
| Flüssigkeiten | 1 bis 3 |
| Gase (Normaldruck) | 40 |
| Gase (Grobvakuum, 400 mbar) | 70 |
| Gase (Feinvakuum, 2 mbar) | 80 |
| Niederdruckdampf | 25 |
| Hochdruckdampf | 40 |

Da in Anlagen normalerweise nur genormte Rohrleitungen verwendet werden, ist der errechnete Wert nach oben hin zur nächsten verfügbaren Nennweite aufzurunden. Genormte Nennweiten sind z. B.:

- *15 25 40 50 80 100 150 250 300 usw. Millimeter.*

Bei *Miniplants* sind Nennweiten von *2 4 6 10* usw. üblich. Die Berechnung des zugehörigen Druckverlustes erfolgt nach der Druckverlustformel:

$$\Delta P = \lambda(Re) \cdot \frac{\rho \cdot \bar{u}^2}{2} \cdot \frac{L}{d} = \lambda(Re) \cdot \frac{F^2}{2} \cdot \frac{L}{d} \tag{4-17}$$

$\bar{u}$ = mittlere Strömungsgeschwindigkeit (= Volumenstrom pro Fläche)
$L$ = Rohrlänge
$d$ = Rohrdurchmesser
$F$ = F-Faktor.

Für laminare Strömungen kann der Widerstandsbeiwert $\lambda$ gleich:

$$\lambda(Re) = \frac{64}{Re} \tag{4-18}$$

gesetzt werden; damit geht Gl. (4-17) in das sog. *Hagen*[6]-*Poiseuille*[7]-*Gesetz* (Gl. (4-10)) über:

$$\Delta P = 32 \cdot \eta \cdot \bar{u} \cdot \frac{L}{d^2}. \tag{4-19}$$

Zur Abschätzung des Widerstandbeiwertes für turbulente Strömungszustände sind in der Literatur Formeln angegeben worden [VDI-Wärmeatlas], z. B.:

$$\lambda = 0,3165 \cdot Re^{-0,25} \qquad \text{Übergangsbereich } (Re \text{ von } 3 \cdot 10^3 \text{ bis } 10^5)$$

$$\lambda = 0,0054 + 0,3964 \cdot Re^{-0,3} \qquad \text{turbulenter Bereich} \tag{4-20}$$

$$(Re \text{ von } 2 \cdot 10^4 \text{ bis } 2 \cdot 10^6).$$

---

**6** *Gotthilf H. Hagen*, Wasserbauingenieur (*1793-1884*).
**7** *Jean-Louis Poiseuille*, frz. Mediziner (*1797-1869*).

Bei Einbauten bzw. Schüttungen in Rohrleitungen kann man den Druckverlust nach folgender modifizierter Druckverlust-Gleichung abschätzen:

$$\Delta P = \frac{1}{\Psi^2} \cdot (\mu \cdot \lambda) \cdot \frac{h}{d'} \cdot \frac{\rho}{2} \cdot u_0^2 \qquad (4\text{-}21)$$

$u_0$ = mittlere Geschwindigkeit

$\rho$ = Dichte

$h$ = Schütthöhe

$d'$ = $\frac{2}{3} \cdot \frac{\Psi}{1 - \Psi} \cdot d'_K$, der hydraulische Kanaldurchmesser

$d'_K$ = $6\, V_K/A_K$, der äquivalente Schüttkörperdurchmesser

$V_K$ = Schüttkörpervolumen

$A_K$ = Schüttkörperoberfläche

$\Psi$ = $1 - \dfrac{\rho_S}{\rho_K}$

$\rho_S$ = Schüttdichte

$\rho_K$ = Schüttkörperdichte

$(\mu \cdot \lambda)$ = $f(Re) = \dfrac{u_0 \cdot d'}{\Psi \cdot v}$ effektiver Widerstandsbeiwert (= Produkt aus Wegfaktor und Widerstandsbeiwert)

$v$ = kinematische Zähigkeit.

Der effektive Widerstandsbeiwert ist eine Funktion der Reynold-Zahl. Der funktionelle Zusammenhang ist der Abb. 4-4 zu entnehmen.

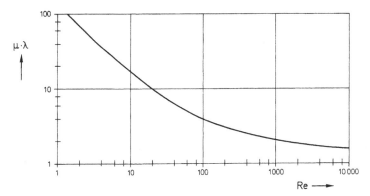

**Abb. 4-4** Effektiver Widerstandsbeiwert als Funktion der Re-Zahl [VDI-Wärmeatlas, Le2].

## 4.3
# Flüssigkeitspumpen [Sulzer 1987]

Die Auswahl der Pumpen richtet sich nach der Förderleistung (Volumenstrom, Druckhöhe) und den Förderbedingungen (Temperatur, Systemdruck, Förderguteigenschaften). Wichtige Pumpentypen sind Tab. 4-2 zu entnehmen.

Die Ermittlung des *Leistungsbedarfs N einer Pumpe* erfolgt nach der Gleichung:

$$N/\text{kW} = \frac{\dot{m} \cdot g \cdot h}{10^3 \cdot \eta_{\text{mech}}} = \frac{\dot{V} \cdot \rho \cdot g \cdot h}{3600 \cdot 10^3 \cdot \eta_{\text{mech}}} = \frac{\dot{V} \cdot \Delta P}{36 \cdot \eta_{\text{mech}}} \tag{4-22}$$

$\dot{m}$ = Massenstrom in kg s$^{-1}$
$\rho$ = Dichte in kg m$^{-3}$
$g$ = 9,81 m s$^{-2}$
$h$ = Gesamtförderhöhe in m
$\dot{V}$ = Nutzförderstrom in m$^3$ h$^{-1}$
$\eta_{\text{mech}}$ = mechanischer Wirkungsgrad (ca. 70 bis 80 %) [Hirschberg 1999]
$\Delta P$ = Förderdruck in bar.

Die *Leistung der* zugehörigen *Antriebsmaschine* muss natürlich größer sein als der mit Gl. (4-22) ermittelte Leistungsbedarf. Als Faustregel gilt, dass für sehr große Pumpen (> 50 kW) ein Zuschlag von etwa 10 % gilt. Bei kleinen Pumpen (1 bis 10 kW) steigt dieser Prozentsatz von 10 auf 40 % an.

Die am häufigsten eingesetzte Pumpe im Chemiebereich ist die *Kreiselpumpe* (Abb. 4-5). In einem feststehenden Gehäuse dreht sich ein mit Schaufeln versehenes Laufrad mit konstanter Drehzahl. Die Flüssigkeit wird vom Zentrum aus über die Schaufelkanäle an die Gehäusewand geschleudert. Diese hat die Form eines Kreises, dessen Radius sich vergrößert, bis er in der Druckleitung ausläuft. Die Ansaugleitung

**Tab. 4-2** Wichtige Pumpentypen, ihre Vor- und Nachteile [Poe 1999]. Während in Verdrängerpumpen der Druck auf hydrostatischem Wege erzeugt wird, beruht die Energieübertragung in Kreiselpumpen auf hydrodynamischen Vorgängen.

| Pumpentyp | Vorteile | Nachteile |
|---|---|---|
| Zentrifugalpumpen (z. B. Kreiselpumpen) | • große Volumenströme<br>• pulsationsfrei<br>• fördert Feststoffpartikel | • nur für niedere Drücke |
| Verdrängerpumpen (z. B. Kolbenpumpen) | • Hochdruck [Maier 1986] | • Pulsationsprobleme<br>• keine Feststoffpartikel |
| Strahlpumpen | • pulsationsfrei<br>• keine bewegten Teile (wartungsarm) | • schlechter Wirkungsgrad (ca. 0,1 bis 0,2) |
| Mammutpumpen (Gasheber) | • für Schlämme | • nur für kleine Drücke |

mündet axial im Zentrum des Schaufelrades. Die Abdichtung zwischen Pumpengehäuse und Antrieb erfolgt durch eine Stopfbuchse oder eine Gleitringdichtung.

Beim Anfahren kann die Kreiselpumpe keinen Unterdruck zum Ansaugen der Förderflüssigkeit erzeugen, Sauleitung und Pumpe müssen daher zuerst mit Flüssigkeit gefüllt werden. Das *Anfahren und Abschalten* geschieht daher immer gegen das geschlossene Ventil auf der Druckseite (An- und Abfahren vor Ort). Aus Verfügbarkeitsgründen werden üblicherweise zwei Pumpen (A- und B-Pumpe) zu einer Pumpenstation zusammengefasst (Abb. 4-5).

Förderhöhe und Volumenstrom hängen über die *Pumpenkennlinie* zusammen, deren Verlauf u. a. von der Form und Größe des Schaufelrades sowie des Gehäuses beeinflusst wird (Abb. 4-6).

Ein störungsfreier Betrieb ist hier nur möglich, wenn die Pumpe kavitationsfrei (Kavitation = Bildung bzw. Zusammenfallen von Dampfblasen auf der Saug- bzw. Druckseite des Laufrades) betrieben werden kann. Daher muss die Druckhöhe im Mittelpunkt des Laufrades größer sein als der Dampfdruck des zu fördernden Mediums. Dies ist besonders bei Sumpfaustragspumpen von Rektifikationskolonnen zu beachten, die nahe am Siedepunkt des Mediums betrieben werden. Um die Kavita-

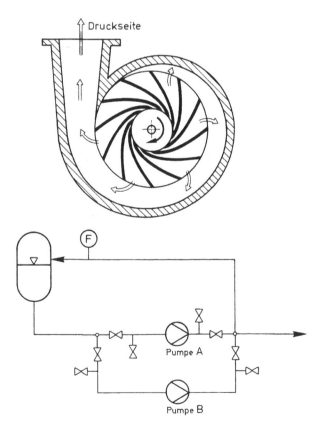

**Abb. 4-5** Prinzipieller Aufbau einer Kreiselpumpe und ihr Einbau in eine Pumpenstation.

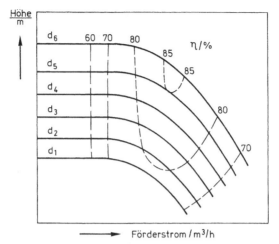

**Abb. 4-6** Kennlinie einer Kreiselpumpe (Förderhöhe als Funktion des Förderstromes, Kurvenparameter: $d$ =Durchmesser des Schaufelrades, $\eta$ =Wirkungsgrad).

tionsempfindlichkeit einer Kreiselpumpe zu quantifizieren, wird der *NPSH*-Wert (*Net Positive Suction Head* = spezifischer Mindestzulaufdruck) eingeführt (Abb. 4-7). Er ist definiert als Gesamtdruckhöhe der Strömung in der Laufradmitte, vermindert um die Verdampfungsdruckhöhe der Flüssigkeit:

$$NPSH/\mathrm{m} = \frac{P_{ges}}{\rho \cdot g} - \frac{P^\circ(T)}{\rho \cdot g} - \frac{\Delta P}{\rho \cdot g} \tag{4-23}$$

$P_{ges}$  = Gesamtdruck im Ansaugstutzen = $P_{System} + P_{geo}$
$P^\circ(T)$  = Dampfdruck der Flüssigkeit bei Zulauftemperatur $T$
g   = 9,81 m s$^{-2}$
$\rho(T)$  = Dichte der Flüssigkeit
$\Delta P$  = Druckverlust in der Pumpenzulaufleitung.

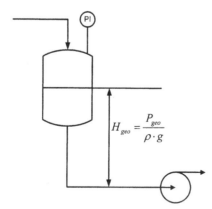

**Abb. 4-7** Erläuterungen zur Ermittlung des NPSH-Wertes bei Zulaufbetrieb ($P_{ges} = P_{geo} + Pl$). Ein Saugbetrieb ist möglichst zu vermeiden, d. h. die Pumpe sollte wenn irgend möglich immer den tiefsten Punkt bilden.

Ein Betriebspunkt der Pumpe kann nur dann ein Dauerbetriebspunkt ohne schädliche Kavitationsfolgen sein, wenn in diesem Punkt die vorhandene *NPSH* um mindesten 0,5 m größer ist als die Erforderliche [Branan 1994].

**Vakuumpumpen**

Die Auswahl der Vakuumpumpen richtet sich nach dem Endvakuum und der Förderleistung [Jorisch 1998]. Tab. 4-3 gibt eine Übersicht über Vakuumpumpen klassifiziert nach dem Druckbereich.

Ein weiteres Auswahlkriterium für Vakuumpumpen ist das Saugvermögen. Neben dem normalerweise bekanntem Gasstrom aus dem Verfahren muss bei technischen Anlagen noch der sog. *Leckagestrom* berücksichtigt werden, der von der Qualität der verwendeten Dichtungsmaterialien und der Dichtlänge abhängt. Als *Anhaltswert* muss bei normalen Dichtungen mit einer Leckrate von 0,2 kg Luft pro h und m Dichtungslänge ($P < 500$ *mbar*) gerechnet werden. In der Planungsphase ist man bei der Auslegung auf Erfahrungswerte angewiesen. Bei ähnlichen oder vorhandenen Anlagen kann über eine Druckanstiegsmessung die Leckrate $Q_L$ bestimmt werden, indem man die Anlage mit dem Volumen $V$ evakuiert und anschließend bei abgesperrter Pumpe den Druckanstieg $\Delta P$ pro Zeiteinheit $\Delta t$ misst:

$$Q_L = V \cdot \frac{\Delta P}{\Delta t}. \tag{4-24}$$

Daraus ergibt sich das Mindestsaugvermögen $S_{\min}$ der Vakuumpumpe zu:

$$S_{min}/(\text{kg Luft h}^{-1}) = \frac{M/(\text{g mol}^{-1})}{23{,}1 \cdot T/K} \cdot Q_L/(\text{mbar L s}^{-1}). \tag{4-25}$$

Die *Flüssigkeitsringpumpe* [Scholl 1997] zählt zu den am häufigsten eingesetzten Vakuumpumpen, da sie große Gasvolumenströme fördern kann (Abb. 4-8). In dem zylindrischen Pumpengehäuse dreht sich ein exzentrisch gelagertes Flügelrad in der ständig zugeführten Betriebsflüssigkeit (meist Wasser), so dass an der Wandung ein Flüssigkeitsring gebildet wird, der sich von der Laufradnabe abhebt. In das so entstehende Vakuum tritt das Fördergas durch den Saugschlitz ein. Nach fast einer Umdrehung nähert sich der Flüssigkeitsring wieder der Nabe und schiebt das verdichtete Fördergas durch den Druckschlitz aus. Mit dem verdichteten Gas wird ein Teil der

**Tab. 4-3** Vakuumbereich und geeignete Pumpen.

| Grobvakuum | • 1000 bis 50 mbar | • Wasserringpumpen |
| | • 1000 bis 20 mbar | • Wasserringpumpen mit Injektor |
| | • 1000 bis 1 mbar | • Dampfstrahler mit Wasserringpumpen |
| Feinvakuum | • bis 0,01 mbar | • Dampfstrahler mit mehreren Vorstufen |
| | • bis 0,001 mbar | • Drehschieberpumpen |
| | • bis $10^{-7}$ mbar | • Diffusionspumpen, |
| | | • Turbomolekularpumpen |

Flüssigkeit aus dem Flüssigkeitsring ausgestoßen. Diese wird dem Verdichter durch einen gesonderten Anschluss wieder zugeführt. Die Flüssigkeit wird recycelt, indem sie in einem Abscheider vom Gas getrennt und nach Kühlung (die Flüssigkeit muss die Kompressionswärme und die Kondensationswärme der Dämpfe aufnehmen) dem Verdichter wieder zugeführt wird. Ihr Dampfdruck bei Betriebstemperatur bestimmt den entstehenden Unterdruck.

Dieser Pumpentyp ist sehr robust, so dass sich die Wartung auf das Schmieren der Lager beschränkt. Auch wenn das abgesaugte Gas Partikel enthält oder die Betriebs-flüssigkeit nicht ganz sauber ist, hat der Verdichter hohe Standzeiten. Da keine Metall-teile aneinander reiben, ist eine Ölschmierung nicht notwendig. Die Flammenfront eines entzündeten Gases wird in einem Flüssigkeitsringverdichter aufgehalten, das Wasser löscht die Flammen (Flammensperre). Die Verrohrung und die erforderli-chen Hilfseinrichtungen (Abb. 4-8) machen den Einsatz aber sehr aufwendig.

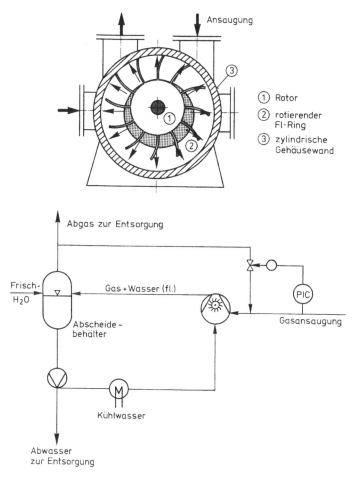

**Abb. 4-8**  Flüssigkeitsringverdichter und seine Integration in ein Anlagenschema.

## 4.4
# Verdichter

Das Fördern von Gasen erfolgt mit Hilfe von Druckdifferenzen. Daher ist eine charakteristische Kenngröße das Verdichtungsverhältnis $P_V$, d. h. das Verhältnis des Druckes nach dem Verdichter $P_2$ zu dem Druck vor dem Verdichter $P_1$ und kann als Unterscheidungsmerkmal für diese Fördereinrichtungen dienen (Tab. 4-4).

Der *Ventilator* fördert Gase in Behältern gleichen Druckes und dient z. B. zum Umwälzen der Luft in Trocknungsanlagen. Nach der Arbeitsweise unterscheidet man Radial- und Axialventilatoren.

Als *Gebläse* werden am häufigsten Turboverdichter zur Förderung großer Volumenströme eingesetzt. Sie fördern Gase bei relativ geringen Drücken. Auf einer Antriebswelle sind mehrere Schaufeln angebracht, die sich in miteinander verbundenen Kammern befinden. Durch Drehen der Welle wird das Gas axial angesaugt und durch die Fliehkräfte beschleunigt. Häufig sind bis zu 10 Stufen hintereinander geschaltet. Bei einem Verdichtungsverhältnis von bis zu 1,5 pro Stufe kann das Gesamtverdichtungsverhältnis bei 10 bis 15 liegen.

*Kompressoren* wie Hubkolben- und Drehkolbenverdichter werden zur Erzeugung höchster Drücke eingesetzt.

Für die Auslegung von Verdichtern verwendet man folgende Formeln:

*1. Fall*: Leistung bei isothermer Verdichtung (nur bei sehr kleinen Maschinen anwendbar)

$$N/\text{kW} = \frac{P_1 \cdot \dot{V}_1}{\eta} \cdot ln\left(\frac{P_2}{P_1}\right) \qquad (4\text{-}26)$$

$\dot{V}_1$    = Volumenstrom auf der Saugseite in $\text{m}^3\,\text{s}^{-1}$
$P_1$    = Druck auf der Saugseite in bar, absolut
$\eta$    = Wirkungsgrad (Werte zwischen 0,6 und 0,85 sind möglich).

*2. Fall*: Leistung bei adiabatischer bzw. polytroper Verdichtung

$$N/\text{kW} = \frac{P_1 \cdot \dot{V}_1}{\eta} \cdot \frac{\kappa}{\kappa - 1} \cdot \left[\left(\frac{P_2}{P_1}\right)^{\frac{\kappa-1}{\kappa}} - 1\right] \qquad (4\text{-}27)$$

**Tab. 4-4**   Einteilung und Charakteristik von Verdichtern.

| | Ventilator | Gebläse | Kompressor |
|---|---|---|---|
| Verdichtungsverhältnis $p_V$ | 1 bis 1,1 | 1,1 bis 3 | > 3 |
| Höchstdrücke in bar (für Luft) | 1,1 | 4 | bis 1000 |
| spezifische Arbeit in kJ/kg (für Luft) | < 10 | 10 bis 160 | 100 bis 1300 |

$\kappa$ ist der Adiabaten- bzw. Polytropenexponent [VDI-Wärmeatlas], der nach folgender Gleichung abgeschätzt werden kann:

$$\kappa = \frac{c_P}{c_V} = \frac{1}{1 - \left(\dfrac{8{,}313}{c_P/(\text{kJ kg}^{-1}\ \text{K}^{-1}) \cdot M/(\text{g mol}^{-1})}\right)} . \tag{4-28}$$

Die Kompressionsendtemperatur $T_2$ berechnet sich nach der Formel:

$$T_2 = T_1 \cdot \left(\frac{P_2}{P_1}\right)^{\frac{\kappa-1}{\kappa}} . \tag{4-29}$$

Für reale Gase, besonders bei hohen Drücken, müssen die Auslegungsgleichungen mit dem Realgasfaktor korrigiert werden.

# 5
# Katalyse

*Johann W. Döbereiner (1780–1849)* war es, der als erster die katalytische Wirkung des Edelmetalls Platin auf ein Wasserstoff/Sauerstoff-Gemisch entdeckte und wirtschaftlich nutzte (Döbereiner-Feuerzeug), ohne den Begriff der Katalyse zu kennen. Er sprach von „Berührungswirkung" oder auch „Kontaktprozessen". Erst 10 Jahre später war es *Jakob J. Berzelius (1779–1848)*, der als erster den Begriff „Katalyse" prägte und erklärte [Schwenk 2000]:

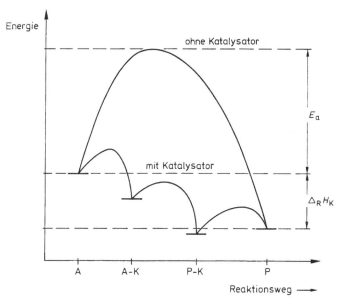

**Abb. 5-1** Prinzip der Katalyse am Beispiel einer Umlagerung des Eduktes A in ein Produkt P mit Hilfe einer katalytisch aktiven Spezies K:

$A + K \rightarrow A - K$

$A - K \rightarrow P - K$

$P - K \rightarrow P + K$.

$\Delta_R H$ ist die Reaktionsenthalpie der Umsetzung und $E_a$ die Aktivierungsenergie des unkatalysierten Prozesses.

*Lehrbuch Chemische Technologie. Grundlagen Verfahrenstechnischer Anlagen.* G. Herbert Vogel
Copyright © 2004 WILEY-VCH Verlag GmbH & Co. KGaA, Weinheim
ISBN: 3-527-31094-0

*„Die katalytische Kraft scheint eigentlich darin zu bestehen, daß bestimmte Körper durch ihre bloße Gegenwart die bei dieser Temperatur sonst nur schlummernden Verwandtschaften zu wecken vermögen...". „Wir bekommen... begründeten Anlaß, zu vermuten, daß in den lebenden Pflanzen und Tieren Tausende von katalytischen Prozessen zwischen den Geweben und den Flüssigkeiten vor sich gehen."*

Nach der noch heute gültigen *Definition* von *Wilhelm Ostwald (1853–1932)* ist ein Katalysator jeder Stoff, der, ohne im Endprodukt einer chemischen Reaktion zu erscheinen, ihre Geschwindigkeit verändert [Ertl 1994, Fehlings 1999]. Dabei ist nicht gesagt, dass sich der Katalysator nicht irgendwie verändert. Mit der normalerweise erwünschten Erhöhung der Geschwindigkeit ist eine Erniedrigung der Aktivierungsenergie des geschwindigkeitsbestimmenden Schrittes verbunden (Abb. 5-1).

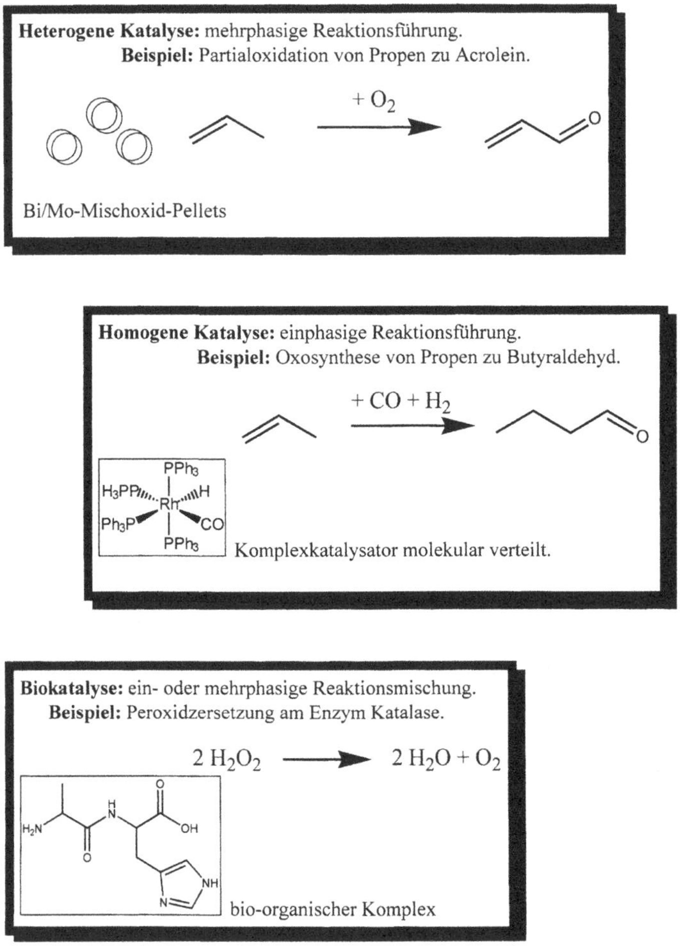

**Heterogene Katalyse:** mehrphasige Reaktionsführung.
**Beispiel:** Partialoxidation von Propen zu Acrolein.

$+ O_2$

Bi/Mo-Mischoxid-Pellets

**Homogene Katalyse:** einphasige Reaktionsführung.
**Beispiel:** Oxosynthese von Propen zu Butyraldehyd.

$+ CO + H_2$

Komplexkatalysator molekular verteilt.

**Biokatalyse:** ein- oder mehrphasige Reaktionsmischung.
**Beispiel:** Peroxidzersetzung am Enzym Katalase.

$2\ H_2O_2 \longrightarrow 2\ H_2O + O_2$

bio-organischer Komplex

**Abb. 5-2** Klassifizierung der Katalyse in die drei wichtigsten Teilgebiete Heterogen-, Homogen- und Biokatalyse.

Ein Katalysator muss eine chemische Reaktion nicht nur beschleunigen (*Aktivität*), sondern auch die Richtung zum gewünschten Produkt weisen (*Selektivität*).

Die Katalyse (ursprüngliche Bedeutung des Wortes „Katalyse" $\kappa\alpha\tau\alpha\lambda\nu\sigma\iota\Sigma$ (griechisch „katalyein") = losbinden, auflösen) lässt sich in Teilgebiete wie die Homogen-, Heterogen-, Bio-, Foto- und Elektrokatalyse einteilen (Abb. 5-2 und Tab. 5-1).

Bei der *Homogenkatalyse* liegt der Katalysator in einer fluiden Phase gelöst vor (z. B. Säuren, Basen oder Übergangsmetallkomplexe). Ein Beispiel aus der chemischen Industrie ist die Hydroformylierungsreaktion, bei der Olefine an Cobalt- oder Rhodium-Carbonylkomplexen mit Synthesegas ($CO/H_2$-Mischung) zu Aldehyden umgesetzt werden [Weissermel 1994]. Die ersten praktischen Anwendungen der Homogenkatalyse reichen bis in das 8. Jhd. zurück. Zu dieser Zeit wurden Mineralsäuren als Katalysatoren verwendet, um Ether durch Dehydratisierung von Ethanol herzustellen [Thomas 1994].

Bei der *Heterogenkatalyse* liegt der Katalysator in fester Form vor, die Reaktion läuft an der Phasengrenzfläche Fluid/Festkörper ab. Das berühmte Döbereiner-Feuerzeug [Thomas 1994] war das erste Beispiel für die kommerzielle Nutzung der heterogenen Katalyse. Heute versucht man in der Forschung die Vorteile der beiden Typen zum Beispiel dadurch zu vereinigen, dass man die homogenen Katalysatorkomplexe auf einem festen Trägermaterial zu fixieren versucht (*Katalysator-Immobilisierung*).

Von den in der Natur vorkommenden ca. 7000 Enzymen sind derzeit mehr als 3000 bekannt, die eine enorme Vielzahl an verschiedenen chemischen Reaktionen katalysieren. Von diesem durch die Natur zur Verfügung gestellten nahezu unerschöpflichen Potenzial werden derzeit nur rund 75 Enzyme industriell genutzt. Der Weltmarkt für industrielle Enzyme wird auf rund eine Milliarde US-$ geschätzt. Einem breiten Einsatz dieser *Biokatalysatoren* in chemischen Synthesen stehen jedoch häufig inhärente Nachteile entgegen: so ist eine hohe katalytische Aktivität konventioneller Enzym in der Regel nur innerhalb enger Temperatur- und pH-Wert-Grenzen und in wässrigen Medien gegeben, weshalb eine wirtschaftliche Nutzung, erschwert durch große Reaktorvolumina, oft nicht aussichtsreich ist.

Die Katalyse zählt zu den *Schlüssel- bzw. Zukunftstechnologien* [Felcht 2000, S. 97], gleichberechtigt z. B. mit Mikrosystem-, Bio- und Informationstechnologie [Martino 2000], wo Fortschritte unmittelbar eine große Innovationskette auslösen [Pasquon 1994, VCI 1995][1]. Oft wird diese Tatsache von der Öffentlichkeit nicht als so spekta-

---

1 Auswahl bisheriger Nobelpreise für katalysebezogene Forschungsarbeiten:
*2001 W. S. Knowles, R. Noyori, K. B. Sharples* „Homogene asymmetrische Katalyse"
*1997 P. D. Boyer, J. E. Walker, J. C. Skour* „Rolle der Enzyme in der ATP-Umwandlung"
*1989 S. Altman, T. Cech* „Entdeckung der katalytischen Eigenschaften der RNA"
*1975 J. W. Cornforth, V. Prelog* „Stereochemie von enzymatischen Reaktionen"
*1973 E. O. Fischer, G, Wilkinson* „Chemie der metallorganischen Sandwich-Verbindungen"
*1963 K. Ziegler, G. Natta* „Polymerisationen mit Übergangsmetallkomplexen"
*1918 F. Haber* „Synthese von Ammoniak aus dessen Elementen"
*1912 P. Sabatier* „Heterogen-katalytische Hydrierungen"
*1909 W. Ostwald* „Grundlegende katalytische Arbeiten, chemische Gleichgewichte und Reaktionsgeschwindigkeiten"

**Tab. 5-1** Vor- und Nachteile der homogenen und der heterogenen Katalyse [Cavani 1997] (Ausnahmen bestätigen die Regel).

|  | Homogenkatalyse | Heterogenkatalyse |
|---|---|---|
| Vorteile | • keine Stofftransporthemmung<br>• hohe Selektivität<br>• milde Reaktionsbedingungen (50…200 °C) | • keine Katalysatorabtrennung<br>• hohe Temperaturbeständigkeit |
| Nachteile | • geringe Beständigkeit der Katalysatorkomplexe<br>• Katalysatorabtrennung<br>• Korrosionsprobleme<br>• toxische Abwässer nach Katalysatorrecycling<br>• Produktkontamination mit dem Katalysator<br>• Hohe Kosten bei Katalysatorverlusten (Edelmetallkomplexe) | • geringere Selektivität<br>• Temperaturbeherrschung bei stark exothermen Reaktionen<br>• Stofftransportlimitierung<br>• hohe mechanische Stabilität erforderlich<br>• strenge Reaktionsbedingungen (> 250 °C) |

kular empfunden. In der Vergangenheit sind viele Forschungsansätze aufgestellt worden [Schlögl 1998]. Die heutige Vorgehensweise unterscheidet sich bei der Entwicklung neuere Katalysatoren deutlich von der, die zu Zeiten von *Carl Bosch (1874– 1949), Alwin Mitasch (1869–1953)* oder *Matthias Pier (1882–1965)* angewendet wurde.

Üblich war früher das sogenannte „Massenscreening", d. h. der Test einer Unzahl von Festkörper-Präparaten mit einer noch viel größeren Zahl von Laborexperimenten. So wurden während der Entwicklungsphase der Ammoniak-Synthese aus Luftstickstoff und Wasserstoff 3000 verschieden hergestellte und dotierte Eisenoxide in ca. 20 000 Experimenten getestet, um den optimalen Katalysator herauszufinden. Der Prozess ist unter dem Namen Haber-Bosch-Verfahren berühmt geworden. Im Jahre *1910* lief die Produktion im Werk Oppau mit einer Tagesleistung von 30 Tonnen Ammoniak an, eine Sternstunde der heterogenen Katalyse und der Ingenieurkunst.

Die heutige Vorgehensweise ist durch drei Schlagworte geprägt: *„interdisziplinäre Zusammenarbeit"* und *„rational catalyst design"*. Im Laufe der Jahrzehnte hat sich die Katalyse-Forschung in Teildisziplinen aufgegliedert, und jede hat sich ihr eigenes Methodenarsenal geschaffen. Damit besteht die heutige Katalyseforschung aus vier Hauptsäulen, nämlich der Festkörperchemie, der Chemischen Reaktionstechnik, der mikroskopischen Modellierung und der Oberflächenwissenschaft. Aufgrund des interdisziplinären Wissensaustausches zwischen diesen Hauptsäulen ist es nun möglich, in kurzer Zeit sehr viele Puzzleteile zu einem Gesamtbild zusammenzufügen, um so dem Verständnis der Katalyse einen Schritt näher zu kommen. In einem iterativen Prozess führen die Forschungsergebnisse der einzelnen Arbeitsgruppen zu einem Vorschlag für eine Katalysator-Modifizierung, der auf das Verständnis der physikalisch-chemischen Vorgänge gegründet ist. Wird dieser Zyklus so lange durchlaufen, bis der Katalysator verbessert und der Katalysemechanismus verstanden ist, so spricht man vom „rational catalyst design".

Auch die *kombinatorische Chemie* mit dem Werkzeug des *„High Throughput Screenings"* wird heute zur Katalysatorentwicklung eingesetzt [Maier 1999, Maier 2000]. Mit

Hilfe von weitgehend automatisierten Laborapparaturen ist es möglich eine integrierte Präparation, Test, Datenmanagement und Bewertung von vielen Tausend Katalysatoren pro Jahr für eine bestimmte Reaktion durchzuführen [Senkan 1998, Senkan 1999, Senkan 2001, Schüth 2002].

## 5.1
## Katalysatorperformance

Für den Verfahrensentwickler ist primär die Kenntnis des folgenden Katalysatoreigenschaftsvektors (Katalysatorperformance) wichtig:

- Selektivität
- Aktivität
- Lebensdauer
- mechanische Festigkeit (bei Heterogenkatalysatoren)
- Herstellkosten des Katalysators.

Die einzelnen Begriffe werden im Folgenden erläutert:

### 5.1.1
### Selektivität

Die Selektivität beeinflusst alle Positionen in der Herstellkostentabelle 1-2, vor allem aber die Einsatzstoff- und Entsorgungskosten. Ohne eine Selektivitätsangabe ist die Aufstellung einer Massenbilanz, die Basis jeder Versuchsanlage, sinnlos.

### 5.1.2
### Aktivität

Die Katalysatoraktivität bestimmt maßgeblich die Größe des Reaktors. Als absolutes *Aktivitätsmaß* ist der *Erhöhungsfaktor der Umsatzgeschwindigkeit* $A_{Kat}$ bzw. *die Differenz der Aktivierungsenergie* $(E_A - E_{A,Kat})$ unter sonst gleichen Reaktionsbedingungen $(T, P, c_i, \text{u. a.})$ anzusehen:

$$r_{\text{mit Kat}} = A_{Kat} \cdot r_{\text{ohne Kat}} \tag{5-1}$$

mit:

$$A_{Kat} \propto exp\left(E_A - E_{A,Kat}\right)/RT. \tag{5-2}$$

$r =$ Umsatzgeschwindigkeit in mol Zeit$^{-1}$.

Diese Definition setzt voraus, dass $r_{ohne\,Kat}$ einen endlichen messbaren Wert besitzt, was in der Praxis meist nicht der Fall ist. Weiterhin liegen am Anfang der Entwicklung noch keine genauen Daten über die Reaktionsgeschwindigkeit als Funktion der Prozessparameter vor, da deren Bestimmung sehr zeitaufwendig ist. Man behilft sich damit, die Aktivität eines Katalysators durch folgende „weichen" Größen zu charakterisieren:

### Umsatz als Aktivitätsmaß

Bei sonst gleichen Prozessbedingungen von ($T$, $P$, $c_i$, *u. a.*) zeigt ein aktiverer Katalysator einen höheren Umsatz.

### Reaktionstemperatur als Aktivitätsmaß

Um eine bestimmte Reaktion bei konstantem Umsatz zu betreiben, benötigt ein aktiverer Katalysator eine geringere Temperatur als ein weniger reaktiver Katalysator (Abb. 5-3).

### Raum-Zeit-Ausbeute als Aktivitätsmaß (RZA, space time yield)

Diese Größe (RZA, space time yield) gibt an, welche Menge Produkt pro Zeiteinheit von einem Kilogramm Katalysator produziert wird:

$$RZA/\text{h}^{-1} = \frac{Masse\ Produkt/Zeit}{Masse\ Katalysator}\ bzw.\ \frac{Masse\ Produkt/Zeit}{Schüttvolumen\ Katalysator} \qquad (5\text{-}3)$$

Ähnliche, in der Literatur oft verwendete Größen, welche die *Katalysatorbelastung* ausdrücken, sind:

$$LHSV\ (\text{Liquid Hourly Space Velocity})/\text{h}^{-1} = \frac{Flüssigkeitsvolumen/Zeit}{Katalysatorvolumen} \qquad (5\text{-}4)$$

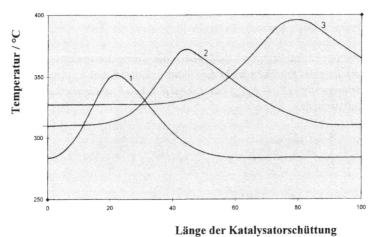

**Länge der Katalysatorschüttung**

**Abb. 5-3**  Der Temperaturverlauf in einem Katalysatorrohr als Aktivitätsmaß (schematisch).

$$GHSV \text{ (Gas Hourly Space Velocity)}/\text{h}^{-1} = \frac{Gasvolumen/Zeit}{Katalysatorvolumen} \qquad (5\text{-}5)$$

$$WHSV \text{ (Weight Hourly Space Velocity)}/\text{h}^{-1} = \frac{Masse/Zeit}{Katalysatormasse}. \qquad (5\text{-}6)$$

### 5.1.3
### Lebensdauer

Beim Einsatz des Katalysators im Labor oder im Produktionsprozess kann sich seine Aktivität und/oder Selektivität verändern. Nach einer kurzen Anfangsphase, in der die Katalysatorperformance oft noch steigt, nimmt sie im Laufe der Zeit mehr oder weniger stark ab. In der Betriebspraxis gibt es keinen beliebig stabilen Katalysator (Abb. 5-4). Mehr als 90 % der Aufwendungen in der industriellen Katalyse betreffen Probleme der Katalysatordesaktivierung [Ostrovskii 1997, Forzatti 1999].

Eine Ursache ist, dass die Katalysatorstruktur (*Surface, Subsurface, Bulk*) von der chemischen Umgebung abhängig ist. In der Anfangsphase werden erst die eigentlich katalytisch aktiven Spezies gebildet, die Aktivität steigt (*Formierungsphase*). Diesem Vorgang ist aber gleichzeitig ein Desaktivierungsvorgang überlagert, der wiederum verschiedene Ursachen haben kann (Abb. 5-5):

- *Ablagerungen (Verschmutzung, Fouling, Coking)*
  Hierunter versteht man eine Blockierung der Katalysatoroberfläche durch Ablagerungen. Solche können durch Nebenreaktionen entstehen, wie z. B. Kohlenstoff beim Cracken hochsiedender Erdölfraktionen, Polymerbildung auf der Oberfläche

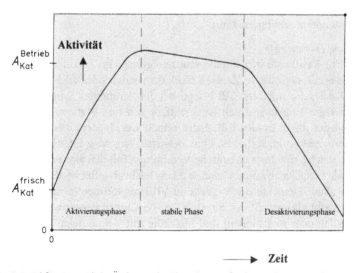

**Abb. 5-4** Beispiel für eine zeitliche Änderung der Aktivität eines frisch eingebauten Katalysators. Das dargestellte Aktivität/Zeit-Verhalten findet man oft bei Mischoxid-Katalysatoren.

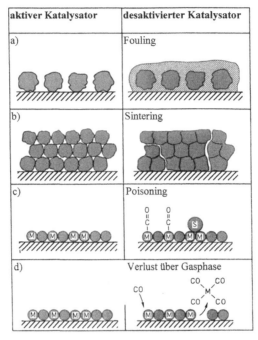

**Abb. 5-5** Grundtypen von Katalysator-Desaktivierungsmechanismen.

usw. Als *Gegenmaßnahme* empfiehlt sich hier ein diskontinuierliches Abbrennen des Cokes oder der Zusatz von Substanzen wie z. B. Wasserdampf, der die Ablagerungstendenz verringern kann.

- *Vergiftung (Poisoning)*
  Der frische Katalysator wird durch Verunreinigungen im Zulaufgas in der Aktivität herabgesetzt indem aktive Zentren blockiert werden oder auch indem sich der ganze Katalysator mit dem Gift belegt. Bei der Ammoniak-Synthese kennt man eine *reversible Vergiftung* durch Sauerstoff, Argon und Methan. Diese lässt sich leicht wieder durch Spülen mit einem reinen Gas, in dem diese Komponenten nicht vorhanden sind, aufheben. Eine *irreversible Vergiftung* entsteht durch Komponenten, welche eine feste chemische Verbindung mit den aktiven Zentren eingehen. Viele Metallkatalysatoren können relativ leicht vergiftet werden. Als Gifte wirken vor allem Elemente der V- ,VI- und VII-Hauptgruppe in molekularer Form oder in Verbindungen (P, As, Sb, O, S, Se, Te, Cl, Br). Ferner wirken bestimmte Metalle (Hg oder Metallionen) und Moleküle mit $\pi$-Bindungen (z. B. CO, $C_2H_4$, $C_2H_2$ und $C_6H_6$) desaktivierend. Häufig auftretende Katalysatorgifte sind weiterhin $PH_3$, $AsH_3$, $H_2S$, COS, $SO_2$ und Thiophene [Forzatti 1999]. Als *Gegenmaßnahme* bietet sich an, vor der eigentlichen Katalysatorschüttung eine Absorber- oder „Opfer"-Schüttung einzubauen.

- *Alterung (Aging, Sintering)*
  Der Katalysator selbst verändert seine Kristallstruktur. Dies kann durch überhöhte Temperatur geschehen, so dass aktive Zentren abdiffundieren oder so, dass das Porengefüge sich ändert. Dies kann relativ rasch durch örtliche Überhitzung (z. B. bei der Phthalsäureanhydrid-Herstellung oder bei der Ammoniak-Synthese) oder auch langsam über längere Zeiträume geschehen. Eine mögliche *Gegenmaßnahme* ist, dass man den Katalysator vorher künstlich altert, z. B. durch tempern. Dadurch erreicht man, dass ein Katalysator über längere Zeit eine konstante Aktivität beibehält.

- *Verlust über die Dampfphase*
  Hat die aktive Komponente im Katalysator einen endlichen Dampfdruck, so wird sie entsprechend diesem aus dem Reaktor ausgetragen. Beispiele sind der Austrag von $MoO_3$ bei Heteropolysäuren vom Kreggintyp (Vanadato-Molybdato-Phosphorsäuren) und der Verlust von $HgCl_2$ als katalytisch aktive Komponente bei der Vinylchloridherstellung via Ethylen und HCl. Als *Gegenmaßnahme* kann man eine „Feedvorsättigung" mit der aktiven Komponente vorschalten.

Den Alterungsvorgang kann man quantitativ erfassen, indem man der eigentlichen chemischen Kinetik $r_{m,0}$ eine Desaktivierungsfunktion $D_{Kat}(t)$ überlagert (Tab. 5-2) [Engelmann 2001]:

$$r_m = r_{m,0}(T, \ c_i, \ u. \ a.) \cdot D_{Kat}(t) \tag{5-7a}$$

mit:

$$D_{Kat}(t) = f(t; \ T, \ c_i, \ \mathrm{Re}, \ u. \ a.). \tag{5-7b}$$

Wichtig für den Verfahrensentwickler ist es, die Lebensdauer des Katalysators zu kennen, da diese die *on-stream-Zeit* (theoretisch $24 \ \mathrm{h} \ \mathrm{d}^{-1} \cdot 365 \ \mathrm{d} \ \mathrm{a}^{-1} = 8760 \ \mathrm{h} \ \mathrm{a}^{-1}$) der Anlage und damit direkt die Höhe der Investition beeinflusst. Muss ein Festbettkatalysator jedes Jahr ausgewechselt werden, weil die Selektivität und/oder die Aktivität des Katalysators einen wirtschaftlichen Betrieb nicht mehr erlaubt, so bedeutet das eine empfindliche Reduzierung der on-stream-Zeit.

Die sicherste, aber auch aufwendigste Methode zur Bestimmung der Lebensdauer ist der *Dauertest in einem integriert betriebenen* Reaktor. Daher versucht man durch sog. *Stresstests*, bei denen der Katalysator unter verschärften Bedingungen (hoher Umsatz,

**Tab. 5-2** Beispiele für Desaktivierungsfunktionen für die Randbedingung $D_{Kat}$ $(t = 0) = D_{Kat,0}$ und mit der Geschwindigkeitskonstanten der Desaktivierung $k_D$.

| | | |
|---|---|---|
| Linear | $\dot{D}_{Kat} = -k_D$ | $D_{Kat}(t) = D_{Kat,0} - k_D \cdot t$ |
| Exponentiell | $\dot{D}_{Kat} = -k_D \cdot D_{Kat}$ | $D_{Kat}(t) = D_{Kat,0} \cdot exp\left(-k_D \cdot t\right)$ |
| Hyperbolisch | $\dot{D}_{Kat} = -k_D \cdot D_{Kat}^2$ | $D_{Kat}(t) = \dfrac{D_{Kat,0}}{(D_{Kat,0} \cdot k_D \cdot t - 1)}$ |

**Tab. 5-3**  Maßnahmen zur Reduzierung der Katalysatordesaktivierung.

| Deaktivierungsart | Gegenmaßnahme |
|---|---|
| Verkokung | Zusatz von Wasserdampf |
| Verlust über Gasphase | Vorsättigung |
| Katalysatorgift im Feed | Absorber vorschalten |

hohe Temperatur, hohe Konzentration u. a.) betrieben wird, eine *schnellere Aussage* über die Lebensdauer zu bekommen. Diese Methoden sind vor allem dann sinnvoll, wenn es um den Vergleich verschiedener Katalysatorvarianten geht.

Es gilt die *Desaktivierungsmechanismus* aufzuklären, um so gezielte Maßnahme zur Verringerung treffen zu können. Tab. 5-3 gibt einige Beispiel an.

Der Verfahrensentwickler muss sich auch Gedanken darüber machen, was mit dem verbrauchten Katalysator nach seinem Ausbau geschieht. An oberster Stelle stehen heute Methoden des *Katalysator-Recyclings* (z. B. chemische Wiederaufarbeitung) vor der früher üblichen Endlagerung auf Sondermülldeponien.

### 5.1.4
### Mechanische Festigkeit

Die Katalysatoren müssen nicht nur thermische und mechanische Spannungen durch Strukturveränderungen, z. B. beim Reduzieren oder beim Regenerieren aushalten, sondern auch Beanspruchungen beim Transport und beim Einfüllen in den Reaktor. Die mechanische Festigkeit von Heterogenkatalysatoren bestimmt in erster Linie den Druckverlust des Reaktionsgases über den Reaktor und damit die Energiekosten des Verdichters bzw. der Pumpe, da beim Einbau der Katalysatorformkörper sowie durch Schwingungen und thermischen Ausdehnungen während des Betriebs ein Abrieb entsteht, der den Druckverlust erhöht. Da der Druckverlust einer Schüttung auch von der Form der Pellets abhängt, sollte man wenn möglich nicht Kugeln, sondern Hohlzylinder wählen.

Zur ersten qualitativen Beurteilung dienen ein einfacher Fingernageltest (ein akzeptabler Katalysator sollte sich nicht zwischen den Daumenfingernägeln zerreiben lassen) oder eine einfache Fallmethode aus einer bestimmten Höhe anwenden. Zur quantitativen Beurteilung der mechanischen Festigkeit kann man die Seitendruckfestigkeit der Katalysatorpellets (Soll $> 15$ N cm$^{-2}$) messen.

### 5.1.5
### Herstellkosten

Die Herstellkosten des Katalysators müssen vom Produkt getragen werden und gehen daher in die Rohstoffkostenrechnung ein:

$$RK = \frac{m_{Kat} \cdot HK}{P \cdot t} \tag{5-8}$$

$RK$ = Anteil des Katalysators an den Einsatzstoffkosten des Produktes in € kg$^{-1}$
$HK$ = Herstellkosten des Katalysators in € kg$^{-1}$
$m_{Kat}$ = Masse des Katalysators im Reaktor in kg
$P$ = Produktion in kg a$^{-1}$
$t$ = Lebensdauer des Katalysators in Jahren.

Viele Katalysatoren werden nach folgenden zwei Methoden hergestellt [Perego 1997]:

*a) Fällung*
Die aktiven Komponenten werden gelöst und unter bestimmten Bedingungen (*T, pH*-Wert, Rührgeschwindigkeit u. a.) ausgefällt. Der entstehende Niederschlag wird gewaschen und danach einer Reihe von mechanischen Grundoperationen (Filtration, Trocknung, Verformung, Calzinierung u. a.) unterworfen (Abb. 5-6).
  Die erhaltene Katalysatormasse kann in reiner Form zu Tabletten, Hohlzylindern bzw. Strängen u. a. gepresst bzw. extrudiert werden oder in Form einer dünnen Schicht auf inerte Kugeln aus Steatit (Magnesiumsilikat) aufgezogen werden (sog. Schalenkatalysatoren).

*b) Imprägnierung*
Ein geeigneter poröser Katalysatorträger (Tab. 5-4) wird mit einer Lösung der aktiven Komponenten getränkt und danach getrocknet und calziniert (Abb. 5-7).
  Die Imprägniermethode ist vor allem bei teuren Aktivkomponenten wie Edelmetallen zu bevorzugen, da hiermit hohe *Dispersionsgrade* (= Masse der aktiven Komponente an der Oberfläche bezogen auf Gesamtmasse an Aktivkomponente) erreicht werden.
  Über weiterführende spezielle Herstelltechniken informiere man sich in der Literatur [Pinna 1998]. Die Katalysatorherstellung geschieht meist Kampagnenweise in diskontinuierlichen Verfahrensschritten. Daher ist die ständige Qualitätskontrolle der einzelnen Katalysatorchargen wesentlich (z. B. Prüfung der mechanische Festigkeit, Performancetest in kleinen Screeningreaktoren). Besondere Beachtung muss der Verfahrensentwickler auf die Übertragung der Laborrezepte auf die technische Katalysatorproduktion legen. Es sollte relativ frühzeitig ein Betriebsversuch stattfinden, um das scale-up Risiko:

*Labor*       →   *Technik*

*(100 g Kat.)*       *(bis zu 100 t Kat.)*

zu minimieren [Pernicone 1997]. Bei der Herstellung industrieller Heterogenkatalysatoren muss ein Kompromiss gefunden werden zwischen Pelletgröße, Reaktorvolumen (wichtig bei Hochdruckreaktoren) und Duckabfall im Festbettreaktor; 1/8 oder 1/16 Zoll Extrudate sind meist das Optimum.

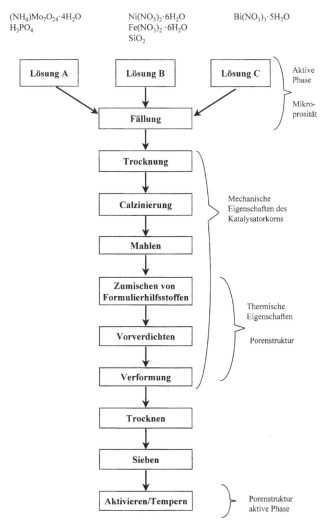

**Abb. 5-6** Beispiel für die Herstellung eines Bi/Mo-Mischoxidkatalysators wie er für die Partialoxidation von Propen eingesetzt wird [Engelbach 1979].

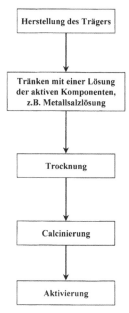

**Abb. 5-7**   Herstellung von Imprägnierkatalysatoren [Pinna 1998].

## 5.2
## Charakterisierung von Katalysatoren [Leofanti 1997a, b]

Die oben diskutierten Werte, welche die Performance eines Katalysators ausmachen, hängen neben den äußeren Prozessparametern ($T$, $P$, $c_i$, $u.\,a.$) und dem Reaktortyp in komplexer Weise von einer Reihe von Größen ab:

$$Katalysator - Performance = f \begin{cases} chemische\ Zusammensetzung \\ Trägermaterial \\ Promotoren \\ Phasenzusammensetzung \\ Partikelgröße \\ Hohlraumstruktur\ (Porenradienverteilung) \\ Oberflächenstruktur \\ Feedverunreinigungen \\ u.\ a. \end{cases}$$

Im Folgenden werden beispielhaft einige dieser Einflussgrößen diskutiert.

## 5.2.1
## Chemische Zusammensetzung

Die chemische Zusammensetzung wird meist als Bruttoformel der aktiven Bestandteile angegeben z.B. $H_{3,1}Mo_4V_1P_3O_x$. Die Kontrolle der chemischen Zusammensetzung durch nasschemische Analyse, Atomabsorptionsspektroskopie oder Röntgenfluoreszens kann Fehler beim Herstellprozess (Edukteinwaage) aufdecken. Über die Katalysatorperformance gibt sie jedoch keine Auskunft.

## 5.2.2
## Art des Trägermaterials

Das Aufbringen der aktiven Masse auf poröse Trägermaterialien geschieht mit folgenden Zielen:

- Einsparung von teurem Aktivmaterial durch Verringerung des Bulkanteils
- Vergrößerung der Oberfläche der aktiven Komponente
- Verbesserung der Partikelgröße der Aktivkomponente, um größenbedingte Selektivitätseffekte zu nutzen
- Erhöhte Zugänglichkeit der aktiven Zentren für die Reaktanten
- Beeinflussung der katalytischen Aktivität durch Ausnutzung der Wechselwirkung zwischen aktiver Substanz und dem Trägermaterial

Die Nachteile, die man sich dadurch einhandelt, können sein:

- Sinterung der aktiven Zentren
- Sinterung des Trägers, d.h. Verlust der Porenstruktur
- Diffusion von nichtreduzierten Metallionen in den Träger bzw. Verlust von aktiver Substanz durch Migration in die Volumenphase des Trägers.

Das bei der Herstellung von Dünnschicht- oder Tränkkatalysatoren verwendete Trägermaterial darf nicht a priori als inert angesehen werden. Oft hat es einen großen Einfluss auf die Katalysatorperformance. Dieser spezielle Einfluss kann durch geeignete kinetische Experimente, wie *instationäre Methoden* (z.B. Temperatur-*Pro*grammierte (*TP*)- Messungen [Drochner 1999], Abb. 5-8) oder stationäre kinetische Messungen, untersucht werden. Häufig verwendete „inerte" Trägermaterialien sind Tabelle 5-4 zu entnehmen.

**Tab. 5-4** Trägermaterialien und die Größenordnung ihrer spezifischen Oberfläche und ihres mittleren Porendurchmessers [Hagen 1996, Despeyroux 1993].

| Träger | spez. Oberfläche/$m^2\,g^{-1}$ | $\langle d \rangle$/nm |
|---|---|---|
| Magnesiumoxid | 5...10 | / |
| Silicagel | 200...800 | 1...10 |
| $\alpha$-Aluminiumoxid (Korund) | 5...10 | / |
| $\gamma$-Aluminiumoxid | 160...250 | 15 |
| Aktivkohle | 500...1800 | 1...2 |

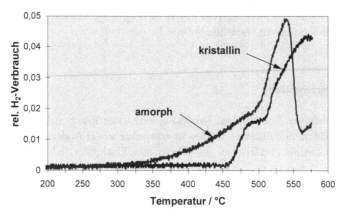

**Abb. 5-8**  TP-Reduktionsspektrum eines Mo/V-Mischoxid-Katalysators mit Wasserstoff als Sondenmolekül [Böhling 1997]. Trotz gleicher BET-Oberflächen (ca. 16 m$^2$ g$^{-1}$) ist er amorphe Mischoxid-Katalysator wesentlich aktiver.

### 5.2.3
### Promotorenzusätze

Promotoren sind die „geheimen" Zusätze, die allzu oft nur aus patentrechtlichen Gründen dem Katalysator zugesetzt werden. Für sich alleine genommen habe sie keine katalytische Aktivität, im Zusammenspiel mit der eigentlichen aktiven Masse können sie jedoch die Performance des Katalysators erheblich beeinflussen, was den Ruf der Katalyse als „schwarze Kunst" sicher gefestigt hat. Sie greifen direkt oder indirekt in den Katalysezyklus ein, indem sie z. B. bestimmte Strukturen stabilisieren bzw. modifizieren, Eigenschaften der aktiven Zentren eliminieren (z.B. das saure Proton einer OH-Gruppe durch ein Alkaliatom ersetzen) oder Sorptionseigenschaften verändern (Tab. 5-5). Man kann drei Klassen unterscheiden:
(i)   Zusätze, die die Säure/Base-Eigenschaften ändern (z.B. Alkali)
(ii)  Zusätze, die die Redox-Eigenschaften ändern ( z.B. Cr, Fe)
(iii) Zusätze, die die Struktur ändern.

**Tab. 5-5**  Beispiele für Promotoren bei heterogenen Katalysatoren [Hagen 1996].

| Katalysator | Promotor | Wirkung |
| --- | --- | --- |
| Ethylenoxidkatalysator auf Basis Silber | Calcium | Erhöhung der Selektivität |
| Ammoniakkatalysator auf Basis Eisen | $K_2O$ | Erniedrigung der Bindungsenergie zwischen Fe und $N_2$ |
| | $Al_2O_3$ | Erniedrigung der Sintergeschwindigkeit von metallischem Fe |
| Acrylsäurekatalysator auf Basis Mo/V-Mischoxid | Kupfer | Erniedrigung der Reaktionstemperatur |

Erst mit den modernen Methoden der *surface science* gelingt es heute, ihre Wirkung im Katalysemechanismus zu verstehen.

### 5.2.4
### Phasenzusammensetzung

Oft bilden sich aus dem frischen Katalysator erst unter Reaktionsbedingungen die katalytisch wirksamen Phasen aus. Dies ist erkennbar an der Änderung des Röntgenbeugungsspektrums vom frischen und gebrauchten Katalysator. Jedoch gelingt es erst durch in situ Methoden (z. B. XRD, EXAFS, XANES, DRIFTS [Krauß 1999, Drochner 1999a], s. auch Anhang) die katalytisch aktiven Phasen zu identifizieren und auch nur dann, wenn diese eine bestimmte Mindestgröße (> 3 nm) überschreiten.

### 5.2.5
### Partikelgröße

Die Partikelgröße (Abb. 5-9) kann einen entscheidenden Einfluss auf die Wirkungsweise eines Katalysators haben. Die elektronischen Eigenschaften ändern sich bei kleiner werdenden Partikeln, vor allem im mesoskopischen Bereich (2...50 nm) durch Verschiebung der Valenz- und Leitungsbänder erheblich.

### 5.2.6
### Hohlraumstruktur

Für eine wirtschaftliche Raum-Zeit-Ausbeute (Gl. (5-3)) benötigt man eine genügend große Zahl an aktiven Zentren. Dies erreicht man durch eine hohe innere Oberfläche

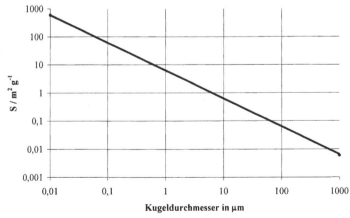

**Abb. 5-9** Spezifische äußere Oberfläche $S$ einer Kugel der Dichte $\rho$ als Funktion des Kugeldurchmessers $d$.

$$S/(\mathrm{m^2 g^{-1}}) = \frac{6}{\rho/(\mathrm{g\ cm^{-3}}) \cdot d/\mu\mathrm{m}}.$$

**Tab. 5-6** Einteilung der Poren.

| Porenart | Porendurchmesser/nm |
|---|---|
| Makroporen | > 50 |
| Mesoporen | 2...50 |
| Mikroporen | < 2 |
| Submikroporen | < 1 |

(Tab. 5-4) in Form von Poren. In Tab. 5-6 ist die Standardeinteilung der Poren nach ihrem Durchmesser angegeben. Methoden zur Bestimmung der Porenradienverteilung bzw. des mittleren Porendurchmessers sind die Quecksilberporosimetrie und die BET-Methode [Kast 1988, Wijngaarden 1998].

### 5.2.7
### Oberflächenstruktur

Eine glatte Oberfläche ist katalytisch meist weniger aktiv als eine raue. Dies liegt daran, dass an Ecken, Kanten und Terrassen sitzende aktive Atome eine höhere Energie besitzen. Allerdings ist die Charakterisierung solcher katalytisch aktiver Oberfläche heute noch ein ungelöstes Problem. Viele der Oberflächenstruktur-Untersuchungsmethoden [Niemantsverdriet 1993] beruhen darauf, dass man Teilchenstrahlen wie Elektronen oder Ionen auf den Katalysator schießt. Aus der Veränderung dieser *Materiestrahlen* (Energie, Impuls u. a.) kann man Rückschlüsse auf die Struktur des Festkörpers ziehen. Diese Methoden setzen allerdings voraus, dass man im Vakuum, also unter *ex situ Bedingungen*, arbeitet. Zur Untersuchung von Katalysatoren unter *in situ Bedingungen* muss man auf Techniken zurückgreifen, die *elektromagnetische Strahlung* (NMR, IR, UV, VIS, X-Ray) verwenden, die eine reaktive Atmosphäre durchdringen kann (s. Anhang 8.18) [Henzel 1994]. Eine etablierte Methode für solche Untersuchungen ist die DRIFT-Spektroskopie [Krauß 1999, Drochner 1999a].

### 5.2.8
### Nebenprodukte im Feed

Das Verunreinigungsspektrum im Eduktstrom kann sich positiv (z. B. der Zusatz von halogenhaltigen Verbindungen bei der silberkatalysierten Ethylenoxid-Synthese), meistens aber negativ auf die Katalysatorperformance auswirken. In jedem Fall ist der Katalysator mit Originalfeed (z. B. aus einer integrierten Versuchsanlage) zu testen.

## 5.3
## Kinetik der Heterogenkatalyse
## [Santacesaria 1997, Santacesaria 1997a]

Die Kinetik einer heterogen katalysierten Reaktion besteht aus einer Folge von aufeinanderfolgenden Schritten (Abb. 5-10):

- A1: Konvektion
- A2: Filmdiffusion $\left.\right\}$ Stofftransport der Edukte
- A3: Porendiffusion

- A4: Adsorption der Edukte
- A$^*$5: Oberflächenreaktion $\left.\right\}$ chemische Reaktion *(Mikrokinetik)*
- P6: Desorption der Produkte

- P7: Porendiffusion
- P8: Filmdiffusion $\left.\right\}$ Stofftransport der Produkte
- P9: Konvektion

deren Gesamtheit man als *Makrokinetik* (chemische Reaktion mit äußerem Stofftransport) [Santacesaria 1997] bezeichnet. Die eigentliche chemische Reaktion einschließlich der Sorptionsvorgänge der Reaktanten auf der Katalysatoroberfläche bezeichnet man als *Mikrokinetik* (chemische Reaktion ohne äußeren Stofftransport) [Emig 1997].

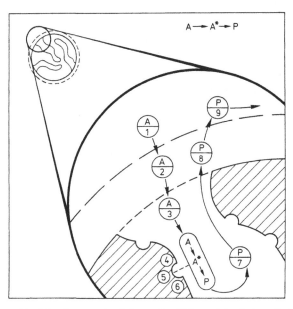

**Abb. 5-10** Gesamtablauf einer heterogenkatalysierten Oberflächenreaktion (schematisch). Erläuterungen s. Text.

Die Kunst des Katalytikers besteht nun darin, den geschwindigkeitsbestimmenden Schritt herauszufinden. Dazu muss die effektive Reaktionsgeschwindigkeit gemessen (Makrokinetik) und geprüft werden, ob die eigentliche chemische Reaktionsgeschwindigkeit (Mikrokinetik) durch äußeren Stofftransport gehemmt ist. Mit diesen Kenntnissen können die Katalysatoreigenschaften dann gezielt verändert werden, so dass dieser limitierende Schritt beschleunigt wird, was zu einer Erhöhung der Raum-Zeit-Ausbeute führt und sich unmittelbar auf die Reaktorkosten auswirkt. Im Folgenden wird der Mechanismus der einzelnen Transportschritte kurz beschrieben.

## 5.3.1
## Filmdiffusion

Der *Transport des Eduktes A* durch die laminare Grenzschicht (Abb. 5-11), die sich über der äußeren Katalysatoroberfläche aufbaut, wird durch das erste Ficksche Gesetz via der Stoffübergangszahl $k_G$ beschrieben:

$$r_{eff} = k_G \cdot a \cdot (A_G - A_s) \tag{5-9}$$

$k_G$ = Stoffübergangszahl in $m\ s^{-1}$
$a$ = spezifische äußere Oberfläche in $m^2\ m^{-3}$
$A_G$ = Konzentration des Eduktes A in der Gasphase $G$ in $mol\ L^{-1}$
$A_s$ = Konzentration des Eduktes A an der Oberfläche $S$ in $mol\ L^{-1}$.

Die Konzentration des Eduktes $c_A$ in $mol\ L^{-1}$ wird zur Vereinfachung hier mit $A$ abgekürzt.

Die *chemische Reaktion* sei vereinfacht durch eine Reaktion erster Ordnung beschrieben:

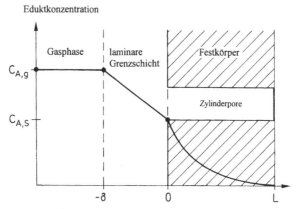

**Abb. 5-11** Konzentrationsprofil eines Eduktes A beim Stofftransport durch eine laminare Grenzschicht der Dicke $\delta$ (äußerer Stofftransporthemmung) und einer zylinderförmigen Katalysatorpore der Länge $L$ (innere Stofftransporthemmung).

$$r_{eff} = k_{eff} \cdot A_G = k \cdot A_s \tag{5-10}$$

$k_{eff}$ = effektive Reaktionsgeschwindigkeitskonstante
$k$    = wahre Reaktionsgeschwindigkeitskonstante ohne Filmdiffusionseinfluss.

Im stationären Zustand werden Gl. (5-9) und Gl. (5-10) gleichgesetzt und nach der unbekannten Oberflächenkonzentration $A_s$ aufgelöst:

$$A_s = \frac{A_G}{1 + \dfrac{k}{k_G \cdot a}} \cdot \tag{5-11}$$

Damit erhält man mit Gl. (5-10):

$$r_{eff} = k_{eff} \cdot A_G = \frac{1}{\dfrac{1}{k} + \dfrac{1}{k_G \cdot a}} \cdot A_G \cdot \tag{5-12}$$

*Fallunterscheidung:*

a) $k >> k_G \cdot a$ (starke äußere Stofftransporthemmung)
$$r_{eff} = k_G \cdot a \cdot A_G \tag{5-13}$$

b) $k << k_G \cdot a$ (keine äußere Stofftransporthemmung)
$$r_{eff} = k \cdot A_G. \tag{5-14}$$

Um das Ausmaß der externen Stofftransporthemmung zu beschreiben definiert man einen sog. *externen Katalysatorwirkungsgrad* (Reaktionsgeschwindigkeit mit äußerer Stofftransporthemmung bezogen auf die Reaktionsgeschwindigkeit ohne äußere Stofftransporthemmung):

$$\eta_{ext} = \frac{k_{eff}}{k} = \frac{1}{1 + \dfrac{k}{k_G \cdot a}} \cdot \tag{5-15}$$

Damit ergibt sich die gemessene Reaktionsgeschwindigkeit zu:

$$r_{eff} = \eta_{ext} \cdot k \cdot A_G. \tag{5-16}$$

Für andere Reaktionsordnungen sind in der Literatur Ausdrücke angegeben worden [Baerns 1992].

Um festzustellen, ob die gemessene Reaktionsgeschwindigkeit durch den äußeren Stoffübergang beeinflusst wird, bestimmt man aus der Geometrie des Katalysators die spezifische Oberfläche $a$ und die Stoffübergangszahl $k_G$ aus der *Sherwoodzahl* (Anhang 8-14):

$$Sh = \frac{k_G \cdot \delta}{D_A} = \frac{\text{gesamter Stoffübergang}}{\text{Stofftransport durch Diffusion}} , \qquad (5\text{-}17)$$

die wiederum eine Funktion der Schmidt (*Sc*)- und der Reynolds (*Re*)-Zahl ist:

$$Sh = f\left( Sc = \frac{v}{D_A} ; \ Re = \frac{u \cdot \delta}{v} \right) \qquad (5\text{-}18a)$$

$v$ = kinematische Zähigkeit
$D_A$ = Selbstdiffusionskoeffizient der Komponente A
$u$ = Strömungsgeschwindigkeit
$\delta$ = Dicke der laminaren Grenzschicht.

Die Größen $D_i$ und $\delta$ müssen abgeschätzt werden. Damit ergibt sich die Analogie zum Wärmetransport mit der Nusselt-Zahl:

$$Sh = Nu \cdot \left( \frac{Sc}{\text{Pr}} \right)^{1/3} \qquad (5\text{-}18b)$$

## 5.3.2
## Porendiffusion [Keil 1999]

Die Gesamtreaktionsgeschwindigkeit kann nicht schneller sein als der Transport der Edukte ins Innere des Porengefüges (Abb. 5-11), wo sich die katalytisch aktiven Zentren befinden. Die wichtigsten Methoden des molekularen Transportes sind:

- freie Raumdiffusion
- Porendiffusion
- Knudsendiffusion
- Oberflächendiffusion
- Poiseuillediffusion.

Die Grundlage der mathematischen Beschreibung der Diffusion sind die Fickschen Gesetze:

### Erstes Ficksches Gesetz[2] [Fick 1855]
Die Teilchenstromdichte ist dem Konzentrationsgradienten proportional:

$$\frac{1}{A} \cdot \frac{dn_A}{dt} = -D_A \cdot grad \ (A(x, t)) \qquad (5\text{-}19)$$

$A$ = Fläche
$A$ = Konzentration von A in mol $L^{-1}$ am Ort $x$ zur Zeit $t$
$D_A$ = Diffusionskoeffizient für eine räumlich isotrope und isotherme Diffusion von A.

---

**2)** *Adolf Fick*, Physiologe (1829-1901).

**Zweites Ficksches Gesetz**

Die raum-zeitliche Änderung der Konzentration durch Diffusion wird durch das 2. Ficksche Gesetz beschrieben:

$$\frac{\partial A(x,t)}{\partial t} = div \left[ D_A(A(x,t)) \cdot grad(A) \right]. \tag{5-20}$$

Wenn $D_A$ konzentrationsunabhängig ist, vereinfacht sich Gl. (5-20) zu:

$$\frac{\partial A(x,t)}{\partial t} = D_A \cdot \frac{\partial^2 A(x,t)}{\partial x^2}. \tag{5-21}$$

Als nächstes sollen die einzelnen Diffusionsmechanismen getrennt betrachtet werden:

**Freie Raumdiffusion**

Sie liegt vor, wenn der Porendurchmesser groß im Vergleich zur mittleren freien Weglänge der Gasmoleküle ist. Die Kollisionen zwischen den Molekülen werden in diesem Fall zum Hauptdiffusionswiderstand. Die Makroporendiffusion, die in erster Linie durch diesen Mechanismus bestimmt wird, stellt im Vergleich zur Mikroporendiffusion keinen aktivierten Prozess dar. Aus dem einfachen Modell der kinetischen Gastheorie kann man die Größenordnung des Diffusionskoeffizienten für ein Gas A abschätzen:

$$D_{A,G} \approx \frac{2}{3} \cdot \bar{u}_A \cdot \Lambda_{AA} \propto \frac{T^{1,5}}{P}, \tag{5-22}$$

mit der mittleren Molekülgeschwindigkeit:

$$\bar{u}_A = \sqrt{\frac{8 \cdot RT}{\pi \cdot M_A}} \tag{5-23}$$

$M_A$ = Molmasse

und der mittleren freien Weglänge:

$$\Lambda_{AA} = \frac{RT}{\sqrt{2} \cdot N_L \cdot \pi \cdot \sigma_{AA}^2 \cdot P_A} \tag{5-24}$$

$\sigma_{AA}$ = Stoßdurchmesser des Moleküls A (s. Tab. 5-7)
$P_A$  = Partialdruck des Gases A.

Gleichungen, die eine genauere Berechnungen erlauben, sind in der Literatur zu finden [Baerns 1992]. Für die Beschreibung und Abschätzung der Diffusionskoeffizienten von Flüssigkeiten sei ebenfalls auf Spezialliteratur verwiesen [Fei 1998]. Man merke sich folgende Größenordnungen für den Selbstdiffusionskoeffizienten:

**Tab. 5-7** Stoßdurchmesser für einige technisch wichtige Gase [Baerns 1992].

| Gas | Stoßdurchmesser/nm |
|---|---|
| Wasserstoff | 0,283 |
| Sauerstoff | 0,347 |
| Stickstoff | 0,380 |
| Wasser | 0,283 |
| Kohlenmonoxid | 0,369 |
| Kohlendioxid | 0,394 |
| Methan | 0,376 |
| Ethan | 0,444 |
| Propan | 0,512 |
| Isobuten | 0,528 |

- Gase bei Normaldruck $\qquad 10^{-5}$ m$^2$ s$^{-1}$
- „normale" Flüssigkeiten bei Umgebungstemperatur $\quad 10^{-9}$ m$^2$ s$^{-1}$
- viskose Flüssigkeiten $\qquad 10^{-10}$ m$^2$ s$^{-1}$.

In Tab. 5-8 ist eine kleine Auswahl für binären Diffusionskoeffizienten von Gasen bei Normaltemperatur angegeben.

**Porendiffusion**

Die Diffusion in großen Poren kann durch die Gesetze der freien Raumdiffusion beschrieben werden, wenn man zwei Effekte dabei berücksichtigt:

*a) Porosität*

Die Fläche der Porenöffnungen machen nur einen bestimmten Bruchteil $\varepsilon_p$ der äußeren Oberfläche des porösen Feststoffes aus:

$$\varepsilon_{\mathrm{P}} = \frac{\sum \text{Fläche der Porenöffnungen}}{\text{äußere Katalysatoroberfläche}}. \tag{5-25}$$

Typische Werte liegen bei $0{,}2 < \varepsilon_p < 0{,}7$.

**Tab. 5-8** Experimentell ermittelte Diffusionskoeffizienten von Gasen bei Normaltemperatur [Baerns 1992, Hou 1999].

| Gas in Gas | Diffusionskoeffizient $D_{AB}/10^{-5}$ m$^2$ s$^{-1}$ |
|---|---|
| $H_2/CH_4$ | 8,1 |
| $H_2O/CH_4$ | 2,9 |
| $CO_2/CH_4$ | 1,5 |
| $N_2/O_2$ | 2,3 |

*b) Labyrinthfaktor*

Die Abweichung der realen Porengeometrie von der idealen Zylinderform wird durch den Labyrinthfaktor $\chi$ berücksichtigt, der oft in der Größenordnung von 1/2 bis 1/6 liegt. Damit ergibt sich der effektive Diffusionskoeffizient in Poren aus dem binären molekularen Diffusionskoeffizienten nach:

$$D_{AB,\ eff}^{Pore} = \varepsilon_P \cdot \chi \cdot D_{AB}. \tag{5-26}$$

### Knudsendiffusion[3]

In kleinen Poren oder bei niedrigen Drücken kann die mittlere freie Weglänge $\Lambda_{AA}$ (Gl. (5-24)) der diffundierenden Moleküle in die Größenordnung der Porendurchmesser $d$ kommen. In diesem Fall werden die Kollisionen der Moleküle mit den Porenwänden zum Hauptdiffusionswiderstand. Für den Fall, dass $\Lambda_{AA}/d > 0{,}2$ ist, muss man in Gl. (5-22) die mittlere freie Weglänge $\Lambda_{AA}$ durch den mittleren Porendurchmesser $d$ ersetzen:

$$D_A^{Knud} \approx \frac{1}{3} \cdot d \cdot \bar{u}_A \quad \propto T^{0,5}. \tag{5-27}$$

Der Knudsendiffusionskoeffizient ist also nicht so stark von der Temperatur abhängig wie der freie Raumdiffusionskoeffizient und insbesondere unabhängig von Druck und Gaszusammensetzung.

### Oberflächendiffusion

Moleküle, die auf der Festkörperoberfläche physisorbiert sind oder sich in Mikroporen ($d < 2$ nm) befinden, bewegen sich durch eine Aufeinanderfolge von Sprüngen zwischen verschiedenen Adsorptionsplätzen. Dabei sind sterische Effekte von großer Bedeutung; die Diffusion stellt einen aktivierten Vorgang dar, der, ähnlich wie die Diffusion in Flüssigkeiten [Vogel 1981, 1982], durch folgenden Arrheniusansatz beschrieben werden kann:

$$D_A^{Surface} = D_0 \cdot exp \left( -\frac{E_A^{Diff}}{RT} \right). \tag{5-28}$$

Der Oberflächen-Diffusionskoeffizient liegt für kleine Moleküle bei Raumtemperatur in der Größenordnung von $D \leq 10^{-11}$ m$^2$ s$^{-1}$.

### Poiseuillescher Fluss

Ist der Druckabfall entlang einer Makropore groß, so kann eine druckinduzierte laminare Strömung entstehen. Diesen zusätzlichen Beitrag zum Stofftransport bezeichnet man als Poiseuilleschen Fluss.

---

**3** *Martin Knudsen*, dän. Physiker *(1871-1949)*.

### 5.3.3
### Sorption

Die Sorption (Adsorption bzw. Desorption) [Kast 1988] ist die Wechselwirkung der Reaktanten mit der Oberfläche des Katalysators, wobei man je nach der Bindungsart und -stärke (Tab. 5-9) des Adsorbates zwischen *Physisorption* (geometrische Struktur und elektronische Eigenschaften der freien Teilchen sowie der freien Oberfläche bleiben im wesentlichen erhalten, Adsorptionsenthalpie um 20 bis 50 kJ mol$^{-1}$ = Größenordnung der Kondensationsenthalpie) und *Chemisorption* (drastische Änderung der elektronischen Struktur der freien Moleküle und der Katalysatoroberfläche, Adsorptionsenthalpie größer 50 kJ mol$^{-1}$) unterscheidet (*Adsorbens* + *Adsorptiv* → Adsorbat).

Die Sorption einer definierten Spezies A kann man durch Messung der Sorptionsisothermen charakterisieren, indem man die Beladung $\Theta_A$ (= belegte Oberfläche/gesamte Oberfläche) des Feststoffes (Adsorbens) mit der Komponenten A (Adsorptiv) als Funktion des Partialdruckes $P_A$ bzw. der Gaskonzentration und der Temperatur misst (Abb. 5-12):

$$\Theta_A\,(P_A, T) = \frac{m_A}{m_{\text{fest}}} = \frac{adsorbierte\ Masse\ des\ Absorptivs}{\text{„}trockene\text{“}\ Masse\ des\ Adsorbens}. \tag{5-29}$$

Für kinetische Modellierungen kann man die Beladung auch über die Teilchenzahl:

$$\Theta_A(P_A, T) = \frac{n_A}{n_{A,\text{mono}}} = \frac{Mole\ adsorbiertes\ Gas\ A\ auf\ der\ Oberfläche}{Mole\ adsorbiertes\ Gas\ A\ in\ einer\ Monolage} \tag{5-30a}$$

**Tab. 5-9** Wertebereiche verschiedener Bindungsenergie sowie Bindungsstärken.

| Bindungsart | Bindungsenergie/kJ mol$^{-1}$ |
| --- | --- |
| Van der Waals-Wechselwirkung | 1...5 |
| Wasserstoffbrücken-Bindung | 10...30 |
| ionische Bindungen | 50...100 |
| metallische Bindungen | 100...300 |
| kovalente Bindungen | 200...400 |
| O—H | 465 |
| C—H | 415 |
| C—Cl | 331 |
| C—N | 306 |
| C=N | 615 |
| C—O | 360 |
| C=O | 737 |
| C—C | 348 |
| C=C | 511 |

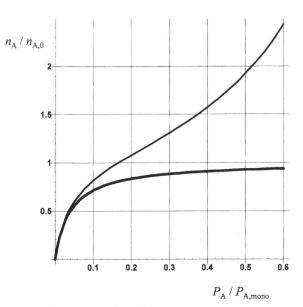

$P_A / P_{A,mono}$

**Abb. 5-12** Adsorptionsisothermen des Stoffes A: dicke Kurve: Langmuir-Isotherme ($K_A = 25$, $P_A^0 = $ Sättigungsdampfdruck $= 1$, Gl. (5-34)); dünne Kurve: BET-Modell ($C = 25$, Gl. (5-37).

bzw. über die Zahl der aktiven Zentren des Katalysators ($*$) definieren:

$$\Theta_A(P_A, T) = \frac{(A)}{(A) + (*)} = \frac{\text{mit A besetzte Zentren}}{\text{Gesamtzahl aller aktiven Zentren}}. \tag{5-30b}$$

Zur quantitativen Beschreibung der Adsorptionsisothermen sind in der Literatur verschiedene Modelle aufgestellt worden. Die größte Bedeutung hat das Langmuir[4]- und das BET-Modell erlangt, da die in diesen Modellen auftretenden Parameter physikalisch gedeutet werden können.

**Langmuir-Isotherme für zwei Spezies**
*Modellvoraussetzungen*

- monomolekulare Bedeckung der aktiven Zentren ($*$) mit den Spezies A und B
- keine Wechselwirkung der adsorbierten Spezies untereinander.

*Chemisches Modell*

$$A(\text{gas}) + (*) \xrightarrow{k_A} (A)$$

$$(A) \xrightarrow{k_{-A}} A(\text{gas}) + (*)$$

$$B(\text{gas}) + (*) \xrightarrow{k_B} (B) \tag{5-31}$$

$$(B) \xrightarrow{k_{-B}} B(\text{gas}) + (*)$$

---

**4** *Irving Langmuir, amerik. Physiker (1881-1957).*

*Mathematisches Modell*

$$\frac{d\Theta_A}{dt} = k_A \cdot P_A \cdot (1 - \Theta_A - \Theta_B) - k_{-A} \cdot \Theta_A = 0 \tag{5-32}$$

$$\frac{d\Theta_B}{dt} = k_B \cdot P_B \cdot (1 - \Theta_A - \Theta_B) - k_{-B} \cdot \Theta_B = 0 \tag{5-33}$$

mit $1 = \Theta_A + \Theta_B + \Theta_{(*)}$.

Die Lösung dieses Gleichungssystems ergibt:

$$\Theta_A = \frac{K_A \cdot P_A}{1 + K_A \cdot P_A + K_B \cdot P_B} \text{ mit } K_A = \frac{k_A}{k_{-A}} \text{ und } K_B = \frac{k_B}{k_{-B}}. \tag{5-34}$$

Die analoge Gleichung gilt für B. Die Adsorptionskonstanten $K_A$ bzw. $K_B$ können nach Linearisierung der obigen Gleichung:

$$\frac{P_A}{\Theta_A} = P_A + \frac{1}{K_A} + \frac{K_B}{K_A} \cdot P_B \tag{5-35}$$

durch Auftragen von $(P_A/\Theta_A)$ gegen $P_A$ bzw. $P_B$ aus dem Ordinatenabschnitt bestimmt und nach einer gaskinetischen Ableitung des Modells [Jakubith 1998] wie folgt interpretiert werden:

$$K_A = \frac{1}{k_{-A} \cdot \sqrt{2 \cdot RT \cdot \pi \cdot M}} \cdot exp \left( \frac{\Delta_{des} H_A - \Delta_{ad} H_A}{RT} \right). \tag{5-36}$$

$\Delta_{des} H_A = $ Desorptionswärme

$\Delta_{ad} H_A = $ Adsorptionswärme

$k_{-A} = $ Geschwindigkeitskonstante der Desorption.

## Brunauer/Emmet/Teller-Isotherme [Brunauer 1938]

*Modellvoraussetzungen*

In Erweiterung der Langmuir-Isotherme wird hier angenommen, dass zusätzliche Adsorptionsschichten auf einem Teil der Oberfläche aufgebaut werden können, bevor sich eine komplette Monoschicht gebildet hat. In der ersten adsorbierten Schicht wird die Adsorptionsenergie (= Kondensations- und Bindungsenergie) und für die zweite und die folgenden Schichten nur noch die Kondensationsenergie frei.

*Mathematische Lösung*

$$\Theta_A = \frac{n_A}{n_{A,mono}} = \frac{C \cdot (P_A/P_A^0)}{[1 - (P_A/P_A^0)] \cdot [1 + (C - 1) \cdot (P_A/P_A^0)]} \tag{5-37}$$

Die dimensionslose Konstante $C = exp\{-(\Delta_{ad} H_A + \Delta_V H_A)/RT\}$ hängt von der Adsorptions- und der Kondensationsenergie von A ab [Kast 1988]. Durch Umformen dieser Gleichung ergibt sich folgende linearisierte Form:

$$\frac{(P_A/P_A^0)}{n_A \cdot (1-(P_A/P_A^0))} = \frac{(C-1)}{n_{A,mono} \cdot C} \cdot (P_A/P_A^0) + \frac{1}{n_{A,mono} \cdot C}\bigg|_T, \tag{5-38}$$

so dass durch Auftragung von $(P_A/P_A^0)/[n_A(1-P_A/P_A^0)]$ gegen $P_A/P_A^0$ direkt aus dem Ordinatenabschnitt und der Gradensteigung die adsorbierte Menge von A in der Monoschicht $n_{A,mono}$ und die Konstante $C$ erhält werden kann. Mit dieser Gleichung kann nicht das Phänomen der Kapillarkondensation erfasst werden. Daher muss zur Beschreibung dieses Vorganges ein weiterer Parameter eingeführt werden [Brunauer 1940]. Durch Auftragung von $n_A$ gegen $P_A/P_A^0$ gelangt man zu Adsorptionsisother-

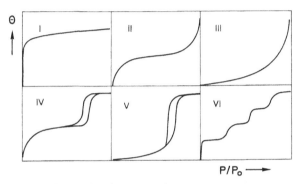

**Abb. 5-13** Die sechs Typenklassen der Adsorptionsisothermen:
*Typ I:* mikroporöse Substanzen und Chemisorption. In Mikroporen überlappen die Adsorptionspotenziale beider Porenwände, was zu einer Verstärkung [Everett 1976] des Adsorptionspotenzials führt. Daraus folgt eine erhöhte Adsorptionsenergie bei sehr kleinen Relativdrücken.
*Typ II:* unporöse, feinteilige Feststoffe.
*Typ III:* z. B. Wasser an hydrophoben Substanzen.
*Typ IV und V:* Kapillarkondensation in Mesoporen. Zunächst wird an der Porenoberfläche eine Multischicht adsorbiert. Wird der Druck weiter erhöht, bilden sich an bevorzugten Stellen Flüssigkeitstropfen mit einer der Kelvin-Gleichung:

$$\cos\Theta = \frac{2\sigma \cdot V_m}{r_K \cdot g \cdot h}$$

$$P(Tropfen) = P(Fl.) \cdot \exp\left(\frac{2\sigma \cdot V_m}{r \cdot RT}\right) = P(H_2O) \cdot \exp\left(\frac{10^{-3}}{r/\mu m}\right)$$

$$P(Hohlraum) = P(Fl.) \cdot \exp\left(\frac{2\sigma \cdot V_m}{r \cdot RT}\right)$$

$\Theta$ = Randwinkel
$\sigma$ = Oberflächenspannung ($H_2O$ = 72,75 mN m$^{-1}$, n-Hexan = 18,4 mN m$^{-1}$ (bei 20 °C)).
$V_m$ = Molvolumen der Flüssigkeit
$r_K$ = Kapillarradius
$r$ = Tropfen bzw. Hohlraumradius
$h$ = Flüssigkeitshöhe in der Kapillare.
entsprechenden Krümmung. Berühren sich gegenüberliegende Tropfen, wird die Pore gefüllt. Bei der Desorption werden Poren mit größeren Öffnungen als dem Kelvin-Radius geleert. Der Adsorptionsast zeigt die Porenausmaße, der Desorptionsast die Größe der Porenöffnung [Evertt 1976].
*Typ VI:* gestufte Isotherme, z. B. einige Aktivkohlen mit Stickstoff.

men, anhand deren Form schon Aussagen über das Adsorbat gemacht werden können. Von Brunner, Emmett und Teller wurden sie aufgrund der Porosität des Adsorbens und der Wechselwirkung des Adsorptivs mit demselben in sechs Typen eingeteilt (Abb. 5-13) [Kast 1988, IUPAC 1985].

Mit Hilfe dieser Modellvorstellungen lässt sich die Oberfläche eines Katalysators dadurch bestimmen, indem man die Menge des adsorbierten Gases A in einer Monoschichtlage experimentell bestimmt. Die Oberfläche $S$ ergibt sich damit aus der Größe $n_{A,mono}$ und dem Platzbedarf des Sondenmoleküls A $S_A$, nach:

$$S = n_{A,mono} \cdot N_L \cdot S_A. \tag{5-39}$$

Üblicherweise verwendet man Stickstoff als Sondenmolekül ($S_{N2} = 1{,}62 \cdot 10^{-19}$ m$^2$) und wendet für die Auswertung Gl. (5-37) bei 77 K an. Die so ermittelte Oberfläche wird als BET-Oberfläche $S_{BET}$ bezeichnet. Nach Division durch die Masse des Feststoffes erhält man die spezifische BET-Oberfläche $s_{BET}$ in m$^2$ g$^{-1}$.

### 5.3.4
### Oberflächenreaktionen

Die heterogen katalysierte Umsetzung der Edukte A und B kann nach verschiedenen Mechanismen erfolgen [Claus 1996, Ertl 1990]. In der Praxis oft verwendete Modelle sind die von Langmuir-Hinshelwood, Eley-Rideal und Mars-van Krevelen.

**Langmuir-Hinshelwood[5] Kinetik**
*Modellvoraussetzungen:*

- Die Edukte A und B adsorbieren auf der Oberfläche und reagieren im adsorbierten Zustand zum Produkt P.

*Chemisches Modell:*

$$\begin{aligned}
A(\text{gas}) + (*) &\xleftarrow{K_A} (A), \quad \text{schnell} \\
B(\text{gas}) + (*) &\xleftarrow{K_B} (B), \quad \text{schnell} \\
(A) + (B) &\xrightarrow{k_{LH}} (P) \quad , \text{langsam} \\
(P) &\leftrightarrow P + 2(*) \quad , \text{schnell}
\end{aligned} \tag{5-40}$$

*Mathematisches Modell:*

$$r_{ges} = k_{LH} \cdot \Theta_A \cdot \Theta_B.$$

Mit Gl. (5-34) ergibt sich der klassische Ansatz von Langmuir-Hinshelwood:

$$r_{ges} = k_{LH} \cdot \frac{K_A \cdot K_B \cdot P_A \cdot P_B}{(1 + K_A \cdot P_A + K_B \cdot P_B)^2}. \tag{5-41}$$

---

**5** *C.N. Hinshelwood (1897-1967)* [Laidler 1987].

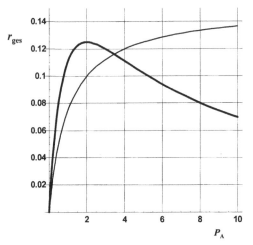

**Abb. 5-14** Vergleich der Gesamtreaktionsgeschwindigkeit als Funktion des Edukt-Partialdruckes für einen angenommenen Langmuir-Hinshelwood (dicke Kurve, Gl. (5-41)) und einen Eley-Rideal Mechanismus (dünne Kurve, Gl. (5-44)).
$P_B = konst$; $K_A = K_B = 1$; $k_{ER} = 0,15$; $k_{LH} = 1$.

### Eley-Rideal[6] Kinetik

*Modellvoraussetzungen:*

- Das Edukte A adsorbieren auf der Oberfläche und reagieren im adsorbierten Zustand mit dem Edukt B aus der Gasphase zum Produkt P.

*Chemisches Modell:*

$$A(gas) + (*) \xleftrightarrow{K_A} (A), \text{ schnell}$$
$$(A) + B(gas) \xrightarrow{k_{ER}} (P), \text{ langsam} .$$
$$(P) \leftrightarrow P + (*) \quad , \text{ schnell}$$

(5-42)

*Mathematisches Modell:*

$$r_{ges} = k_{ER} \cdot \Theta_A \cdot P_B.$$

(5-43)

Mit Gl. (5-34) ergibt sich der klassische Ansatz von Eley-Rideal:

$$r_{ges} = k_{ER} \cdot \frac{K_A \cdot P_A \cdot P_B}{(1 + K_A \cdot P_A)^1}.$$

(5-44)

Durch Ermittlung der Mikrokinetik oder durch Konzentrationspulsexperimente kann zwischen den einzelnen Mechanismen differenziert werden (Abb. 5-14).

---

**6** *E.K. Rideal (1890-1974)* [Laidler 1987]

**Mars-van Krevelen[7] Kinetik** [Mars 1954]
*Modellvoraussetzungen:*

- Die Oxidation von Edukten mit molekularem Sauerstoff an Übergangsmetalloxiden folgt oft diesem Zweischritt Mechanismus:
  - Oxidation des Eduktes durch den Katalysator unter gleichzeitiger Reduktion des Oxides
  - Reoxidation des Katalysators durch molekularen Sauerstoff.

*Chemisches Modell:*

$$A(gas) + (O) \xrightarrow{k_1} P(gas) + (*) \tag{5-45}$$

$$(*) + \frac{1}{2} O_2 \xrightarrow{k_2} (O)$$

*Mathematisches Modell:*

$$r_A = k_1 \cdot \Theta_O \cdot P_A$$

$$r_{O2} = k_2 \cdot (1 - \Theta_O) \cdot P_{O2}^n \tag{5-46}$$

mit $\Theta_O$ dem Sauerstoff-Beckungsgrad.

Wenn $\nu_A$ Moleküle Sauerstoff für die Oxidation des Eduktes A benötigt werden, gilt:

$$r_A = \frac{1}{\nu_A} \cdot r_{O2} = k_1 \cdot P_A \cdot \Theta_O = \frac{1}{\nu_A} \cdot k_2 \cdot P_{O2}^n \cdot (1 - \Theta_O). \tag{5-47}$$

Daraus ergibt sich für den Sauerstoffbedeckungsgrad:

$$\Theta_O = \frac{k_2 \cdot P_{O2}^n}{\nu_A \cdot k_1 \cdot P_A + k_2 \cdot P_{O2}^n} \tag{5-48}$$

und mit Gl. (5-48) und Gl. (5-46):

$$r_A = \frac{1}{\dfrac{1}{k_1 \cdot P_A} + \dfrac{\nu_A}{k_2 \cdot P_{O2}^n}} \cdot \tag{5-49}$$

In Abb. 5-15 ist der Verlauf der Reaktionsgeschwindigkeit in Abhängigkeit der Konzentrationen wiedergegeben.

---

[7] *Dirk Willem van Krevelen*, Chemietechnologe, Ehrendoktor der TU Darmstadt (*1915 – 2001*).

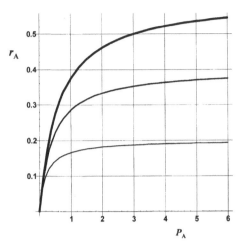

**Abb. 5-15** Verbrauchsgeschwindigkeit von A in Abhängigkeit von $P_A$ für verschiedene Sauerstoffpartialdrücke ($P_{O2} = 0{,}2/0{,}4/0{,}6$; von unten nach oben und $k_A = 1$; $k_{O2} = 1$; $n = 1$) nach Gl. (5-49). $r_A$ steigt mit höher werdendem $P_A$ nicht mehr, da die Reoxidation geschwindigkeitsbestimmend wird.

### 5.3.5
### Porendiffusion und chemische Reaktion [Emig 1993, Forni 1999, Keil 1999]

Das Zusammenspiel zwischen der Diffusion des Eduktes in den Poren und der Abreaktion des Eduktes an den katalytisch aktiven Wänden der Pore, lässt sich aus der allgemeinen Stoffbilanzgleichung (Gl. (6-4)) ableiten. Unter der Annahme, dass das Edukt A nach einer Reaktion $n$ter Ordnung abreagiert, folgt für den stationären Zustand:

$$D_{eff} \cdot \frac{d^2 A}{dx^2} - k \cdot A^n = 0. \tag{5-50}$$

Bezieht man in dieser Gleichung die Konzentration $A$ auf die Konzentration von A am Eingang der Pore $A_0$ und die Porenlänge auf die mittlere Porenlänge $L$, so erhält man nach Umformung:

$$\frac{d^2 (A/A_0)}{d(x/L)^2} = \varphi^2 \cdot (A/A_0)^n \tag{5-51}$$

mit der erstmals von Thiele eingeführten dimensionslosen Kennzahl $\varphi$, dem sog. Thiele-Modul [Thiele 1939, Weisz 1954]:

$$\varphi = L \cdot \sqrt{\frac{k \cdot A_0^{n-1}}{D_{eff}}}. \tag{5-52}$$

Dieser gibt das Verhältnis der Reaktionsgeschwindigkeit ohne Beeinflussung durch die Porendiffusion zum diffusiven Stofftransport in der Pore wieder. Die obige Differentialgleichung kann für einfache Katalysatorkorngeometrien und einfache Kinetiken noch geschlossen gelöst werden.

**Beispiel 5-1** _____

*Für $n = 1$, $A_0 = 1$ und $L = 1$ ergibt sich aus Gl. (5-51):*

$$\frac{d^2(A(x))}{dx^2} = \varphi^2 \cdot A(x). \tag{5-53}$$

*Mit den Randbedingungen $A(x = 0) = 1$ und $A(L = 1) = 0$ ergibt sich die Lösung:*

$$A(x) = \frac{A_0 \cdot exp(-\varphi \cdot x)}{1 - exp(2 \cdot L \cdot \varphi)} \cdot [exp(2 \cdot \varphi \cdot x) - exp(2 \cdot L \cdot \varphi)] \tag{5-54}$$

*Abb. 5-16 zeigt den entsprechenden Konzentrationsverlauf von A bei verschiedenen Thiele-Modulen.*

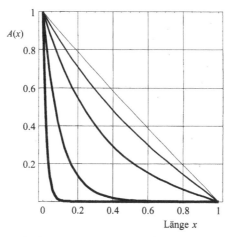

**Abb. 5-16** Konzentrationsverlauf der Komponente A als Funktion der Länge *x* bei verschiedenen Thiele-Modulen nach Gl. (5-54) ($\varphi$ von oben nach unten: 0,5/1,5/3/10/50).

**Zylindrische Einzelpore (Länge *L*, Durchmesser d$_p$) und Reaktion *n*-ter Ordnung**

$$\frac{A(x)}{A_0} = \frac{cosh\ [\varphi_z \cdot (1 - x/L)]}{cosh\ \varphi_z} \tag{5-55}$$

mit:

$$\varphi_z = L \cdot \sqrt{\frac{4 \cdot k' \cdot A_0^{n-1}}{d_p \cdot D_{eff}}}, \tag{5-56}$$

dem Thiele-Modul für eine Zylinderpore.

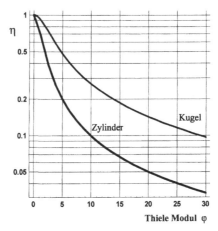

**Abb. 5-17** Katalysatornutzungsgrad als Funktion des Thiele-Moduls für eine zylindrische Einzelpore (Gl. 5-60) und eine Katalysatorkugel (Gl. 5-61)

**Katalysatorkugel (Radius _R_) und Reaktion _n_-ter Ordnung** [Peterssen 1965, Baerns 1992, Andrigo 1999]:

$$\frac{A(x)}{A_0} = \frac{sinh\ [\varphi_K \cdot (x/R)]}{(x/R) \cdot sinh\ \varphi_K} \tag{5-57}$$

mit:

$$\varphi_K = \sqrt{\frac{n+1}{2}} \cdot R \cdot \sqrt{\frac{k' \cdot A_0^{n-1}}{D_{eff}}}, \tag{5-58}$$

dem Thiele-Modul für eine Kugel.

Mit zunehmender Temperatur steigt der Thiele-Modul wegen der Arrheniusabhängigkeit[8] von $k$ an. Das Edukt A reagiert immer schneller an den Randzonen des Katalysatorkorns ab, d. h., das wertvolle Katalysatormaterial (z. B. bei Edelmetallkatalysatoren) im Inneren der Pore wird nicht mehr genutzt. In diesem Fall ist es wirtschaftlicher einen Schalenkatalysator einzusetzen.

Zur besseren Beurteilung dieser Situation führt man einen _Porennutzungsgrad_ (auch Katalysatornutzungsgrad genannt (Abb. 5-17)) $\eta_{Kat}$ ein:

$$\eta_{Kat} = \frac{\int\limits_0^L k(T) \cdot A(x)^n \cdot dx}{k(T) \cdot A_0^n}, \tag{5-59}$$

der das Verhältnis der mittleren Reaktionsgeschwindigkeit (Bruttoreaktionsgeschwindigkeit) zur maximal möglichen Reaktionsgeschwindigkeit, d. h. ohne Diffusionseinfluss, wiedergibt. Setzt man in diese Gleichung z. B. den Konzentrationsverlauf in der Zylinderpore ein (Gl. (5-55)), so erhält man nach Integration [Weisz 1954]:

---

8 _Svante Arrhenius_, schwed. Physiker und Chemiker (_1859–1927_).

$$\eta_{Kat}^{Zyl} = \frac{tanh\ \varphi_z}{\varphi_z} \begin{cases} \approx 1 \text{ für } \varphi_z < 0,3 \\ 1/\varphi_z \text{ für } \varphi_z > 3 \end{cases} \tag{5-60}$$

bzw. für eine Katalysatorkugel mit Gl. (5-57):

$$\eta_{Kat}^{Kugel} = \frac{3}{\varphi_K} \left\{ coth\ \varphi_K - \frac{1}{\varphi_K} \right\} \begin{cases} \approx 1 \text{ für } \varphi_K < 0,3 \\ 3/\varphi_K \text{ für } \varphi_K > 3 \end{cases}. \tag{5-61}$$

Den Einfluss der Stofftransporthemmung kann z. B. durch die Bestimmung der Temperaturabhängigkeit des Gesamtprozesses festgestellt werden. Da für die effektiv gemessene Reaktionsgeschwindigkeit $r_{m,mess}$ einer Reaktion 1. Ordnung gilt:

$$r_{m,mess} = (\eta_{Kat} \cdot k) \cdot A_0 = k_{mess} \cdot A_0, \tag{5-62}$$

ergibt sich für den *kinetisch kontrollierten Bereich* ($\eta_{het} \approx 1$) mit einem Arrheniusansatz:

$$ln\ r_{m,mess} = \left( -\frac{E_a}{R} \right) \cdot \frac{1}{T} + ln\ (A_0 \cdot k_0). \tag{5-63}$$

Für eine reine Diffusionskontrolle in der Pore ergibt sich mit Gl. (5-60) bei der Katalysatorkugel:

$$r_{m,mess} = \frac{3}{\varphi_K} \cdot k \cdot A_0. \tag{5-64}$$

Einsetzen von Gl. (5-58) für $\varphi_K$ und einem Arrheniusansatz für $k$ liefert:

$$\ln r_{m,mess} = \left( -\frac{E_a}{2 \cdot R} \right) \cdot \frac{1}{T} + \ln \left( \frac{3 \cdot A_0 \cdot \sqrt{k_0 \cdot D_{eff}}}{R} \right). \tag{5-65}$$

Trägt man $ln\ [r_{m,mess}]$ bzw. $ln\ [k_{mess}]$ gegen $1/T$ auf (Abb. 5-18), so ergibt sich eine Kurve mit zwei Knickpunkten, die ein Indiz für einen Wechsel in der Art der Reaktionslimitierung liefern. Voraussetzung ist, dass sich der Mechanismus und damit die zugrundeliegende Aktivierungsenergie der Reaktion nicht ändert.

Bei der direkten Bestimmung von $\eta_{Kat}$ (Gl. (5-61)), d. h. des Ausmaßes der Stofftransporthemmung, besteht die Schwierigkeit, dass zwar $r_{m,mess}$ direkt messbar ist, $k$ in der folgenden Gleichung (Gl. (5-62), Gl. (5-61) und Gl. (5-58)):

$$r_{m,mess} = \frac{3 \cdot \sqrt{D_{eff}}}{R} \cdot \left( coth \left[ \frac{R \cdot \sqrt{k}}{\sqrt{D_{eff}}} \right] - \frac{\sqrt{D_{eff}}}{R \cdot \sqrt{k}} \right) \cdot \sqrt{k} \cdot A_0 \tag{5-66}$$

aber nicht direkt zugänglich ist. Fast man $k$ als anpassbaren Parameter auf und fittet ihn an obige nichtlineare Gleichung an, so ergibt sich aus der Messung von $r_{m,mess}$ für

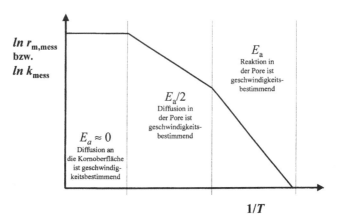

**Abb. 5-18** Verlauf der Reaktionsgeschwindigkeit als Funktion der reziproken Temperatur (schematisch).

ein vorgegebenes $A_0$ die wahre Geschwindigkeitskonstante $k$ als Fitparameter und damit der Thiele-Modul bzw. der Katalysatornutzungsgrad nach Gl. (5-61).

Entscheidend für den Scale-up von Reaktoren ist die Kenntnis, ob eine *Stofftransporthemmung* vorliegt. Dazu wurden in der Literatur [Baerns 1992, Emig 1997] Kriterien aufgestellt. Alle diese benötigen dazu die Kenntnis von:

- Katalysatorgeometrie (z. B. Korndurchmesser $d_{Korn}$)
- $D_A$ Fluidphasen-Diffusionskoeffizient
- $D_A^{Pore}$ Porendiffusionskoeffizient
- physikalisch-chemischen Eigenschaften der Gase
- experimentell ermittelte Gesamtreaktionsgeschwindigkeit $r_{eff}$ [Wijngaarden 1998].

Ein Beispiel sei hier genannt: Wenn für eine Reaktion 1. Ordnung ($n = 1$):

$$\frac{r_{V,eff} \cdot d_{Korn}^2}{4 \cdot (1 - \varepsilon) \cdot D_A \cdot A_{Gas}} \leq 0{,}6 \tag{5-67}$$

gilt, dann ist der Wirkungsgrad größer 0,95.

### 5.3.6
### Filmdiffusion und chemische Reaktion

Analog wie oben geschildert, ist das Zusammenspiel zwischen Diffusion des Eduktes A durch den laminaren Gasfilm (1) und dessen Abreaktion im Flüssigkeitsfilm (2) beschreibbar. Unter der Annahme, dass A nach einer Reaktion erster Ordnung abreagiert (A + B(Überschuss) → P) folgt aus Gl. (5-50):

$$D_{eff} \cdot \frac{d^2A}{dx^2} - k \cdot A = 0.$$

bzw.

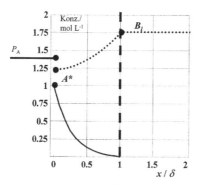

**Abb. 5-19**  Konzentrationsprofil über die Phasengrenzfläche (Hatta-Zahl = 4), Erläuterungen siehe Text.

$$\frac{d^2(A/A_0)}{d(x/\delta)^2} - Ha^2 \cdot (A/A_0) = 0 \tag{5-68}$$

$\delta$ = Dicke des laminaren Grenzfilms

$$Ha = \delta \cdot \sqrt{\frac{k}{D_{eff}}} = \text{Hatta-Zahl.} \tag{5-69}$$

Das heißt, unter den angenommenen stationären Nichtgleichgewichtsbedingungen ist der durch chemische Reaktion verbrauchte gleich dem durch die Phasengrenze bei $x = 0$ transportierte Teilchenstrom an A. Unter den Randbedingungen:

$$A(x = 0) = A^*, \quad A(x = \delta) = 0$$

$$\frac{dB}{dx} = 0, \quad B(x = \delta) = B_1,$$

lautet die Lösung der Differenzialgleichung (5-68) (s. Abb. 5-19):

$$A(x) = \frac{\sinh\left[Ha \cdot (1 - x/\delta)\right]}{\sinh\left[Ha\right]} \cdot A^* \text{ für } x \in [0, \delta]. \tag{5-70}$$

# 6
# Chemische Reaktionstechnik

Der chemische Reaktor stellt das Herzstück jeder Chemieanlage dar, obwohl er oft hinsichtlich Platzbedarf und Investition der kleinste Teil der Anlage ist. Durch seine zentrale Funktion beeinflusst er jedoch alle anderen Anlagenteile wesentlich; man denke z. B. an den Aufwand, nicht umgesetzte Ausgangsprodukte zurückzuführen. Deshalb ist die Wahl des Reaktortyps, neben der Wahl des Katalysators, der *wichtigste Schritt bei der Verfahrensentwicklung* [Donati 1997].

Mit Hilfe der *chemischen Reaktionstechnik* [Levenspiel 1980, Hofmann 1983], deren theoretische Grundlagen erst in der Mitte des letzten Jahrhunderts entwickelt wurden, kann der Reaktor ausgelegt werden. Auslegen heißt hier, die Fragen nach:

- Reaktionsbedingungen (Prozessparameter)
- Größe des Reaktors
- Form des Reaktors
- Betriebsweise

für eine gegebene Reaktion – die im Laborapparat einwandfrei durchführbar ist – und eine geforderte Produktionsleistung unter Beachtung des *optimalen Betriebspunktes* des Gesamtprozesses zu beantworten [Damköhler 1936, Platzer 1996]. Der optimale Betriebspunkt ist, ganz allgemein formuliert, der Betriebspunkt, bei dem die Kapitalrendite ein Maximum besitzt. Diese hängt von allen Parametern ab, welche die Herstellkosten und die Höhe der Investition beeinflussen. Bei einfachen Reaktionen (keine Selektivitätsprobleme wie z. B. in der Ammoniaksynthese) läuft die reaktionstechnische Optimierung in der Regel auf die *Maximierung des Umsatzes* hinaus. Bei komplexen chemischen Reaktionen tritt meist die *Ausbeute- und Leistungsoptimierung* hinzu.

*Lehrbuch Chemische Technologie. Grundlagen Verfahrenstechnischer Anlagen.* G. Herbert Vogel
Copyright © 2004 WILEY-VCH Verlag GmbH & Co. KGaA, Weinheim
ISBN: 3-527-31094-0

## 6.1

# Grundlagen

Die heute verwendeten Reaktortypen lassen sich nach verschiedenen Gesichtspunkten einteilen, z. B. aufgrund:

- der Anzahl der beteiligten Phasen (homogen oder heterogen)
- der Betriebsweise ( Grenzfälle: diskontinuierlich und kontinuierlich)
- der Temperaturführung (Grenzfälle: isotherm und adiabatisch)
- des Verweilzeitverhaltens (Grenzfälle: Pfropfenströmung und vollständige Rückvermischung)
- der Vermischung der Edukte (Makro- und Mikrovermischung mit den Grenzfällen ideale Mikrovermischung und vollständige Segregation).

In der Praxis werden Kombinationen dieser Einteilungskriterien eingesetzt (z. B. homogen, kontinuierlich, adiabatisch, Pfropfenströmung).

Diese Vielfalt an Reaktortypen spiegelt das komplexe Zusammenspiel zwischen chemischer Reaktion sowie Stoff- und Wärmetransport wieder. Trotz dieses komplexen Zusammenspiels lässt sich jeder Reaktor im Prinzip durch die grundlegenden Bilanzgleichungen der Stoff-, Energie- und Impulserhaltung beschreiben. Diese bilden ein System von *fünf* – über Temperatur, Konzentration und drei Geschwindigkeitsvektoren – gekoppelten *partiellen Differentialgleichungen* (DGL) [Damköhler 1936, Platzer 1996, Adler 2000]:

*DGL 1)* Das Massenerhaltungsgesetz in Form der erweiterten Kontinuitätsgleichung[1] beschreibt die zeitliche und örtliche *Konzentrationsänderung der Komponenten* A, die nach der Gleichung ($v_A$A $\rightarrow$ *Produkte*) im Reaktor abreagiert (*A* in mol L$^{-1}$):

$$\frac{\partial A(x,y,z,t)}{\partial t} = -div(A \cdot \vec{u}) + div(D_A \cdot grad\ A) + v_A \cdot r_V \pm \beta_A \cdot a_S \cdot \Delta A. \tag{6-1}$$

Der erste Term auf der rechten Seite ist der sog. *konvektive Term* (Strömungsterm oder erzwungene Konvektion), mit $\vec{u}$ dem Vektorfeld der Strömungsgeschwindigkeit. Der zweite Term ist der sog. *konduktive Term* (effektive Diffusion). Der *Reaktionsterm*, mit der volumenbezogenen Reaktionsgeschwindigkeit $r_V$ und dem stöchiometrischen Koeffizienten $v_A$, bildet den dritten Summanden. Der letzte Term in Gl. (6-1) ist der sog. *Stoffübergangsterm*, mit dem Stoffübergangskoeffizienten $\beta_A$, der spezifischen Stoffaustauschfläche $a_S$ und der Konzentrationsdifferenz $\Delta A$ zwischen Grenzfläche und Bulkphase.

*DGL 2)* Das Erhaltungsgesetz für die Enthalpie (mechanische und nukleare Energieformen werden in der Regel nicht betrachtet) beschreibt die *Temperaturverteilung* im Reaktor:

---

[1] Die Kontinuitätsgleichung für instationäre Strömung kompressibler (auch zäher) Fluide lautet:
$\frac{\partial \rho}{\partial t} + \rho \cdot div(\vec{u}) = 0$

$$\frac{\partial T(x, y, z, t)}{\partial t} = -\, div \,(T \cdot \vec{u}) + div \,\left(\frac{\lambda}{c_{\mathrm{p}} \cdot \rho} \cdot grad \; T\right)$$

$$+ \frac{(-\Delta_{\mathrm{R}} H) \cdot r_{\mathrm{V}}}{c_{\mathrm{p}} \cdot \rho} \pm \frac{a \cdot A_{\mathrm{w}} \cdot (T_{\mathrm{w}} - T)}{c_{\mathrm{p}} \cdot \rho \cdot V_{\mathrm{R}}} \qquad (6\text{-}2)$$

| | | |
|---|---|---|
| $\lambda$ | = | Wärmeleitfähigkeitskoeffizient in J m$^{-1}$ K$^{-1}$ s$^{-1}$ |
| $c_{\mathrm{p}}$ | = | Wärmekapazität bei konstantem Druck in J kg$^{-1}$ K$^{-1}$ |
| $\rho$ | = | Dichte in kg m$^{-3}$ |
| $A_{\mathrm{W}}$ | = | Wärmeaustauschfläche in m$^2$ |
| $\Delta_{\mathrm{R}} H$ | = | Reaktionsenthalpie in J mol$^{-1}$ |
| $a$ | = | Wärmeübergangskoeffizient in J m$^{-2}$ K$^{-1}$ s$^{-1}$ |
| $T_{\mathrm{W}}$ | = | Wandtemperatur in K |
| $V_{\mathrm{R}}$ | = | Reaktorvolumen in m$^3$ |
| $r_{\mathrm{V}}$ | = | volumenbezogene Reaktionsgeschwindigkeit in mol m$^{-3}$ s$^{-1}$. |

Die einzelnen Terme auf der rechten Seite bedeuten wie bei DGL 1) Wärmetransport durch Konvektion, effektive Wärmeleitung, Wärmeerzeugung durch eine chemische Reaktion und Wärmetausch über eine Fläche (von links nach rechts).

*DGL 3,4,5)* Das Impulserhaltungsgesetz beschreibt die zeitliche Änderung der Geschwindigkeitsverteilung des Fluids in den drei Raumrichtungen des Reaktors:

$$\frac{\partial \vec{u}(x, y, z, t)}{\partial t} = \vec{a} - \frac{1}{\rho} \cdot grad \,(P) + grad \,\left(\frac{\eta}{\rho} \cdot div(\vec{u})\right) \qquad (6\text{-}3)$$

| | | |
|---|---|---|
| $a$ | = | Beschleunigungsvektor in m s$^{-2}$ |
| $\eta$ | = | Viskositätskoeffizient in Pa s |
| $\rho$ | = | Dichte in kg m$^{-3}$ |
| $P$ | = | Druck in Pa. |

Die Impulsbilanz (Gl. (6-3)) als eine Beziehung zwischen Vektoren, die außerdem keinen Reaktionsterm enthält, wird normalerweise in erster Näherung getrennt behandelt. Dies ist strenggenommen nur erlaubt wenn der Geschwindigkeitsgradient null ist, was nur der Fall ist, wenn sich die Stoffmenge während der Reaktion nicht ändert. Damit sind zur Reaktorauslegung vor allem die beiden Gleichungen der Massen- und Enthalpieerhaltung relevant.

Die bisher verwendete Schreibweise hat den Vorteil, dass die Formulierung nicht an ein Koordinatensystem gebunden ist. In *kartesische Koordinaten* erhält man für die *Massen- und Energiebilanz*:

$$\frac{\partial A(x, y, z, t)}{\partial t} = -\left[\frac{\partial (u_{\mathrm{x}} \cdot A)}{\partial x} + \frac{\partial (u_{\mathrm{y}} \cdot A)}{\partial y} + \frac{\partial (u_{\mathrm{z}} \cdot A)}{\partial z}\right]$$

$$+ \left[\frac{\partial}{\partial x}\left(D_{\mathrm{x}} \frac{\partial A}{\partial x}\right) + \frac{\partial}{\partial y}\left(D_{\mathrm{y}} \frac{\partial A}{\partial y}\right) + \frac{\partial}{\partial z}\left(D_{\mathrm{z}} \frac{\partial A}{\partial z}\right)\right] \qquad (6\text{-}4)$$

$$+ \nu_{\mathrm{A}} \cdot r_{\mathrm{V}} \pm \beta_{\mathrm{A}} \cdot a_{\mathrm{S}} \cdot \Delta A$$

$$\frac{\partial T(x,y,z,t)}{\partial t} = - \left[ \frac{\partial(u_x \cdot T)}{\partial x} + \frac{\partial(u_y \cdot T)}{\partial y} + \frac{\partial(u_z \cdot T)}{\partial z} \right]$$

$$+ \left[ \frac{\partial}{\partial x} \left( \frac{\lambda_x}{\rho \cdot c_P} \frac{\partial T}{\partial x} \right) + \frac{\partial}{\partial y} \left( \frac{\lambda_y}{\rho \cdot c_P} \frac{\partial T}{\partial y} \right) + \frac{\partial}{\partial z} \left( \frac{\lambda_z}{\rho \cdot c_P} \frac{\partial T}{\partial z} \right) \right]$$

$$+ \frac{r_V \cdot (-\Delta_R H)}{\rho \cdot c_P} \pm \frac{a \cdot A_W \cdot (T_W - T)}{\rho \cdot c_P \cdot V_R} \tag{6-5}$$

und entsprechend die *Massenbilanz in Zylinderkoordinaten* (Anhang 8.1):

$$\frac{\partial A(r,\theta,z,t)}{\partial t} = \left[ \frac{\partial(u_r \cdot A)}{\partial r} + \frac{1}{r} \frac{\partial(u_\theta \cdot A)}{\partial \theta} + \frac{\partial(u_z \cdot A)}{\partial z} \right]$$

$$+ \frac{1}{r} \frac{\partial}{\partial r} \left( D_r \cdot r \cdot \frac{\partial A}{\partial r} \right) + \frac{1}{r^2} \frac{\partial}{\partial \theta} \left( D_\theta \frac{\partial A}{\partial \theta} \right) + \frac{\partial}{\partial z} \left( D_z \frac{\partial A}{\partial z} \right)$$

$$+ v_A \cdot r_V \pm \beta_A \cdot a_S \cdot \Delta A, \tag{6-6}$$

bzw. wenn der Winkel $\Theta$ konstant und $D$ isotrop ist:

$$\frac{\partial A(r,z,t)}{\partial t} = - \left[ \frac{\partial(u_r \cdot A)}{\partial r} + \frac{\partial(u_z \cdot A)}{\partial z} \right] + D_r \cdot \left( \frac{1}{r} \cdot \frac{\partial A}{\partial r} + \frac{\partial^2 A}{\partial r^2} \right)$$

$$+ D_z \frac{\partial^2 A}{\partial z^2} + v_A \cdot r_V \pm \beta_A \cdot a_S \cdot \Delta A \tag{6-7}$$

Die *Energiebilanz in Zylinderkoordinaten* lautet, wenn alle Variablen symmetrisch um die Zylinderachse verteilt sind:

$$\frac{\partial T(r,z,t)}{\partial t} = - \left[ \frac{\partial(u_r \cdot T)}{\partial r} + \frac{\partial(u_z \cdot T)}{\partial z} \right] + \frac{\lambda_r}{\rho \cdot c_P} \left[ \frac{\partial^2 T}{\partial r^2} + \frac{1}{r} \frac{\partial T}{\partial r} \right]$$

$$+ \frac{\lambda_z}{\rho \cdot c_P} \frac{\partial^2 T}{\partial z^2} + \frac{r_V \cdot (-\Delta_R H)}{\rho \cdot c_P} \pm \frac{a \cdot A_W \cdot (T_W - T)}{\rho \cdot c_P \cdot V_R}. \tag{6-8}$$

Mit weiteren *Vereinfachungen*, wie der Unabhängigkeit der Geschwindigkeit und der Transportkoeffizienten vom Ort, lauten sie in eindimensionaler kartesischer Koordinatenschreibweise mit der Ortskoordinate $x$:

$$\frac{\partial A(x,t)}{\partial t} = -u \cdot \frac{\partial A}{\partial x} + D_A \cdot \frac{\partial^2 A}{\partial x^2} + v_A \cdot r_V \pm \beta_A \cdot a_S \cdot \Delta A \tag{6-9}$$

$$\frac{\partial T(x,t)}{\partial t} = -u \cdot \frac{\partial T}{\partial x} + \left(\frac{\lambda}{c_{\mathrm{p}} \cdot \rho}\right) \cdot \frac{\partial^2 T}{\partial x^2} + \left(\frac{(-\Delta_{\mathrm{R}} H)}{c_{\mathrm{p}} \cdot \rho}\right) \cdot r_{\mathrm{V}}$$

$$\pm \left(\frac{a \cdot A_{\mathrm{W}}}{V_{\mathrm{R}} \cdot c_{\mathrm{p}} \cdot \rho}\right) \cdot (T_{\mathrm{W}} - T). \tag{6-10}$$

Weitere Gleichungen, die zur Beschreibung und Auslegung eines Reaktors benötigt werden sind [Bartholomew 1994]:

- *Thermische Zustandsgleichungen* der Form $P(\rho, T)$,
  z. B. das ideale Gasgesetz:

$$P(\rho, T) = \left(\frac{R}{M}\right) \cdot \rho \cdot T. \tag{6-11}$$

$M$ = Molmasse
$R$ = 8,313 J mol$^{-1}$ K$^{-1}$.

- *Phasengleichgewichtsbeziehungen* der Form $y_i(x_i)$,
  z. B. das Raoultsche Gesetz (Kap. 7):

$$y_A = \frac{x_A \cdot P_A^0(T)}{x_A \cdot P_A^0(T) + (1 - x_A) \cdot P_B^0(T)} \tag{6-12}$$

$y_A$ = Molenbruch der Komponente A in der Gasphase
$x_A$ = Molenbruch der Komponente A in der Flüssigphase
$P_i^0(T)$ = Dampfdruck der reinen Komponente $i$ ($i$ = A oder B).

- *Reaktionsgeschwindigkeitsgleichungen* der Form $r(c_i, T, P)$

  *Mikrokinetik* (Kap. 3), z. B. Geschwindigkeitsansatz erster Ordnung oder Langmuir-Hinshelwood-Ansätze (Gl. (5-41)).

  *Makrokinetik* (Kap. 3) der Form $r_{m,mess} = \eta_{Kat} \cdot r_m$, mit dem Katalysatornutzungsgrad $\eta_{Kat}$ (Gl. (5-59)).

Das Problem der chemischen Reaktionstechnik liegt nun – ähnlich wie bei der Quantenmechanik mit der Schrödingergleichung – darin, dass sich geschlossene Lösungen für dieses über die Größen $c$, $T$ und $\vec{u}$ gekoppelte Differentialgleichungssystem nur für sehr einfache Grenzfälle, die sog. *Idealreaktoren*, angeben lassen. Bei diesen idealen Grenzfällen wird angenommen, dass das hydrodynamische Verhalten durch die Grenzfälle vollständige Rückvermischung (= kontinuierlicher Rührkessel) bzw. Pfropfenströmung (= idealer Rohrreaktor) beschrieben werden kann und die Reaktoren isotherm und isobar betrieben werden, so dass die Enthalpie- und Impulsbilanz entfällt. Weiterhin gibt es hier nur eine homogene Betriebsweise (eine Phase) und somit keine Austauschterme zwischen einzelnen Phasen. Die Auslegungsgleichungen reduzieren sich dann auf die Lösung der Massenbilanz.

## 6.2
## Ideale Reaktoren

**Idealer kontinuierlicher Rührkessel (CSTR = Continuously Stirred Tank Reactor)**
Dieser stellt das mathematisch am einfachsten zu lösende Beispiel für einen idealen
Reaktor dar. Der Bilanzraum (Abb. 6-1) kann hier über den gesamten Reaktor ausge-
dehnt werden, da dieser Typ aufgrund der Randbedingung „vollständige Rückvermischung" *gradientenfrei* ist.

Die Differentialgleichung (6-9) kann für das Reaktionsbeispiel $A \to P$ durch eine
algebraische Gleichung ersetzt werden:

$$\dot{n}_{A,0} - \dot{n}_A = \dot{V} \cdot (A_0 - A) = V_R \cdot r_V \to r_V = \frac{A_0 - A}{\tau}, \tag{6-13}$$

$\dot{V}$ = Volumenstrom (keine Änderung durch Reaktion)
$V_R$ = effektives Reaktorvolumen
$A$ = Konzentration von A in mol $L^{-1}$,

d. h. die Änderung des Molenstromes $\Delta\dot{n}_A$ des Eduktes A ist gleich der abreagierten
Stoffmenge $(V_R \cdot r_V)$.

Für eine Reaktion $n$-ter Ordnung bzgl. des Eduktes A: $\mathring{A} = -k \cdot A^n$ und der mittleren Verweilzeit $\tau = V_R/\dot{V}$ ergibt sich damit:

$$\frac{A_0 - A}{\tau} = k \cdot A^n \tag{6-14}$$

oder umgeschrieben:

$$A^n = \frac{A_0}{k\tau} \cdot \left(1 - \frac{A}{A_0}\right). \tag{6-15}$$

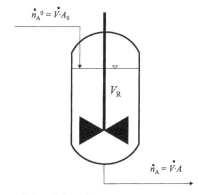

**Abb. 6-1** Der ideale kontinuierliche Rührkessel.

Für konkrete $n$ lauten die Lösungen:

$$n = 0 : \frac{A}{A_0} = 1 - \frac{k\tau}{A_0} = 1 - Da \tag{6-16}$$

$$n = 1 : \frac{A}{A_0} = \frac{1}{1 + k\tau} = \frac{1}{1 + Da} \tag{6-17}$$

$$n = 2 : \frac{A}{A_0} = \frac{1}{2 \cdot k\tau \cdot A_0} \cdot \left[ \sqrt{(4 \cdot k\tau \cdot A_0 + 1)} - 1 \right]$$

$$= \frac{1}{2 \cdot Da} \cdot \left[ \sqrt{(4 \cdot Da + 1)} - 1 \right] \tag{6-18}$$

mit der dimensionslosen Damköhlerzahl $Da = k\tau \cdot A_0^{n-1}$.

Wenn bei einer bimolekularen Reaktion von A mit B das Edukt B im Überschuss $E$ vorliegt, dann ist $B = A + E$ und Gl. (6-14) lautet dann:

$$\frac{A_0 - A}{\tau} = k \cdot A \cdot (A + E) \tag{6-19}$$

mit der Lösung:

$$\frac{A}{A_0} = \frac{1}{A_0} \cdot \left( \sqrt{\left( \frac{1}{2 \cdot k\tau} + \frac{E}{2} \right)^2 + \frac{A_0}{k\tau}} - \left( \frac{1}{2 \cdot k\tau} + \frac{E}{2} \right) \right). \tag{6-20}$$

Bei bekannter Kinetik (hier $k(T)$) kann dann der Reaktor (hier Volumen des Reaktors $V_R$) ausgelegt werden, wenn die Spezifikationen (hier Umsatz $U = (A_0 - A)/A_0$) und der Volumenstrom $\dot{V}$ vorgegeben werden.

**Ideales Strömungsrohr bzw. diskontinuierlicher Rührkessel (PFR = P̲lug F̲low R̲eactor bzw. STR = S̲tirred T̲ank R̲eactor)**
Mit Hilfe der Gleichung (6-9) und den Randbedingungen des *idealen Strömungsrohres*:

- $\vec{u} = |u| = $ konstant
- $\dfrac{\partial A}{\partial t} = 0$ (stationär) $\hspace{4cm}$ (6-21)

sowie der Annahme einer einfachen Kinetik $n$-ter Ordnung ergibt sich die Differentialgleichung:

$$0 = u \cdot \frac{dA}{dx} - k \cdot A^n, \tag{6-22}$$

mit der Lösung:

$$A = A_0 \cdot exp\,(-k\tau)\ \text{für}\ n = 1 \tag{6-23}$$

$$A = \left\{ (n-1) \cdot k\tau + A_0^{(1-n)} \right\}^{1/(1-n)}\ \text{für}\ n \neq 1, \tag{6-24}$$

wobei $\tau = L/u$ die mittlere Verweilzeit und $L$ die Länge des Rohrreaktors ist.

Wenn bei einer bimolekularen Reaktion von A mit B das Edukt B im Überschuss $E$ vorliegt, dann ist $B = A + E$ und:

$$A = \frac{A_0 \cdot E}{(A_0 + E) \cdot exp\,(E \cdot k\tau) - A_0}. \tag{6-25}$$

Die gleichen Beziehungen erhält man unter den Randbedingungen des *idealen diskontinuierlichen Rührkessels*:

- $\dfrac{\partial A}{\partial x} = 0$ (ideale Rückvermischung, d. h. keine Konzentrationsgradienten).

Einsetzen dieser Randbedingung in die allgemeine Gl. (6-9) ergibt:

$$\frac{\partial A}{\partial t} = 0 + 0 + v_A \cdot r_V. \tag{6-26}$$

Mit einer Kinetik $n$ter Ordnung erhält man die gleichen Lösungen wie oben (Gl. (6-23 bis 6-25)), nur, dass die Variable $\tau$ durch die absolute Reaktionszeit $t$ ersetzt wurde.

Man erkennt, dass Idealrohr und diskontinuierlicher Rührkessel (Batchkessel) das gleiche Verhalten aufweisen:

$$\text{Kessel}: \frac{\partial A}{\partial t} = v_A \cdot r_V \xleftarrow{u = dx/dt} \text{Rohr}: \frac{\partial A}{\partial x} = \frac{1}{u} \cdot v_A \cdot r_V, \tag{6-27}$$

d. h. ein reagierendes Volumenelement kann nicht unterscheiden, ob es sich in einem Batchkessel oder in einem idealen Rohrreaktor befindet (Voraussetzung: keine Volumenänderungen).

Eine Zusammenstellung der wichtigsten Reaktorgleichungen für einfache Kinetiken ist in Tab. 6-1 zu finden.

Bildet man das Konzentrationsverhältnis $A^{\text{Rohr}}/A^{\text{Kessel}}$ für die drei Fälle $n = (-1, 0, +1)$, so erkennt man aus Abb. 6-2 leicht, dass für den Normalfall $n > 0$ ein Rohrreaktor Vorteile gegenüber einem kontinuierlichen Rührkessel besitzt.

**Tab. 6-1** Reaktorgleichungen für die Idealreaktoren im Falle eines kinetischen Ansatzes $n$ter Ordnung.

| $n$ | Idealrohr bzw. diskonti. Rührkessel | konti. Rührkessel |
|---|---|---|
| $-1$ | $A = A_0 \cdot \sqrt{1 - \dfrac{2 \cdot k\tau}{A_0^2}}$ | $A = \dfrac{A_0}{2}\left(1 + \sqrt{1 - \dfrac{k\tau}{A_0^2}}\right)$ |
| $0$ | $A = A_0 - k\tau$ | $A = A_0 - k\tau$ |
| $0{,}5$ | $A = \left(\sqrt{A_0} - \dfrac{k\tau}{2}\right)^2$ für $\tau \prec 2\sqrt{A_0}/k$ | $A = \dfrac{1}{2}\left(2 \cdot A_0 + k^2\tau^2 - k\tau\sqrt{4 \cdot A_0 + k^2\tau^2}\right)$ |
| $1$ | $A = A_0 \cdot exp\,(-k\tau)$ | $A = \dfrac{A_0}{1 + k\tau}$ |
| $2$ | $A = \dfrac{A_0}{1 + A_0 \cdot k\tau}$ | $A = \dfrac{1}{2 \cdot k\tau} \cdot \left(\sqrt{4 \cdot k\tau \cdot A_0 + 1)} - 1\right)$ |
| $n$ | $A = \left\{(n-1) \cdot k\tau + A_0^{(1-n)}\right\}^{1/(1-n)}$ für $n \neq 1$ | $A^n = \dfrac{A_0}{k\tau} \cdot \left(1 - \dfrac{A}{A_0}\right)$ |
| $2$ mit Überschuss (E) an $B = A + E$ | $A = \dfrac{A_0 \cdot E}{(A_0 + E) \cdot exp\,(E \cdot k\tau) - A_0}$ | $\dfrac{A}{A_0} = \dfrac{1}{A_0} \cdot \left(\sqrt{\left(\dfrac{1}{2 \cdot k\tau} + \dfrac{E}{2}\right)^2 + \dfrac{A_0}{k\tau}}\right.$ $\left. -\left(\dfrac{1}{2 \cdot k\tau} + \dfrac{E}{2}\right)\right)$ |

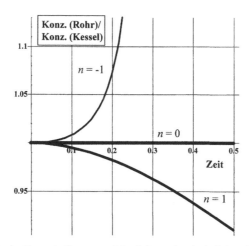

**Abb. 6-2** Verhältnis der Konzentrationen von A im Rohr- zu kontinuierlichem Kessel ($k = 1$). Für eine Reaktionsordnung $n = +1$ ist das Verhältnis immer kleiner als null, d. h. das Edukt A wird im Rohrreaktor schneller abgebaut als im Kessel. Für $n < 0$ sind die Verhältnisse genau umgekehrt. Nur im Falle einer Reaktion 0-Ordnung sind beide Reaktorarten gleichwertig.

**Ideale Rührkesselkaskade**

Diese stellt das Bindeglied zwischen dem idealen kontinuierlichen Rührkessel (Kesselzahl $N = 1$) und dem idealen Rohrreaktor ($N \to \infty$) dar. Für eine Reaktion 1. Ordnung und einer Batterie aus $N$-gleichen Kessel ergibt sich:

$$A_N = A_0 \cdot \frac{1}{(1 + k\tau)^N}. \tag{6-28}$$

## 6.3
## Reaktoren mit realem Verhalten

In der Praxis treten mehr oder weniger große Abweichungen von dem vorher beschriebenen idealen Verhalten auf. Die Größe der Abweichung und damit der erste Schritt zur Erfassung der Realität kann man bei einem gegebenen Reaktor durch die Analyse des Verweilzeitverhaltens ermitteln.

### 6.3.1
### Verweilzeitverhalten

Für das Selektivität/Umsatz-Verhalten eines chemischen Reaktors ist *nicht nur die Kinetik* der ablaufenden Reaktion entscheidend, sondern auch die Zeit, die den Reaktionspartnern für die Reaktion zur Verfügung steht, d. h. *das hydrodynamische Verhalten*. Durch die experimentelle Bestimmung des Verweilzeitverhaltens eines real existierenden Reaktors kann man die Abweichung vom idealen hydrodynamischen Verhalten *(Grenzfälle: Pfropfenströmung und vollständige Rückvermischung)* ermitteln und entscheiden, mit welchem Reaktormodell der reale Reaktor am besten beschrieben werden kann.

Das Verweilzeitverhalten kann man experimentell mit Hilfe der Verdrängungsmarkierung oder der Stoßmarkierung ermitteln, indem eine nichtreagierende Markierungssubstanz M in den Reaktorzulauf $\dot{V}$ gegeben wird. In Abb. 6-3 wird die Konzentration von M im Volumenstrom zum Reaktor zur Zeit $t = 0$ sprungartig von $M = 0$ auf $M^0$ zur Zeit $t > 0$ angehoben und der zeitliche Konzentrationsverlauf am Reaktorausgang gemessen, zum Beispiel indem man den konstanten Zulauf von Behälter *B1* (enthält VE-Wasser) auf den Behälter *B2* (enthält eine 1 %-ige $Na_2SO_4$-Lösung) durch das gleichzeitige Umstellen zweier Kugelhähne umlegt und am Ausgang die elektrische Leitfähigkeit mit einem entsprechenden Detektor (Leitfähigkeitsmesszelle Q) registriert. In der Praxis verwendet man meist radioaktive Substanzen als Marker, da sie nur in Spuren der Reaktionsmischung beigemengt werden müssen, gut nachweisbar sind und so die chemische Reaktion nicht beeinflussen.

Die erhaltene Antwortfunktion am Reaktorausgang ist die sog. *Verweilzeitsummenkurve $F(t)$*:

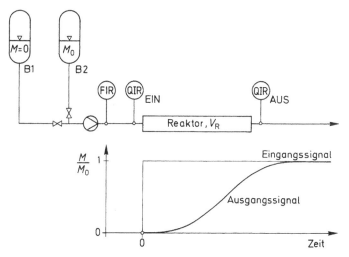

**Abb. 6-3** Beispiel für die Durchführung einer Verdrängungsmarkierung (Erläuterungen s. Text).

$$F(t) = \frac{M(t)}{M^0} \tag{6-29}$$

$F(t) = 0$ für $t = 0$

$F(t) = 1$ für $t \to \infty$.

Durch Differenzieren von $F(t)$ (dimensionslos) erhält man die *Verweilzeitverteilungs-funktion* $w(t)$ (Dimension $s^{-1}$) am Reaktorausgang

$$w(t) = \frac{dF(t)}{dt} \quad \text{bzw.} \quad F(t) = \int_0^t w(t')dt' \quad \text{mit} \quad \int_0^\infty w(t')dt' = 1, \tag{6-30}$$

die in der Literatur auch oft mit $E(t)$ abgekürzt wird [Baerns 1992]. Diese Funktion kann man auch direkt durch eine sog. Sprung- oder Stoßmarkierung messen, indem man die gesamte Markierungssubstanz innerhalb einer sehr kurzen Zeit d.h. in Form einer Diracschen-Deltafunktion:

$$\delta(t) = \infty \quad \text{für} \quad t = 0 \quad \text{und} \quad \delta(t) = 0 \quad \text{für} \quad t \neq 0 \quad \text{und} \quad \int_{-\infty}^{+\infty} \delta(t) \cdot dt = 1, \tag{6-31}$$

zugibt. Ist dies nicht möglich und muss man daher von einer realen Eingangssignal-kurve $s(t)$ ausgehen, so ergibt sich die Antwortkurve $a(t)$ durch das *Faltungsintegral*:

$$a(t) = \int_0^t s(t') \cdot w(t - t') \cdot dt'. \tag{6-32}$$

Der für die Praxis relevante Fall, nämlich die Ermittlung von $w$ aus dem vorgegebenen $s(t)$ am Reaktoreingang und dem gemessenen $a(t)$ am Reaktorausgang ist durch Entfaltung möglich. Dazu wird das obige Integral einfach durch Multiplikation der Fouriertransformierten von $s$ und $w$ ermittelt.

Aus den so erhaltenen Verweilzeitfunktionen ($F(t)$ über Verdrängungsmarkierung bzw. $w(t)$ über Stoßmarkierung) kann man die *mittlere Verweilzeit* $\tau$ berechnen:

$$\tau = \int\limits_0^\infty t \cdot w(t)dt = \int\limits_0^1 t \cdot dF(t) = \int\limits_0^\infty (1 - F(t))dt. \tag{6-33}$$

Davon zu unterscheiden ist die *hydrodynamische Verweilzeit* $\tau_H$ oder auch Raumzeit genannt, die als:

$$\tau_R = \frac{V_R}{\dot{V}_0} \tag{6-34}$$

$V_R$ = effektives Reaktorvolumen
$\dot{V}_0$ = Volumenstrom in den Reaktor

definiert ist. Unter den Annahmen:

- stationärer Betrieb
- volumenbeständige Reaktion
- der Stofftransport in und aus dem Reaktor erfolgt nur durch erzwungene Konvektion

sind beide Größen gleich ($\tau = \tau_H$).

Für die praktische Auswertung ermittelt man das Integral nummerisch, z. B. aus der Summenverteilungsfunktion nach:

$$\tau \approx \sum_i t_i \cdot \Delta F_i = \sum_i (1 - F_i) \cdot \Delta t_i. \tag{6-35}$$

Für die Streuung um den Mittelwert (Varianz) erhält man analog:

$$\sigma^2 = \int\limits_0^\infty (t - \tau)^2 \cdot w(t)dt = 2 \cdot \int\limits_0^\infty (1 - F(t)) \cdot (t - \frac{\tau}{2})dt, \tag{6-36}$$

bzw. nach der Einführung diskreter Messwerte [Baerns 1992]:

$$\sigma^2 \approx 2 \cdot \sum_i (2 - F_i) \cdot (t - \frac{\tau}{2}) \cdot \Delta t_i. \tag{6-37}$$

**6.3.2**
**Verweilzeitverhalten idealer Reaktoren** (Abb. 6-4 und Abb. 6-5)

*Idealer Rohrreaktor mit Pfropfenströmung (PFR = Plug Flow Reactor)*

$$F(t) = 0 \text{ für } t < \tau \text{ und } 1 \text{ für } t \geq \tau \tag{6-38}$$

$$w(t) = \infty \text{ für } t = \tau \text{ und } 0 \text{ sonst.} \tag{6-39}$$

*Laminares Strömungsrohr*

$$F(t) = 1 - \frac{1}{4 \cdot (t/\tau)^2} \text{ für } (t/\tau) \geq 0{,}5 \tag{6-40}$$

$$w(t) = \frac{1}{2 \cdot \tau} \cdot \frac{1}{(t/\tau)^3} . \tag{6-41}$$

*Idealer kontinuierlicher Rührkessel (CSTR = Continuously Stirred Tank Reactor)*

$$F(t) = 1 - exp\,(-t/\tau) = F(t/\tau) \tag{6-42}$$

$$w(t) = \frac{1}{\tau} \cdot exp\,(-t/\tau) = \frac{1}{\tau} \cdot w(t/\tau) . \tag{6-43}$$

**6.3.3**
**Verweilzeitverhalten realer Reaktoren**

Sind die Abweichungen nur „klein", so können diese mit dem sog. *Dispersionsmodell* (zusätzlicher Dispersionsstrom ist der Pfropfenströmung überlagert) oder *Zellenmodell* (Kaskade idealer Rührkessel) beschrieben werden. Sind die Abweichungen „größer", so ist die Berechnung nicht idealer Reaktoren im allgemeinen schwierig. Ein einfacher zu behandelnder Sonderfall liegt vor, wenn die durch den Reaktor strömenden Volumenelemente nur makroskopisch aber nicht mikroskopisch vermischt sind (segregierte Strömung). Dieser Fall lässt sich durch das *Hofmann-Schoenemann*[2]-*Verfahren* (s. unten) lösen.

**Dispersionsmodell** [Qi 2001]
Das Dispersionsmodell geht davon aus, dass die Verweilzeitverteilung eines realen Strömungsrohres näherungsweise als Folge einer Überlagerung der Pfropfenströmung, die dem idealen Strömungsrohr zugrunde liegt, durch eine diffusionsartige axiale Vermischung betrachtet werden kann. Diese axiale Vermischung wird durch einen axialen Dispersionskoeffizienten $D_{ax}$ charakterisiert, der dieselbe Dimension hat wie der molekulare Diffusionskoeffizient, jedoch viel größer sein kann als dieser. Zur axialen Vermischung können folgende Effekte beitragen:

---

**2** *Karl Schoenemann*, von *1948* bis *1966* Professor an der Technischen Hochschule Darmstadt.

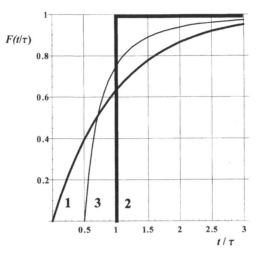

**Abb. 6-4** Verweilzeit-Summenfunktion $F(t/\tau)$ für den idealen kontinuierlichen Rührkessel (1), das ideale Strömungsrohr mit Pfropfenströmung (2) und das laminare Strömungsrohr (3). $\tau = 1$.

- die konvektive Vermischung in Strömungsrichtung, hervorgerufen durch Wirbelbildungen bzw. Turbulenzen,
- das unterschiedliche Verweilzeitverhalten von Teilchen, die sich entlang verschiedener Stromlinien bewegen, verursacht durch eine ungleichförmige Verteilung der Strömungsgeschwindigkeit über den Rohrquerschnitt,
- die allgegenwärtige molekulare Diffusion.

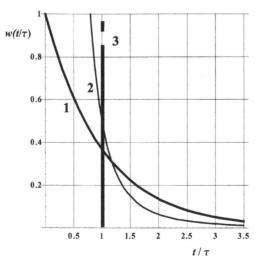

**Abb. 6-5** Verweilzeit-Verteilungsfunktion $w(t/\tau)$ für den idealen kontinuierlichen Rührkessel (1), das ideale Strömungsrohr mit Pfropfenströmung (3) und das laminare Strömungsrohr (2). $\tau = 1$.

In den meisten praktischen Fällen tritt der Einfluss der molekularen Diffusion gegenüber den ersten beiden Effekten in den Hintergrund. Die beiden ersten Effekte unterscheiden sich insofern wesentlich voneinander, als der erste eine Rückvermischung, d. h. einen Stofftransport entgegen der Strömungsrichtung unter dem Einfluss eines Konzentrationsgradienten verursachen kann; eine Rückvermischung infolge des zweiten Effektes ist dagegen unmöglich.

Die Verweilzeit-Summenfunktion für ein reales Strömungsrohr kann aus der allgemeinen Stoffbilanz unter Berücksichtigung des Dispersionsterms abgeleitet werden:

$$\frac{\partial M}{\partial t} = -u_x \cdot \frac{\partial M}{\partial x} + D_{ax} \cdot \frac{\partial^2 M}{\partial x^2} \tag{6-44}$$

$M$ = Konzentration der nichtreagierenden Markierungssubstanz.

Durch Einführung der dimensionslosen Variablen $t/\tau$ und $x/L$ sowie durch die Definition der dimensionslosen Bodensteinzahl[3] ($Bo$):

$$Bo = \frac{u_x \cdot L}{D_{ax}}, \tag{6-45}$$

erhält man folgende Differentialgleichung:

$$\frac{\partial M}{\partial(t/\tau)} = -\frac{\partial M}{\partial(x/L)} + \frac{1}{Bo} \cdot \frac{\partial^2 M}{\partial(x/L)^2}, \tag{6-46}$$

deren Lösung für einen unendlichen langen Reaktor ($L \to \infty$) lautet [Fitzer 1989]:

$$\frac{M(t/\tau)}{M^0} = F(t/\tau) = \frac{1}{2} \cdot \left[ 1 - erf\left( \frac{\sqrt{Bo}}{2} \cdot \frac{1 - (t/\tau)}{\sqrt{t/\tau}} \right) \right] \tag{6-47}$$

mit der „error function":

$$erf\,(x) = \frac{2}{\sqrt{\pi}} \cdot \int_0^x exp\left( -t^2 \right) \cdot dt. \tag{6-48}$$

Durch Differenzieren der Verweilzeit-Summenfunktion $F(t/\tau)$ (Gl. (6-30) und Gl. (6-47)) erhält man die entsprechende Verweilzeit-Verteilungsfunktion:

$$w(t/\tau) = \frac{1 + (t/\tau)}{4 \cdot (t/\tau)} \sqrt{\frac{Bo}{\pi \cdot (t/\tau)}} \cdot exp\left( -\frac{Bo \cdot [1 - (t/\tau)]^2}{4 \cdot (t/\tau)} \right). \tag{6-49}$$

---

**3** *Max E.A. Bodenstein, dtsch. Physiker (1871–1942).*

Diese Gleichung gilt für Bo-Werte $> 0$. Laminares Strömungsverhalten wird durch diese Gleichung nicht abgedeckt. In den Abb. 6-6 und 6-7 sind diese Funktionen für verschiedene Bo-Werte dargestellt.

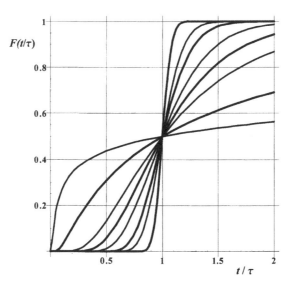

**Abb. 6-6** Verweilzeit-Summenfunktion (Gl. (6-47)) für verschiedene *Bo*-Werte (von links nach rechts: $Bo = 0,1/1/5/10/20/50/100/200$).

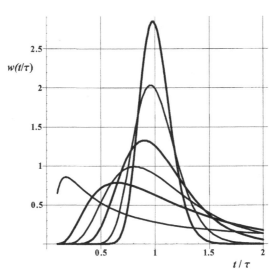

**Abb. 6-7** Verweilzeit-Verteilungsfunktion (Gl. (6-49)) für verschiedene *Bo*-Werte (von links nach rechts: $Bo = 1/5/10/20/50/100$).

Für die Grenzwerte gilt:

- $Bo \to \infty$: es liegt keine axiale Vermischung vor, d. h. das System erfüllt die Voraussetzungen des idealen Strömungsrohres.
- $Bo = 0$: es liegt vollständige Rückvermischung vor, welche für den Idealkessel charakteristisch ist.

Um die Strömung in einem realen Strömungsrohr zu beschreiben, ist aus der Schar der berechneten Verweilzeitsummen-Kurven diejenige auszusuchen, welche die experimentell ermittelte Kurve am besten wiedergibt. Aus dem Zahlenwert, der dieser ausgewählten Kurve entsprechenden *Bo*-Zahl, lässt sich das Verhalten des Systems als Reaktor abschätzen, außerdem kann man aus dem *Bo*-Wert, da $u$ und $L$ bekannt sind, $D_{ax}$ berechnen.

**Zellenmodell** (Abb. 6-8 und Abb. 6-9)
Das reale Verweilzeit-Verhalten eines Reaktors kann auch mit Hilfe einer Reaktorkaskade beschrieben werden. Als Kennzahl für das reale Verhalten dient die Anzahl der Kessel *N*. Die entsprechenden Verteilungsfunktionen lauten:

$$F(t/\tau) = 1 - \left[ \sum_{i=1}^{N} \frac{(N \cdot (t/\tau))^{i-1}}{(i-1)!} \right] \cdot exp\left(-N \cdot t/\tau\right) \tag{6-50}$$

$$w(t/\tau) = \frac{N \cdot (N \cdot t/\tau)^{N-1}}{(N-1)!} \cdot exp\left(-N \cdot t/\tau\right). \tag{6-51}$$

Dispersions- und Zellenmodell sind für den Fall, dass das Verweilzeit-Verhalten sich nur wenig vom idealen Rohreaktor unterscheidet ($Bo > 40$) ähnlich und es gilt:

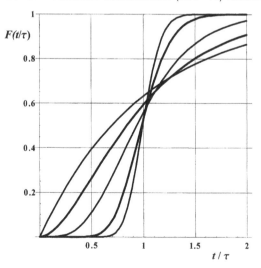

**Abb. 6-8** Verweilzeit-Summenfunktion (Gl. (6-50)) für verschiedene *N*-Werte (von links nach rechts: $N = 1/2/5/20/50$).

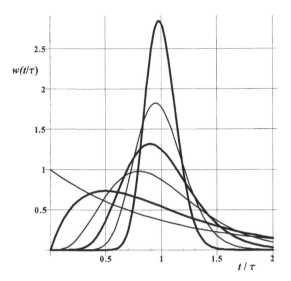

**Abb. 6-9a** Verweilzeit-Verteilungsfunktion (Gl. (6-51)) für verschiedene *N*-Werte (von links nach rechts: *N* = 1/2/5/20/50).

$$Bo \approx 2 \cdot N. \tag{6-52}$$

Andere Verteilungsfunktionen mit denen reales Verhalten approximiert werden kann sind:

**Poisson-Verteilung** (Abb. 6-9b)

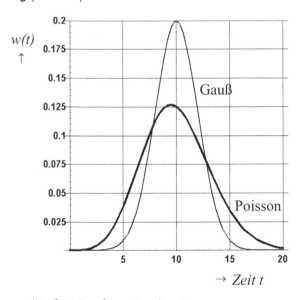

**Abb. 6-9b** Poisson und Gaußverteilung für $\tau = 10$ und $\sigma = 2$.

Nach der Poisson-Verteilung ist die Wahrscheinlichkeit $w(t)$ durch die Gleichung:

$$w(t) = \frac{\tau^t}{t!} \cdot exp(-\tau) \qquad (6\text{-}53)$$

gegeben. Dieses Gesetz ist auch für eine Vielzahl von Situationen gültig, so etwa für die Verteilung von Telefongesprächen, von Wartezeiten in Restaurants oder von Teilchenschwankungen in einem Medium gegebener Konzentration. Eine wichtige Eigenschaft der Poisson-Verteilung ist, dass $\tau$ der einzige Parameter ist, der in die Verteilung eingeht. Die Wahrscheinlichkeitsverteilung der Verweilzeit ist durch die mittlere Verweilzeit vollständig bestimmt. Das gilt nicht für die „Gauß-sche Verteilung" (s. unten), die außer dem Mittelwert $\tau$ noch die Streuung $\sigma$ enthält. Es ist charakteristisch für die Poisson-Verteilung, dass die Streuung gleich dem Mittelwert selbst ist.

**Gaußsche-Verteilung** (normierte Normalverteilung, Abb. 6-9b)

$$w(t) = \frac{1}{\sigma \cdot \sqrt{2\pi}} \cdot exp\left( -\frac{1}{2} \cdot \frac{(t-\tau)^2}{\sigma} \right) \qquad (6\text{-}54)$$

$\sigma$ = Streuung

Treten größere Abweichungen vom idealen Verhalten ein (z. B. Totwasser, Kurzschluss), so gibt es folgende Möglichkeiten das Problem zu lösen:

a) Historisch wurde das Problem von den Ingenieuren mit Hilfe der Ähnlichkeitstheorie und den daraus abgeleiteten Kennzahlen gelöst (*Buckinghamsches $\Pi$*-Theorem [Zlokarnik 2000]).
b) Heute versucht man das Differentialgleichungssystem dank leistungsstarker Rechner nummerisch zu lösen [Platzer 1996]. Dennoch setzt die Komplexität des realen Systems auch hier schnell Grenzen. Die Gründe sind, wie oben schon angedeutet, die Schwierigkeiten bei der Lösung des partiellen, nichtlinearen Differentialgleichungssystems (Gl. (6-1 bis 6-3)) und der großen Zahl der dafür notwendigen Eingabedaten, die für reale Systeme häufig nur schwer beschaffbar oder mit großen Fehlern behaftet sind.

**Hofmann[4]-Schonemann[5]-Verfahren**
Bei einer segregierten Strömung kann man sich jedes Volumenelement als einen kleinen idealen Rührkessel vorstellen, in dem die Reaktion solange abläuft, wie das Volumenelement im Reaktor verweilt. Die sich dann einstellende Konzentration berechnet sich aus:

$$A_{ende} = \int\limits_0^\infty A(t) \cdot w(t) \cdot dt \quad \text{bzw.} \quad U = 1 - \int\limits_0^\infty \frac{A(t)}{A_0} \cdot w(t) \cdot dt, \qquad (6\text{-}55)$$

---

4 *Hans Hofmann*, Prof. eme. an der Technischen Universität Karlsruhe.
5 *Karl Schoenemann*, Prof. an der Technischen Universität Darmstadt (*1900–1984*).

wobei $A(t)$ die Konzentration des Eduktes in einem satzweise, die Zeit $t$ betriebenen Rührkessel und $w(t)$ das Verweilzeitspektrum der Volumenelemente darstellt. $A(t)$ kann dabei in einem Laborreaktor gemessen werden; $w(t)$ muss im technischen Reaktor bestimmt werden. Die Gl. (6-55) kann nummerisch oder grafisch (Verfahren nach Hofmann-Schoenemann) gelöst werden.

**Beispiel 6-1** _____

*Für den idealen kontinuierlichen Rührkessel sowie einer Reaktion 1. Ordnung lauten die entsprechenden Gleichungen:*

$$A(t) = A_0 \cdot exp \; (-k \cdot t)$$

$$w(t) = \frac{1}{\tau} \cdot exp \; \left(-\frac{t}{\tau}\right).$$

*Einsetzen in Gl. (6-55) liefert nach Umformung:*

$$A_{ende} = \frac{A_0}{\tau} \int\limits_0^\infty exp \; \left\{ -\left(k + \frac{1}{\tau}\right) \cdot t \right\} dt$$

*und Integration:*

$$A_{ende} = \frac{A_0}{1 + k\tau}$$

*die bekannte Rührkesselgleichung Gl. (6-17).*

_____

## 6.4
## Nicht-isotherme Reaktoren

Die bei den idealen Reaktoren angenommene isotherme Fahrweise lässt sich bei Reaktionen mit starker Wärmetönung in technischen Reaktoren praktisch nicht realisieren, so dass für die Praxis neben der Stoffbilanz (Gl. (6-56)), die Energiebilanz (Gl. (6-57)) mit zu berücksichtigen ist:

$$\frac{\partial A(x,t)}{\partial t} = -\bar{u} \cdot \frac{\partial A}{\partial x} + D_A \cdot \frac{\partial^2 A}{\partial x^2} + v_A \cdot r_V(T) \tag{6-56}$$

$$\frac{\partial T(x,t)}{\partial t} = -\bar{u} \cdot \frac{\partial T}{\partial x} + \left(\frac{\lambda}{c_P \cdot \rho}\right) \cdot \frac{\partial^2 T}{\partial x^2} + \left(\frac{(-\Delta_R H)}{c_P \cdot \rho}\right) \cdot r_V(T)$$

$$+ \left(\frac{k_W \cdot A_W \cdot}{V_R \cdot c_P \cdot \rho}\right) \cdot (T_K - T) \tag{6-57}$$

$k_W$ = Wärmedurchgangskoeffizient in W m$^{-2}$ K$^{-1}$
$T_K$ = Kühlmitteltemperatur in K
übrige Symbole s. Gl. (6-2).

Die beiden Gleichungen sind über die Temperaturabhängigkeit der Reaktionsgeschwindigkeit $r_V(T)$ miteinander gekoppelt. Da diese Abhängigkeit normalerweise mit Hilfe des Arrhenius-Terms ausgedrückt wird, muss dieses Differentialgleichungssystem nummerische gelöst werden, da der Arrhenius-Term nicht geschlossen integriert werden kann. Im Folgenden wird die Beschreibung der wichtigsten Reaktormodelle unter Berücksichtigung einer nicht-isothermen Fahrweise an folgendem Beispiel vorgestellt:

**Beispiel 6-2** [Wang 1999] _____

Chemie: *Oxidation einer wässrigen Glucose-Lösung mit reinem Sauerstoff unter überkritischen Bedingungen [Franck 1999], d. h. homogene Fluidphase.*

- $C_6(H_2O)_6 + 6O_2 \rightarrow 6CO_2 + 6H_2O$, $\Delta_R H = konst. = -2802 \text{ kJ mol}^{-1}$

Kinetik: *Reaktion pseudo 1. Ordnung bzgl. Glucose* (A)

- $A = A_0 \exp(-kt)$
- $k(380\,°C) = 0{,}0536 \text{ s}^{-1}$
- $E_a = 91{,}3 \text{ kJ mol}^{-1}$
- $k(T) = 1{,}08\ 10^6 \exp(-91300/RT)$

Randbedingungen:

- *Ausgangstemperatur $T_0 = 380\,°C = 653$ K*
- *Druck $P = 300$ bar*
- *Ausgangskonzentration $A_0 = 1$ % ($g\,g^{-1}$) $= 11{,}11$ mol m$^{-3}$
  (mittlere Dichte 200 kg m$^{-3}$)*

Stoffdaten:

- *mittlere Dichte $\rho = 200$ kg m$^{-3}$*
- *mittlere Wärmekapazität $c_p = 6000$ J kg$^{-1}$ K$^{-1}$*

Kühlbedingungen:

- *Kühlmitteltemperatur $T_K = konst. = 380\,°C = 653$ K*
- *Wärmeübergangskoeffizient $k_W = konst. = 500$ W m$^{-2}$ K$^{-1}$*

---

**Kontinuierlicher idealer Rohrreaktor mit adiabatischer Reaktionsführung**

Unter der Berücksichtigung der Randbedingungen für einen idealen Rohrreaktor sowie der Annahme einer Reaktion 1. Ordnung ergibt sich aus den Gl. (6-56 und 57):

$$0 = -\bar{u} \cdot \frac{dA}{dx} - k(T) \cdot A \tag{6-58}$$

$$0 = -\bar{u} \cdot \frac{dT}{dx} + \left( \frac{(-\Delta_R H)}{c_p \cdot \rho} \right) \cdot k(T) \cdot A. \tag{6-59}$$

**Beispiel 6-2a** _____

*Einsetzen der obigen Beispielbedingungen ergibt bei einer angenommenen Strömungsgeschwindigkeit $u = 2\,m\,s^{-1}$:*

$$\frac{dA}{dx} = -\frac{k(T) \cdot A}{\bar{u}} = -\frac{1{,}08 \cdot 10^6 \cdot exp\,(-91300/RT) \cdot A}{2}$$

$$\frac{dT}{dx} = \frac{(-\Delta_R H)}{\rho \cdot c_P \cdot \bar{u}} \cdot k(T) \cdot A = \left(\frac{2802 \cdot 10^3}{6000 \cdot 200 \cdot 2}\right) \cdot 1{,}08 \cdot 10^6 \cdot exp\,(-91300/RT) \cdot A.$$

*Die nummerische Lösung liefert den in Abb. 6-10 dargestellten Temperaturverlauf entlang des Rohrreaktors.*

_____

Wenn man auf das Temperatur/Länge-Profil $T(x)$ verzichtet, kann man die Temperaturerhöhung als Funktion des Umsatzes durch Integration von Gl. (6-56):

$$0 = -\bar{u} \cdot \frac{dT}{dx} + \left(\frac{(-\Delta_R H)}{c_P \cdot \rho}\right) \cdot \frac{-dA}{dt} \quad \text{mit } \bar{u} = \frac{dx}{dt} \tag{6-60}$$

direkt berechnen:

$$T = T_0 + \frac{(-\Delta_R H) \cdot A_0}{c_P \cdot \rho} \cdot U. \tag{6-61}$$

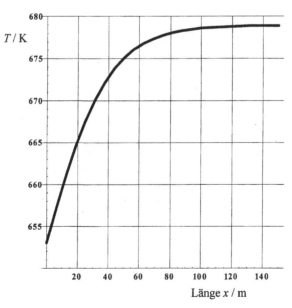

**Abb. 6-10**  Temperaturprofil in einem Rohrreaktor (Randbedingungen s. Text). Die adiabatische Temperaturerhöhung beträgt 26 °C (Gl. (6-62)).

Bei vollständigem Umsatz folgt für die adiabatische Temperaturerhöhung:

$$\Delta T_{ad} = \frac{(-\Delta_R H) \cdot A_0}{c_p \cdot \rho}. \tag{6-62}$$

### Diskontinuierlicher idealer Rührkessel mit adiabatischer Reaktionsführung

Dieser Fall ist mathematisch identisch mit obigem Fall, da man mit Hilfe der mittleren Strömungsgeschwindigkeit $\bar{u}$ die Länge $x$ in die Zeit $t$ ($dx = \bar{u}\ dt$) transformieren kann.

### Diskontinuierlicher idealer Rührkessel mit polytroper Reaktionsführung

Unter der Berücksichtigung der Randbedingungen für einen idealen diskontinuierlichen Rührkessel sowie der Annahme einer Reaktion 1. Ordnung ergibt sich aus den Gl. (5-56) und (6-57):

$$\frac{\partial A(x,t)}{\partial t} = -k(T) \cdot A \tag{6-63}$$

$$\frac{dT(x,t)}{dt} = \left( \frac{(-\Delta_R H)}{c_p \cdot \rho} \right) \cdot k(T) \cdot A + \left( \frac{k_W \cdot A_W}{V_R \cdot c_p \cdot \rho} \right) \cdot (T_W - T). \tag{6-64}$$

Wie man aus Gl. (6-64) erkennt, steigt die Wärmeabfuhr linear mit der Temperatur im Kessel (bei konstanter Kühlmitteltemperatur); die Wärmeerzeugung steigt dagegen „exponentiell" entsprechend der Arrhenius-Gleichung an (*Vorsicht!*).

### Beispiel 6-2b

*Einsetzen der Beispielbedingungen ergibt für einen 1 m³ kugelförmigen Reaktor (4,84 m²) Wärmetauschfläche):*

$$\frac{dA(x,t)}{dt} = -1{,}08 \cdot 10^6 \cdot exp\ (-91300/RT) \cdot A$$

$$\frac{dT(x,t)}{dt} = \left( \frac{2802 \cdot 10^3}{6000 \cdot 200} \right) \cdot 1{,}08 \cdot 10^6\ exp\ (-91300/RT) \cdot A$$
$$+ \left( \frac{500 \cdot 4{,}84}{1 \cdot 6000 \cdot 200} \right) \cdot (653 - T).$$

*Die nummerische Lösung liefert den in Abb. 6-11 dargestellten Temperaturverlauf $T(t)$ als Funktion der Reaktionszeit $t$.*

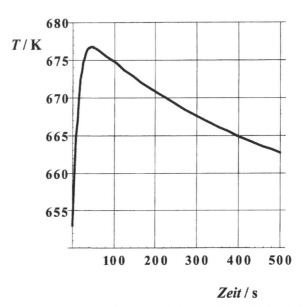

**Abb. 6-11** Zeitlicher Temperaturverlauf in einem diskontinuierlichen Rührkessel (Randbedingungen s. Text).

### Kontinuierlicher idealer Rohrreaktor mit polytroper Reaktionsführung

Dieser Fall ist mathematisch identisch mit obigem Fall, da man wieder mit Hilfe der mittleren Strömungsgeschwindigkeit $\bar{u}$ die Zeit $t$ in die Länge $x$ ($dt = \bar{u}^{-1}dx$) transformieren kann.

### Kontinuierlicher idealer Rührkessel mit polytroper Reaktionsführung

Die Behandlung dieses Falles ist mathematisch besonders einfach, da aufgrund des gradientenfreien Betriebs kein gekoppeltes Differentialgleichungssystem gelöst werden muss.

Die Stoffbilanz über den kontinuierlichen Rührkessel für eine einfache irreversible Reaktion $A \rightarrow P$ ergibt sich aus Gl. (6-14) für die folgenden Reaktionsordnungen $n$ zu:

$$n = 0: \quad U_A(T, \tau) = \frac{k(T) \cdot \tau}{A_0} \tag{6-65}$$

$$n = 1: \quad U_A(T, \tau) = \frac{k(T) \cdot \tau}{1 + k(T) \cdot \tau} \tag{6-66}$$

$$n = 2: \quad U_A(T, \tau) = 1 - \frac{1}{2k\tau \cdot A_0} \cdot \left[ \sqrt{(4 \cdot k\tau \cdot A_0 + 1)} - 1 \right]. \tag{6-67}$$

Die durch Reaktion produzierte (verbrauchte) Wärmemenge $\dot{Q}_R$ ist gleich der durch Wärmetausch mit der Umgebung $\dot{Q}_W$ und der durch Konvektion transportierten Wärmemenge $\dot{Q}_K$:

$$\dot{Q}_R = \dot{Q}_W + \dot{Q}_K. \tag{6-68}$$

Die durch die Reaktion produzierte (verbrauchte) Wärmemenge ist gleich:

$$\dot{Q}_R(T, \tau) = (-\Delta_R H) \cdot (\dot{n}_A^0 - \dot{n}_A) = (-\Delta_R H) \cdot \dot{V} \cdot A_0 \cdot U_A(T, \tau). \tag{6-69}$$

Die durch Wärmetausch mit der Umgebung ausgetauschte Wärmemenge ist gleich:

$$\dot{Q}_W(T, \tau) = k_W \cdot A_W \cdot (T - T_K) \tag{6-70}$$

$k_W$ = Wärmedurchgangskoeffizient
$A_W$ = Wärmetauschfläche
$T_K$ = Kühlmitteltemperatur (konstant).

Die durch Strömung in bzw. aus dem Reaktor ein bzw. ausgetragene Wärmemenge ist gleich:

$$\dot{Q}_K(T, \tau) = \dot{V} \cdot \rho \cdot c_P \cdot (T - T_0). \tag{6-71}$$

$T_0$ = Eintrittstemperatur

Die Lösung der Gl. (6-68) erfolgt am einfachsten grafisch durch die Bestimmung der gemeinsamen Schnittpunkte (= Betriebspunkte) der S-förmigen $\dot{Q}_R$-Kurve und der Geraden $(\dot{Q}_W + \dot{Q}_K)$ (Abb. 6-13). Ein stationärer Betriebspunkt ist dann *stabil (instabil)*, wenn die Steigung der $\dot{Q}_R$-Kurve kleiner (größer) als die Steigung der $(\dot{Q}_W + \dot{Q}_K)$-Geraden ist [Müller-Erlwein 1998, Ferino 1999].

**Beispiel 6-2c** (Abb. 6-12) _____

*Einsetzen der obigen Beispielbedingungen ergibt für einen 1 m³ kugelförmigen Reaktor (4,84 m² Wärmetauschfläche) und einen Volumenstrom von 36 m³ h⁻¹ (entsprechend 100 s Verweilzeit):*

$$U_A(T, \tau) = \frac{k(T) \cdot \tau}{1 + k(T) \cdot \tau} \text{ mit } k(T) = 1,08 \cdot 10^6 \cdot exp\,(-91300/RT). \tag{6-72}$$

*Die einzelnen Terme ergeben sich in kJ s⁻¹ zu:*

$$\dot{Q}_R(T, \tau) = (-\Delta_R H) \cdot \dot{V} \cdot A_0 \cdot U_A(T, \tau) = 2\,802\,000 \cdot 0{,}01 \cdot 11{,}11 \cdot U_A(T, \tau)$$

$$\dot{Q}_W(T, \tau) = k_W \cdot A_W \cdot (T - T_K) = 500 \cdot 4{,}84 \cdot (T - 653)$$

$$\dot{Q}_K(T, \tau) = \dot{V} \cdot \rho \cdot c_P \cdot (T - T_0) = 0{,}01 \cdot 200 \cdot 6000 \cdot (T - 653)$$

$$\dot{Q}_W(T, \tau) + \dot{Q}_K(T, \tau) = 14420 \cdot (T - 653).$$

*Aus Abb. 6-13 ergibt sich als gemeinsamer Schnittpunkt zwischen Wärmeproduktionskurve und Wärmeabfuhrkurve eine stationäre Reaktortemperatur von 672 K, was nach Abb. 6-12 einem Umsatz von 90 % entspricht.*

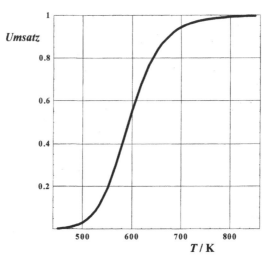

**Abb. 6-12** Umsatz als Funktion der Reaktortemperatur nach Gl. (6-72) (Erläuterungen s. Text).

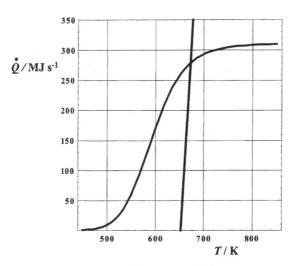

**Abb. 6-13** Wärme-Temperatur Diagramm (Erläuterungen s. Text).

# 6.5
# Ausführungsformen von Reaktoren

Die Zahl der möglichen Ausführungsformen von chemischen Reaktoren ist aufgrund der möglichen Kombinationen zwischen:

- Chargen- und Fließbetrieb
- Reaktionswärme (stark exotherm bis stark endotherm)
- Temperaturführung (adiabatisch bis isotherm)
- Raum-Zeit-Ausbeute (niedrig bis hoch)
- Reaktionsbedingungen (Druck, Temperatur, Konzentration)
- Katalysator (heterogen, homogen, bio)
- Phasen (homogen bis mehrphasig)

sehr groß. In der industriellen Praxis findet man jedoch eine überschaubare Zahl an Reaktortypen, die man z. B. nach den zu handhabenden Aggregatzuständen einteilen kann in:

- Gasphasen-Reaktoren
- Flüssigphasen-Reaktoren
- Gas/Flüssig-Reaktoren
- Gas/Fest-Reaktoren u. a.

Einen guten Überblick findet man in [Ullmann 2]. Im Folgenden sollen nur die drei wichtigsten Reaktortypen, der Rührkessel-, der Rohr- und der Wirbelschichtreaktor sowie eine neuere Entwicklung, der Mikroreaktor, näher beschrieben werden.

### Rührkesselreaktor

Der klassische Apparat für homogene flüssige Reaktionssysteme ist der Rührkessel, der vorzugsweise diskontinuierlich betrieben wird, da der kontinuierliche Betrieb bei „normalen" Reaktionskinetiken (Reaktionsordnung größer null) nachteilig ist, eine Ausnahme bildet sein Einsatz in Verbindung mit einer Kaskadenschaltung.

Für kleinere Produktionsmengen (Faustregel: kleiner 10 000 jato) und/oder ständig wechselnde Produkte hat er gegenüber dem Rohrreaktor deutliche Vorteile. Mit seiner Hilfe können sehr lange Verweilzeiten problemlos eingestellt sowie Reaktionsbedingungen wie Temperatur, $pH$-Wert oder Katalysatorkonzentration während der Reaktionszeit verändert und optimiert werden. Die Produktqualität unterliegt im Chargenbetrieb gewissen Schwankungen, so dass eine ständige Prozesskontrolle notwendig ist.

Rührkessel gibt es in einer großen Anzahl standardisierter Größen und Abmessungen (Abb. 6-14). Wenn immer möglich, wird man aus Gründen der Kostenersparnis auf die Standardabmessungen und -materialien zurückgreifen und teure Sonderanfertigungen vermeiden.

Eine der Hauptaufgaben des Rührkessels besteht im homogenisieren der zulaufenden Edukte und der Reaktionsmischung mit Hilfe eines geeigneten Rührers. Um eine homogene Reaktionsmasse im Behälter zu gewährleisten, sollte die Mischzeit höchstens 10 % der Zeitkonstante der Reaktion (Ausgangskonzentration geteilt durch die

**Abb. 6-14** Standardrührkessel nach DIN. Beispiele:

| Volumen/m$^3$ | $d_B^*$/m | Wärmeaustausch-fläche/m$^2$ | Flächen/Volumen-Verhältnis/m$^2$ m$^{-3}$ |
|---|---|---|---|
| 0,1 | 0,508 | 0,80 | 8,0 |
| 0,25 | 0,700 | 1,48 | 5,9 |
| 1,0 | 1,20 | 3,87 | 3,9 |
| 2,50 | 1,60 | 7,90 | 3,2 |
| 6,30 | 2,00 | 13,1 | 2,1 |
| 10,0 | 2,40 | 18,7 | 1,9 |
| 25,0 | 3,00 | 34,6 | 1,4 |

\* Durchmesser

Reaktionsgeschwindigkeit) sein. Neben dem Einsatz von Rührern ist es möglich den Reaktorinhalt mit Hilfe von Strahlmischern (Eindüsen der umgepumpten Flüssigkeit) und Schlaufenreaktoren durchzuführen.

Daneben spielt der Wärmeaustausch über die Kesselwand und die unter Umständen eingebauten Rohrschlangen (besonders bei größeren Kesseln) eine wesentliche Rolle bei der Reaktorauslegung. Abb. 6-15 gibt ein besonders bevorzugtes Rührkessel-Design wieder, bei welchem der Rührer durch ein Pumpe/Düse-System ersetzt ist und der Wärmetausch über einen außenliegenden Wärmetauscher erfolgt.

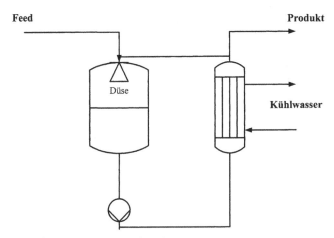

**Abb. 6-15** Beispiel für ein intelligentes Rührkessel-Design.

**Rohrreaktor**

Wegen der im Vergleich zum Rührkessel großen wärmeabführenden Wandfläche im Verhältnis zum Inhalt, ist der Rohrreaktor besonders zur Durchführung von Reaktionen mit starker Wärmetönung (exo- bzw. endotherm) geeignet.

Im allgemeinen werden Rohrreaktoren im turbulenten Strömungsbereich betrieben ($Re > 10^4$). Das Verhältnis von Rohrlänge zu Rohrdurchmesser sollte größer fünfzig betragen, um den Einfluss von Rückvermischungsvorgängen gegenüber dem konvektiven Transport durch erzwungene Strömung im Reaktor vernachlässigen zu können.

Für langsame Reaktionen, dazu gehören häufig Flüssigphasenreaktionen, ist der Einsatz von Rohrreaktoren durch die erforderlichen langen Verweilzeiten und daher niedrigen Strömungsgeschwindigkeiten begrenzt. Eine gesicherte Reaktionsführung ist bei $Re < 1000$ vor allem bei niedermolekularen Medien nicht mehr möglich. Durch Wärme- und Stoffaustausch kommt es zu Sekundärströmen, die zu einem chaotischen Reaktorverhalten führen können. In hochviskosen Medien, z. B. bei Polymerisationsreaktionen, stellt sich ein laminares Geschwindigkeitsprofil ein, dass zu einem breiten Verweilzeitspektrum (Abb. 6-5) führt. Eine gewisse Abhilfe können hier Einbauten, wie z. B. statische Mischer oder Füllkörper schaffen, die zu einem verbesserten radialen Konzentrations- und Temperaturausgleich führen.

Bei heterogen katalysierten Gasphasenreaktionen (z. B. Partialoxidationen, Dehydrierungen) werden Rohrreaktoren oft als Rohrbündelreaktoren (viele katalysatorgefüllte Rohre in Parallelschaltung) gefertigt (Abb. 6-16) [Hofmann 1979, Andrigo 1999, Adler 2000].

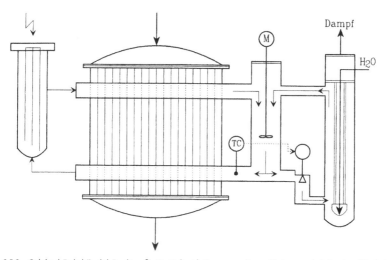

**Abb. 6-16** Salzbad-Rohrbündel-Reaktor für Partialoxidationen an einem Heterogenkatalysator. Die freiwerdende Reaktionswärme wird an ein umlaufendes Salzbad abgeführt, welches durch Kondensatverdampfung gekühlt wird.

**Wirbelschicht-Reaktor**

Unter einer Wirbelschicht versteht man eine sich bewegende Partikelschüttung, die durch ein Fluid von unten durchströmt wird, ohne dass das strömende Medium den Feststoff mitreißt. Die Verwirbelung (Vermischung) beruht auf zwei parallel verlaufenden Grundvorgängen, nämlich der Vermischung des strömenden Fluids in den Zwischenräumen und der Vermischung im gesamten Bett durch die bewegten Feststoffteilchen. Das Verweilzeitverhalten der durchströmenden Fluidphase entspricht bei schlanken Reaktoren dem eines Strömungsrohres; bei gedrungenen Reaktoren und geringerer Fluidgeschwindigkeit hat man Rührkesselverhalten.

Wirbelschichtreaktoren werden bevorzugt zur Durchführung von Reaktionen mit starker Wärmetönung (Acrylnitril-Synthese durch Ammonoxidation von Propylen, $\Delta_R H = -502$ kJ mol$^{-1}$; Melamin aus Harnstoff, $\Delta_R H = +472$ kJ mol$^{-1}$ eingesetzt, um örtliche Überhitzungen (Hot-spots) zu vermeiden. Der Wärmeübergang ist 5 bis 10mal größer als in einem Festbett. Trotz des Einsatzes von sehr kleinen Feststoffpartikeln ($< 300\,\mu m$, normalerweise 50 bis 100 $\mu m$) mit hoher spezifischer Oberfläche ist der Druckverlust im Vergleich zum Festbett sehr gering. In Abb. 6-17 ist qua-

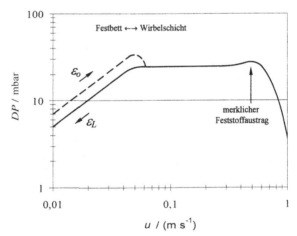

**Abb. 6-17** Verlauf des Druckverlustes $\Delta P$ über einer Partikelschüttung in Abhängigkeit von der Fluidgeschwindigkeit $u$.

Laminare Strömung ($Re_{dP} = 10$ bis 50): $\Delta P / L \propto \dfrac{(1 - \varepsilon)^2}{\varepsilon^3} \dfrac{v \cdot u}{d_p^2}$

Turbulente Strömung ($Re_{dP} > 300$): $\Delta P / L \propto (1 - \varepsilon) \cdot \dfrac{\rho \cdot u^2}{d_p}$

Wirbelschicht: $\Delta P / L \propto (1 - \varepsilon) \cdot (\gamma_{Fest} - \gamma_{Gas})$

$\varepsilon \quad = V_{leer} / V_{ges}$
$v \quad =$ kinematische Zähigkeit
$d_p \quad =$ Partikeldurchmesser
$\rho \quad =$ Dichte
$\gamma \quad =$ spezifisches Gewicht
Weitere Erläuterungen s. Text.

mit $Re_{dp} = \dfrac{u \cdot d_p \cdot \rho}{\eta}$ .

litativ der Verlauf des Druckverlustes in Abhängigkeit von der Fluidgeschwindigkeit aufgetragen. Der Druckverlust des Fluids nimmt dabei zunächst über die Höhe der Feststoffschüttung mit wachsender Geschwindigkeit zu (*Festbett-Reaktor*, $\varepsilon = 0,4$ bis 0,5) bis zum sog. Lockerungspunkt (Lockerungsgeschwindigkeit von 0,001 bis 0,1 m s$^{-1}$ bzgl. Leerrohr), an dem die Feststoffschüttung aufgelockert wird und in den Fließ-zustand (bis 0,5 m s$^{-1}$) übergeht. Bei weiterer Steigerung der Fluidgeschwindigkeit bleibt der Druckverlust annähernd konstant, während sich die gebildete Wirbel-schicht weiter ausdehnt und die Bewegung der Teilchen dabei immer heftiger wird (*Wirbelschicht-Reaktor*, $\varepsilon = 0,7$ bis 0,8) . Bei weiterer Steigerung der Fluidge-schwindigkeit werden die Feststoffpartikel mit dem Fluidstrom aus dem Reaktor aus-getragen und die Feststoffmenge im Reaktor kann nur durch Rückführung des aus-getragenen Feststoffes aufrechterhalten werden (*Riser-Reaktor*, *circulating fluidized-bed* [Contractor 1999], $\varepsilon = 0,9$ bis 0,98). Ab einer bestimmten Fluidgeschwindigkeit ge-langt man in den Bereich der pneumatischen Förderung, bei der die Feststoffpartikel ohne verweilen direkt aus dem Reaktor ausgetragen werden und der Druckverlust durch die Beschleunigung der Feststoffteilchen merklich ansteigt.

In technischen Wirbelschichtreaktoren treten oft Inhomogenitäten (Kanalbildung, Blasenbildung, stoßende Wirbelschicht), die durch das Zusammenwirken von Stau-druck und Schweredruck einerseits und Größe und Oberflächenbeschaffenheit des Feststoffes andererseits entstehen. Dabei sind schwere und unregelmäßig ge-formte, scharfkantige Partikel besonders für die Ausbildung dieser Inhomogenitäten prädestiniert.

Wirbelschichtreaktoren können im Chemiebereich bis zu 10 m Durchmesser errei-chen. Ihr Scale-up ist mit großen Risiken verbunden (Erosion an den Reaktorwänden und insbesondere an den Kühlrohren, Blasenbildung ($\rightarrow$ Stoßen), Feststoffaustrag, Feinstaubverlust, Abrieb), so dass heute die Haupteinsatzgebiete bei Synthesen mit starker Wärmetönung (z. B. Acrylnitril, Maleinsäureanhydrid, Fluid Catcrak-ken) sowie im Bereich der Wirbelschichtfeuerung liegen.

**Mikroreaktor**

Die Mikroreaktionstechnik befasst sich mit chemischen Reaktionen und Grund-operationen der Verfahrenstechnik in Komponenten und Systemen, deren charakte-ristische Abmessungen sich typischerweise vom Submillimeter- bis in den Sub-mikrometerbereich erstrecken. Da mit einer Verkleinerung der charakteristischen Abmessungen bei vorgegebenen Temperatur- und Konzentrationsunterschieden die Gradienten dieser Zustandsgrößen entsprechend ansteigen, ergeben sich in Mikroreaktionssystemen wesentlich höhere treibende Kräfte für den Stoff- und Wärmeaustausch (Abb. 6-18).

Mikroreaktoren [Wörz 2000, Wörz 2000a, GIT 1999, Ehrfeld 2000, Hessel 03] wer-den in jüngster Zeit sowohl als Produktionsreaktoren als auch als Werkzeug für die Reaktorentwicklung diskutiert. Kennzeichen eines Mikroreaktors sind Reaktionska-näle in der Größenordnung von 10 bis 100 $\mu$m, bei denen das Oberflächen zu Volu-menverhältnis (s. auch Abb. 5-9) sehr hohe Werte annimmt. Damit sind Mikroreak-toren zur Durchführung von sehr schnellen Reaktionen, die mit großen Reaktions-wärmen verbunden sind, geeignet. Dadurch können unerwünschte Hot-spots weitgehend vermieden werden. Sind Foulingprobleme zu erwarten, so ist der technische Einsatz von Mikroreaktoren in Frage gestellt.

Die ersten Mini- und Mikroreaktoren laufen bereits in der chemischen Produktion (Merck KGaA) [Felcht 2001].

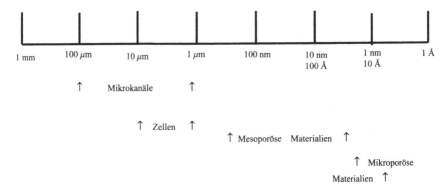

**Abb. 6-18**   Längenskala zur Orientierung [Stone 2001, Thomas 2001].

# 7
# Produktaufarbeitung
# (thermische- und mechanische Trennverfahren)

Die Trenntechnik – ein Kerngebiet der chemischen Technologie – wird in ihrer Vielfalt von kaum einem anderen Bereich erreicht. Die Trennprozesse erfordern ca. 43 % der verbrauchten Energie und 40 bis 70 % der Investitionskosten [Eissen 2002]. Thermische Trennverfahren [Sattler 1995, Schönbucher 2002] (z. B. Rektifikation) kommen ebenso zum Einsatz wie mechanische Verfahren (z. B. Filtrieren, Zerkleinern) oder chemische Reaktionen (z. B. Ionentauscher). Entsprechend umfangreich ist die Palette der eingesetzten Geräte und Hilfsstoffe, so dass im Rahmen dieses Buches nur eine kleine Auswahl präsentiert werden kann.

Die Aufarbeitung ist stark an die chemische Reaktion gekoppelt. Solange es noch erhebliche Änderungen im chemischen Bereich gibt (Katalysator, Lösungsmittelwahl u. a.), hat es wenig Sinn, sich große Gedanken über die Aufarbeitung zu machen. Erst wenn das Reaktionsgemisch einigermaßen repräsentativ anfällt, kann ein erstes Aufarbeitungskonzept erarbeitet werden. Eine generelle Vorgehensweise gibt es hier nicht. Es ist *mehr Kunst als Handwerk* und lebt von Inspiration und Erfahrung. Bewährt hat sich hier immer noch, möglichst viele erfahrene Fachleute um einen Tisch zu versammeln und regelmäßig über die Problematik zu diskutieren. Sinnvoll in diesem Zusammenhang ist das Abarbeiten eines *heuristischen Regelwerkes*, in dem die Erfahrungen aus früheren Projekten systematisch zusammengefasst wurden. Es gibt zwar heute erste Ansätze, den kollektiven Sachverstand in Expertensysteme für Aufarbeitungsstrategien zu zwängen, diese sind aber von einer allgemeinen Anwendung noch weit entfernt.

Am Ende dieser Überlegungen steht ein *Trennkonzept*, welches in die einzelnen Unitoperations zerlegt werden kann. Diese einzelnen Units können im Labor zunächst batchweise, aber auch kontinuierlich – falls genügend Menge vorhanden – auf prinzipielle Machbarkeit hin überprüft werden (Azeotropbildung?, Trennaufwand?, Lösegeschwindigkeit?, Phasentrennung? usw.). Daraus ergibt sich ein erstes Verfahrenskonzept, auf dessen Grundlage mit der eigentlichen Verfahrensentwicklung begonnen werden kann.

*Lehrbuch Chemische Technologie. Grundlagen Verfahrenstechnischer Anlagen.* G. Herbert Vogel
Copyright © 2004 WILEY-VCH Verlag GmbH & Co. KGaA, Weinheim
ISBN: 3-527-31094-0

## 7.1
# Wärmeübertragung, Verdampfung, Kondensation

Wärmeaustauscher sind neben Pumpen zahlenmäßig die häufigsten Apparate in Chemieanlagen. Sie spielen eine Rolle bei der Eduktvorbereitung, der Einstellung und Aufrechterhaltung von Reaktionsbedingungen und vor allem bei den thermischen Trennverfahren. Eine wärmetechnisch gut ausgelegte Anlage trägt erheblich zur Wirtschaftlichkeit eines Verfahrens bei. So wurden nach der zweiten Ölkrise von der chemischen Großindustrie in den 80er Jahren erhebliche Anstrengungen unternommen, Chemielangen wärmetechnisch z. B. mit Hilfe der Linnhoff-Analyse zu optimieren.

### 7.1.1
### Grundlagen

Eine Wärmeübertragung ist ein irreversibler Vorgang und erfolgt immer von einer Stelle höherer nach niedrigerer Temperatur. Die instationäre Abkühlung eines heißen Apparates folgt in erster Näherung einem einfachen *Exponentialgesetz*:

$$\Delta T(t) = \Delta T_0 \cdot exp\left(-\frac{t}{\tau}\right), \tag{7.1-1}$$

mit der Zeitkonstanten $\tau$, die von der verfügbaren Fläche, dem Wärmeübergangskoeffizienten und der Wärmekapazität abhängt. Wärmeenergie kann durch die folgenden drei Mechanismen transportiert werden:

**Wärmestrahlung**
Die Energieübertragung durch Strahlung hängt von der Temperatur ($T$), der Fläche ($A_W$) und der Struktur der Oberfläche ($\varepsilon$) entsprechend dem *Stefan[1]-Boltzmann[2]-Gesetz* ab:

$$\dot{Q}_{Strahlung} = -\sigma_s \cdot \varepsilon \cdot A_W \cdot T^4 \tag{7.1-2}$$

$\sigma_S$ = 5,670 $10^{-8}$ W m$^{-2}$ K$^{-4}$ (Stefan-Boltzmann-Konstante)
$\varepsilon$ = Emissionsgrad
(Beispiele: $Cu_{poliert}$ (100 °C) $\approx$ 0,02; $Cu_{oxidiert}$ (400 °C) $\approx$ 0,7; Eisen poliert (100 °C) $\approx$ 0,2; Eisen angerostet (20 °C) $\approx$ 0,65; Beton (20 °C) $\approx$ 0,94; Glas (20 °C) $\approx$ 0,9; Wasser (20 °C) $\approx$ 0,95).

Glänzende, polierte Metalloberflächen haben ein geringes Abstrahlungsvermögen, weil sie wenig Strahlung absorbieren; Glasapparate verlieren dagegen viel Wärme durch Abstrahlung. Daher müssen Rektifikationskolonnen in Miniplants trotz Vakuummantel verspiegelt werden, um hinreichend adiabatische Bedingungen zu erreichen.

---

1 *Josef Stefan*, österr. Physiker (*1835-1893*).
2 *Ludwig Boltzmann*, österr. Physiker (*1844-1906*).

Für die praktische Berechnung des durch Strahlung transportierten Nettowärmestroms vom Körper 2 (Fläche $A_{W2}$, höhere Temperatur $T_2$) auf den Körper 1 (Fläche $A_{W1}$, niedrigere Temperatur $T_1$) verwendet man die Gleichung:

$$\dot{Q}_{21} = \sigma_s \cdot C_{21} \cdot A_{W2} \cdot (T_2^4 - T_1^4). \tag{7.1-3}$$

Der *Strahlungsaustausch-Koeffizient* $C_{21}$ hängt von der geometrischen Anordnung der beiden Körper ab und beträgt z. B. für die Fälle:

parallele Flächen: $\quad C_{21} = \dfrac{1}{\dfrac{1}{\varepsilon_1} + \dfrac{1}{\varepsilon_2} - 1}$ $\tag{7.1-4}$

Zylinder in Zylinder: $\quad C_{21} = \dfrac{1}{\dfrac{1}{\varepsilon_2} + \dfrac{A_{W2}}{A_{W1}}\left(\dfrac{1}{\varepsilon_1} - 1\right)}$ . $\tag{7.1-5}$

**Wärmeleitung**

Der Wärmestrom durch Wärmeleitung hängt vom Temperaturgradienten und der Fläche entsprechend dem *1. Fourierschen[3] Gesetz* ab:

$$\dot{Q}_{Leitung} = -\lambda(T) \cdot A_W \cdot \frac{dT}{dx} \tag{7.1-6a}$$

$\lambda$ = Wärmeleitfähigkeitskoeffizient in W m$^{-1}$ K$^{-1}$
(Beispiele bei 20 °C: Cu = 392; Al = 221; Fe = 67; Stahl = 46; Beton = 2; Glas = 0,8; Wasser = 0,6; Luft = 0,026).

Integration über eine *ebene Wand* der Dicke $\Delta x_1$:

$$\dot{Q}_{Leitung,Wand} \cdot \int_0^{\Delta x_1} dx = \lambda \cdot A_W \int_{T_0}^{T_1} dT \tag{7.1-6b}$$

liefert als Temperaturgefälle:

$$(T_1 - T_0) = \frac{\dot{Q}_{Leitung,Wand}}{\lambda \cdot A_W} \cdot \Delta x_1. \tag{7.1-6c}$$

Für den Fall der stationären *Wärmeleitung durch eine Rohrwand* gilt unter Berücksichtigung der Zylindergeometrie:

$$\dot{Q}_{Leitung,Rohr} = -\lambda(T) \cdot (2\pi \cdot r \cdot L) \cdot \frac{dT}{dr} \tag{7.1-7a}$$

---

**3** *Jean-Baptiste Joseph Fourier*, frz. Mathematiker und Physiker (*1768-1830*).

bzw. integriert:

$$\dot{Q}_{Leitung,Rohr} = 2 \cdot \pi \cdot \lambda \cdot \frac{L}{ln\left[\frac{r_a}{r_i}\right]} \cdot (T_i - T_a). \tag{7.1-7b}$$

$r_a$ = Außenradius des Rohres
$r_i$ = Innenradius des Rohres
$L$ = Rohrlänge.

Für den praktisch wichtigen Fall der stationären *Wärmeleitung durch n parallele Schichten*, typischerweise:

- Foulingschicht innen (z. B. Cokeablagerungen), Dicke $\Delta x_i$
- Stahlmantel, Dicke $\Delta x_W$
- Foulingschicht außen (z. B. Algen), Dicke $\Delta x_a$ (Abb. 7.1-1)

ergibt sich allgemein:

$$\dot{Q}_{Leitung} = \frac{1}{\sum\limits_{i=1}^{n} \frac{\Delta x_i}{\lambda_i}} \cdot A_W \cdot (T_0 - T_n), \tag{7.1-8}$$

und für den speziellen Fall aus Abb. 7.1-1:

$$\dot{Q}_{Leitung} = \frac{1}{\frac{\Delta x_i}{\lambda_i} + \frac{\Delta x_W}{\lambda_{Stahl}} + \frac{\Delta x_a}{\lambda_a}} \cdot A_W \cdot (T_H - T_K). \tag{7.1-9}$$

**Konvektion**
Beim konvektiven Wärmetransport findet die Wärmeübertragung durch ein sich bewegendes Fluid an eine Wand statt. Erfolgt die Strömung des Fluids nur durch Auftriebskräfte, dann spricht man von *freier Konvektion*, im Gegensatz zur *erzwungenen Konvektion*, z. B. durch Pumpen oder Kompressoren. Da ein effektiver Wärmetausch nur bei turbulenter Strömung in bzw. um die Rohre möglich ist, kann man den Wärmeübergang durch ein Zweifilmmodell beschreiben, indem man den hydrodynamischen Grenzfilm der Dicke $\delta$ als Wand auffasst und einen *Wärmeübergangskoeffizienten* $a$ definiert:

$$a = \frac{\lambda_{Fluid}}{\delta(Re)}, \tag{7.1-10}$$

mit dem Wärmeleitfähigkeitskoeffizienten des entsprechenden Fluids $\lambda_{Fluid}$. Damit ergibt sich für die Beschreibung des Wärmeübergangs durch Konvektion:

$$\dot{Q}_{Konvektion} = a(Re, \lambda_{Fluid}) \cdot A_W \cdot (T_H - T_K). \tag{7.1-11}$$

Der für die Praxis wichtigste Fall der Wärmeübertragung von einem heißen Fluid (Index H) durch eine $n$-schichtige Wand auf ein kaltes Fluid (Index K) kann als Kombination von Konvektion und Leitung analog den Gl. (7.1-11) und Gl. (7.1-8) wie folgt beschrieben werden (Abb. 7.1-1a):

$$\dot{Q}_W = \frac{1}{\frac{\delta_H}{\lambda_H} + \sum_{i=1}^{n} \frac{\Delta x_i}{\lambda_i} + \frac{\delta_K}{\lambda_K}} \cdot A_W \cdot (T_H - T_K). \tag{7.1-12}$$

Mit der Einführung eines *Wärmedurchgangskoeffizienten* $k_W$ (Tab. 7.1-1):

$$\frac{1}{k_W} = \frac{\delta_H}{\lambda_H} + \sum_{i=1}^{n} \frac{\Delta x_i}{\lambda_i} + \frac{\delta_K}{\lambda_K}, \tag{7.1-13}$$

kann man vereinfacht schreiben:

$$\dot{Q}_W = k_W \cdot A_W \cdot (T_H - T_K). \tag{7.1-14}$$

Diese Gleichung ist nur für den Fall der ebenen Wand exakt. Für den technisch wichtigen Fall des Wärmedurchgangs durch Rohre (Zylindergeometrie) muss man die sich ändernde Fläche beachten. Dies geschieht durch Berücksichtigung einer gemittelten Rohrfläche $\overline{A_W}$ für den Wärmedurchgang (Abb. 7.1-1b):

$$\overline{A_W} = \frac{A_W^a - A_W^i}{\ln \frac{A_W^a}{A_W^i}} = 2\pi \cdot L \cdot \frac{r_a - r_i}{\ln \frac{r_a}{r_i}} \tag{7.1-15}$$

$$\frac{1}{k_W \cdot A_W} = \frac{\delta_H}{\lambda_H \cdot A_{WH}} + \frac{\Delta x_i}{\lambda_i \cdot A_{WH}} + \frac{\Delta x_W}{\lambda_W \cdot \overline{A_W}} + \frac{\Delta x_a}{\lambda_a \cdot A_{WK}} + \frac{\delta_K}{\lambda_K \cdot A_{WK}}. \tag{7.1-16}$$

Für die Ausrechnung des $k_W$-Wertes bzw. der $a$-Werte muss nach Gl. (7.1-10) die Dicke der hydrodynamischen Grenzschicht bekannt sein. Diese kann aber nur näherungsweise z. B. nach:

$$\delta \approx \frac{d}{\sqrt{Re}} \tag{7.1-17}$$

abgeschätzt werden. Als genauere Methode hat sich die Verwendung von Kennzahlen für den Wärmeübergang wie der:

$$(Nu)sselt^4\text{-}Zahl = \frac{a \cdot d}{\lambda} \tag{7.1-18}$$

---

[4] *Ernst Kraft Wilhelm Nusselt*, Wärmetechniker (*1882-1957*).

a)

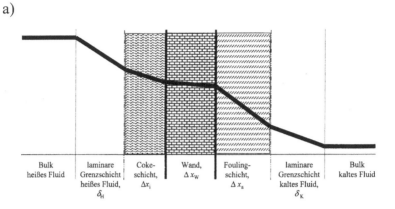

| Bulk<br>heißes Fluid | laminare<br>Grenzschicht<br>heißes Fluid,<br>$\delta_H$ | Coke-<br>schicht,<br>$\Delta x_i$ | Wand,<br>$\Delta x_W$ | Fouling-<br>schicht,<br>$\Delta x_a$ | laminare<br>Grenzschicht<br>kaltes Fluid,<br>$\delta_K$ | Bulk<br>kaltes Fluid |

b)

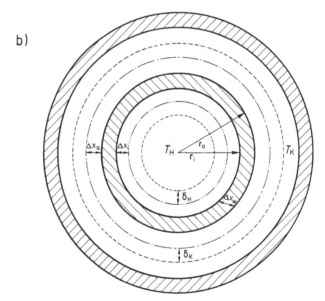

**Abb. 7.1-1**  Stationärer Wärmedurchgang von einem heißen Fluid (H) auf ein kaltes Fluid (K) a) durch drei ebene Wände (Cokeschicht innen, Stahlwand und Foulingschicht außen) b) durch drei Zylinderwände (dito).

bewährt, die sich als Funktion der

$$(Re)ynolds\text{-}Zahl = \frac{u \cdot d \cdot \rho}{\eta} \qquad (7.1\text{-}19)$$

$$(Pr)andtl^5\text{-}Zahl = \frac{c_P \cdot \eta}{\lambda} \qquad (7.1\text{-}20)$$

---

**5** *Ludwig Prandtl*, deutscher Physiker (*1875-1953*).

**Tab. 7.1-1** Überschlägige $k_W$-Werte für verschiedene Bauarten von Wärmetauschern.

| Bauart des Wärmetauschers | von | nach | überschlägiger $k_W$-Wert $\overline{W\ m^{-2}\ K^{-1}}$ |
|---|---|---|---|
| Doppelrohr- | Niederdruckgas | Niederdruckgas | 10 bis 40 |
| | Hochdruckgas | Niederdruckgas | 25 bis 60 |
| | Hochdruckgas | Hochdruckgas | 200 bis 400 |
| | Hochdruckgas | Flüssigkeit | 250 bis 600 |
| | Flüssigkeit | Flüssigkeit | 400 bis 1800 |
| Rohrbündel- | Niederdruckgas | Niederdruckgas | 5 bis 40 |
| | Hochdruckgas | Hochdruckgas | 200 bis 450 |
| | Hochdruckgas | Flüssigkeit | 250 bis 700 |
| | Stattdampf | Flüssigkeit | 500 bis 4000 |
| | Flüssigkeit | Flüssigkeit | 200 bis 1500 |
| Spiral- | Flüssigkeit | Flüssigkeit | 600 bis 2800 |
| Platten- | Kühlwasser | Gas | 25 bis 80 |
| | Flüssigkeit | Flüssigkeit | 500 bis 4000 |

$$Geometrie\text{-}Zahl = \frac{d}{L} \qquad (7.1\text{-}21)$$

ausdrücken lässt. In der Literatur sind viele empirische Gleichungen vom Typ:

$$Nu = konst. \cdot Re^n \cdot Pr^m \cdot \left(\frac{d}{L}\right)^k \qquad (7.1\text{-}22)$$

angegeben worden, mit deren Hilfe die Nusselt-Zahl und damit die entsprechenden Wärmeübergangskoeffizienten zuverlässig berechnet werden können. Im Folgenden ist ein Beispiele für eine Formel zur Berechnung des Wärmeübergangskoeffizienten bei turbulenter Strömung in längsdurchströmten glatten Rohren wiedergegeben:

$$Nu = 0,02 \cdot Re^{0,80} \cdot Pr^{0,43}. \qquad (7.1\text{-}23)$$

## 7.1.2
## Dimensionierung

Bisher wurde der Wärmeübergang an einer bestimmten Stelle $x$ (Abb. 7.1-2) eines Rohres betrachtet. Für die Dimensionierung eines Wärmetauschers muss aber der Wärmeübergang entlang des gesamten Rohres betrachtet werden, da sich die Triebkraft des Wärmeübergangs, d. h. die Temperaturdifferenz entlang des Rohres, ändert. Durch geeignete Mittelwertbildung ergibt sich für die mittlere treibende Temperaturdifferenz (Nomenklatur s. Abb. 7.1-2):

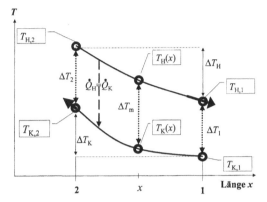

**Abb. 7.1-2** Wärmetausch entlang eines Rohres (Erläuterungen s. Text).

$$\Delta T_m = \frac{\Delta T_2 - \Delta T_1}{ln \dfrac{\Delta T_2}{\Delta T_1}} \qquad\qquad (7.1\text{-}24)$$

und damit :

$$\dot{Q} = k_W \cdot A_W \cdot \Delta T_m. \qquad\qquad (7.1\text{-}25)$$

Dies ist die Hauptgleichung für die Auslegung eines Wärmetauschers. Ist die zu übertragende Wärmemenge nach:

$$\dot{Q}_H = \dot{m}_H \cdot cp_H \cdot \Delta T_H = \dot{Q}_K = \dot{m}_K \cdot cp_K \cdot \Delta T_K \qquad\qquad (7.1\text{-}26)$$

$\dot{m}_H$ = Massenstrom in kg h$^{-1}$ des heißen Stromes
$\dot{m}_K$ = Massenstrom in kg h$^{-1}$ des kalten Stromes

festgelegt, so kann bei bekanntem $k_W$-Wert die für den Wärmetausch benötigte Fläche $A_W$ ermittelt werden. Diese muss auf die entsprechenden Rohre nach bestimmten sinnvollen Auslegungskriterien verteilt werden (s. Beispiel 7.1-1).

Ein Wärmetauscher kann im Gleich-, Gegen- oder Kreuzstrom betrieben werden (Abb. 7.1-3). In der Praxis wird jedoch nahezu ausschließlich der Gegenstrom angewendet, da er am effektivsten ist. Nur unter speziellen Randbedingungen (thermisch labile Produkte, Foulingverhalten u. a.) findet auch der Gleichstrom Verwendung. Der Kreuzstrom, eine Mischform zwischen Gleich- und Gegenstrom, der weniger effektiv als der reine Gegenstrombetrieb ist, muss bei Rohrbündelwärmetauschern aus konstruktiven Gründen zwangsläufig in Kauf genommen werden.

Die wichtigsten Bauarten von Wärmetauschern sind der Rohrbündel-, der Spiral- und der Plattenwärmetauscher (Abb. 7.1-4).

Der *Rohrbündelwärmetauscher* mit seinen verschiedenen Bauarten, ist der Standardapparat schlechthin (Abb. 7.1-4a).

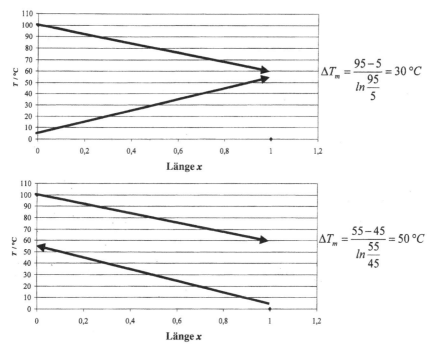

**Abb. 7.1-3** Vergleich von Gleich- und Gegenstrom.

Der *Spiralwärmetauscher* ist der ideale Gegenstromapparat. Er besteht aus zwei oder vier Blechbändern, die um ein zentrales zylindrisches Kernrohr gewickelt werden. Durch ein Mittenblech in zwei Teile unterteilt, werden jeweils, durch am Umfang befindliche Öffnungen, die Medien in die entsprechenden Spiralen eingeleitet. Auf die Spiralbleche sind Bolzen aufgeschweißt, die zum einen den Druck auf das jeweils nächste äußere Blech weiterleiten und zum anderen dafür sorgen, dass die Spiralbänder über ihre gesamte Länge einen konstanten Abstand behalten. Der beschriebene Austauschkörper wird in einen zylindrischen Mantel eingebaut, der mit entsprechenden Flanschen ausgerüstet ist (Abb. 7.1-4b).

| Vorteile | Nachteile |
|---|---|
| • idealer Gegenstrom | • aufwendige Wartung |
| • sehr kompakte Bauweise ($150 \, m^2 \, m^{-3}$), bis zu $600 \, m^2$ in einer Einheit | • schwierig zu reinigen |
| | • nicht für Hochdruck (max. 25 bar) |
| • hoher Selbstreinigungseffekt, dank der Zentrifugalkraft | |
| • hohe k-Werte wegen der hohen Turbulenz | |
| • Risiko der Vermischung ist ausgeschlossen | |
| • für hohe Temperaturen bis 400 °C geeignet | |

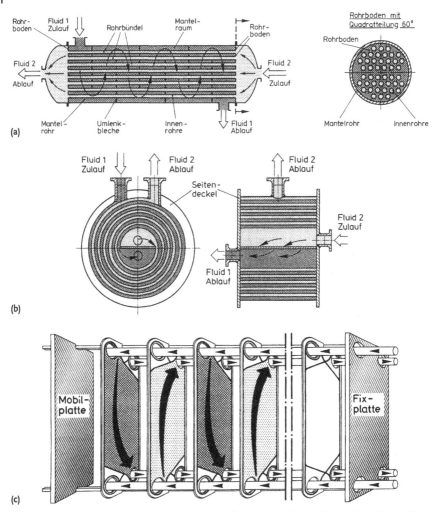

**Abb. 7.1-4** Die wichtigsten Bauarten von Wärmetauschern. a) Rohrbündel, b) Spiral, c) Plattenwärme-
rmetauscher.

Der *Plattenwärmetauscher* besteht aus einer Anzahl profilierter, kaltumgeformter Me-
tallplatten und Dichtungen. Diese werden zwischen einer feststehenden und einer
beweglichen Gestellplatte angeordnet, von Leitschienen geführt und durch außenliegende Zuganker verspannt. Der Heiß- und Kaltkreislauf werden durch elastische
Dichtungen gegeneinander sowie nach außen gedichtet. Die beiden Ströme durch-
strömen die von jeweils zwei Platten gebildeten Plattenkanäle in entgegengesetzter
Richtung (Gegenstrom) (Abb. 7.1-4c). Bei hohen Anforderungen an den Betriebsdruck und die Dichtheit werden – anstelle der gedichteten – geschweißte Ausführungen eingesetzt.

| Vorteile | Nachteile |
|---|---|
| • Kompaktheit: Große Wärmetauschfläche auf kleinem Raum | • nicht für Hochdruck geeignet (max. 50 bar) |
| • Flexibilität: Zahl und Art der Platten sind einfach zu ändern | • nicht für hohe Temperaturen geeignet (Dichtungen) |
| • einfache Wartung durch vollständige Demontierbarkeit | |
| • hohe $k$-Werte wegen hoher Turbulenz | |
| • gutes Antifoulingverhalten durch hohe Turbulenz | |
| • niedrige Kosten | |

## Auslegekriterien für Rohrbündelwärmetauscher

Die folgenden Auslegekriterien dienen zur groben Orientierung, um die mit Hilfe von Computerprogrammen (s. unten) ausgelegten Wärmetauscher auf Sinnhaftigkeit zu prüfen:

*Rohrlänge:* 1,5 bis 6 m (wenn die Rohre länger sein müssen, muss der Apparat mehrzügig gebaut werden).

*Rohrdurchmesser:* üblich sind Standardrohre mit 16, 20 oder 25 mm.

*Strömungszustand in den Rohren:* um volle Turbulenz und damit gute $\alpha$-Werte zu gewährleisten, sind Flüssigkeitsgeschwindigkeiten von 2 bis 3 m s$^{-1}$ anzustreben.

*Strömungszustand um die Rohre:* hier sind Strömungsgeschwindigkeiten von 1 bis 2,5 m s$^{-1}$ anzustreben.

Vorteil einer Auslegung mit geringeren Geschwindigkeiten:

• kleiner Druckverlust.

Vorteile einer Auslegung mit höheren Geschwindigkeiten:

• geringeres Fouling
• höhere $\alpha$-Werte.

## Beispiel 7.1-1

*Ein Volumenstrom in den Rohren (d = 20 mm) von 100 m³ h⁻¹ soll abgekühlt werden, wofür 100 m² Fläche benötigt werden. Bei einer gewählten Strömungsgeschwindigkeit in den Rohren von 2 m s⁻¹ können pro Rohr ca. 2,3 m³ h⁻¹ durchgeleitet werden (s. Gl. (4-16)), so dass 100/2,3 = 44 Rohre benötigt werden. Um die geforderte Fläche zu gewährleisten müssen die Rohre entsprechend lang sein, nämlich:*

$$A = \pi \cdot d \cdot L \cdot N = 100 \ m^2 = \pi \cdot 20 \cdot 10^{-3} \cdot L \cdot 44. \tag{7.1-27}$$

*woraus sich eine Rohrlänge von 36 m ergibt. Bei einer Standardlänge von 6 m für den Wärmetauscher ergibt sich, dass der Wärmetauscher 36/6 = 6-zügig gebaut werden muss.*

Die *Wärmeübertragung ohne Änderung des Phasenzustands* ist bei der Verfahrensentwicklung in den meisten Fällen wenig problematisch. Für die Dimensionierung der Wärmeüberträger stehen ausreichend genaue Berechnungsmethoden zur Verfügung. Kritisch und im Einzelfall gesondert zu prüfen sind die Auswirkungen von Verschmutzungen, beispielsweise produktseitig durch Polymerisatbeläge oder durch biologische Beläge bei einer Kühlung mit Flusswasser. Übliche Abhilfemaßnahmen sind glatte Oberflächen, hohe Strömungsgeschwindigkeiten von etwa 1,5 bis 5 m s$^{-1}$ und der Übergang auf unkritische Kühlmittel, beispielsweise auf Rückkühlwasser. Ferner werden in kritischen Fällen die Wärmeüberträger größer dimensioniert oder mehrfach installiert, um ohne eine Betriebsunterbrechung Reinigungsarbeiten vornehmen zu können. Durch das Fouling ändert sich der $k$-Wert in bestimmter Weise mit der Zeit (Abb. 7.1-5), was bei der Auslegung des Wärmetauschers zu berücksichtigen ist. Daher ist es im Stadium der Verfahrensentwicklung wichtig, möglichst viele Informationen über die *Foulingkinetik* zwischen Medium und Wandmaterial zu ermitteln [Scholl 1996].

Falls *thermisch empfindliche Produkte* gehandhabt werden, müssen bei der experimentellen Untersuchung spezielle Techniken angewandt werden. Da bei den kleinen Versuchsapparaten das Verhältnis von Wärmeübertragungsfläche zu Volumen stets größer ist als beim großtechnischen Apparat, liegen bei der Versuchsapparatur kleinere Temperaturdifferenzen vor als sie bei der späteren Produktionsanlage auftreten. Mögliche Produktschädigungen durch hohe Wandtemperaturen in der Großanlage könnten so bei der experimentellen Verfahrensausarbeitung unentdeckt bleiben. In solchen Fällen müssen die Versuchsapparaturen entsprechend modifiziert und mit kleineren Wärmeübertragungsflächen ausgestattet werden.

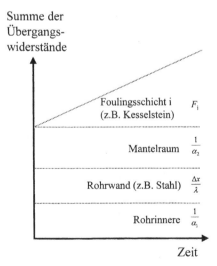

**Abb. 7.1-5** Einfluss des Foulingverhaltens auf den Gesamtwärmewiderstand.

**Beispiel 7.1-2**

*In einen Rührbehälter soll Wärme über die Behälterwand zugeführt werden. Bei einer Beheizung des gesamten Behältermantels müsste bei der kleinen Versuchsapparatur mit kleineren Temperaturdifferenzen gearbeitet werden. Durch Segmentierung des Doppelmantels lässt sich auch bei der Versuchsapparatur eine für die Großanlage repräsentative Temperaturdifferenz erzielen.*

*Verdampfer und Kondensatoren* können ebenfalls recht sicher mit den vorhandenen Berechnungsmethoden ausgelegt werden und müssen meist nicht eigens in repräsentativen Versuchsapparaturen untersucht werden.

**Verdampfer**

Versuchstechnisch am einfachsten zu realisieren sind Naturumlaufverdampfer mit Heizkerzen und Dünnschichtverdampfer mit rotierenden Wischerblättern. Wenn bei Dünnschichtverdampfern mit Wischerblättern der Brüdenstrom am unteren Ende entnommen wird, lässt sich bei geringer Einbauhöhe ein Fallstromverdampfer simulieren (Abb. 7.1-6).

Ausnahmen bilden Fälle, speziell bei Verdampfern, bei denen werkstoff-, temperatur- und verweilzeitabhängig mit Produktveränderungen zu rechnen ist. Hier ist eine experimentelle Bearbeitung zwingend. Der geeignete Apparatetyp – Naturum-

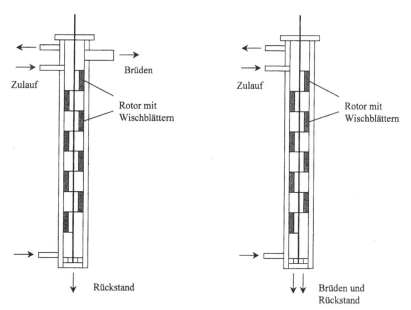

Gegenstrom-Dünnschichtverdampfer          Gleichstrom-Dünnschichtverdampfer

**Abb. 7.1-6**  Dünnschichtverdampfer im Gleich- und Gegenstrombetrieb.

lauf- oder Zwangsumlaufverdampfer, Fallfilmverdampfer (die auch bei kleinen Versuchsapparaturen eine störend große Bauhöhe von mehr als 3 m aufweisen), Dünnschichtverdampfer oder in Extremfällen Kurzwegverdampfer – ist unter Kostengesichtspunkten vorab auszuwählen und experimentell zu prüfen. Auch bei Verdampfungen, in denen eine Feststoffbildung auftritt, ist eine experimentelle Bearbeitung nicht zu umgehen, meist in Umlaufentspannungsverdampfern. Bei stark verschmutzten oder viskosen Medien können Wendelrohrverdampfer mit zylindrisch gewickelten Rohren eine günstige Lösung darstellen (Abb. 7.1-7). Bei dieser Bauart wird durch hohe Brüdengeschwindigkeiten im Bereich von etwa 100 m s$^{-1}$ und die dadurch induzierten Strömungswirbel eine gute Reinigung der Heizflächen sowie eine hohe Wärmeübertragung erzielt [Casper 1986, 1970]. Diese Bauform lässt sich gut in Versuchsanlagen testen. Im extremen Vakuum bei Drücken von < 0,1 mbar kommen Kurzwegverdampfer zum Einsatz. Kleine komplette Versuchseinheiten sind am Markt verfügbar.

Für die Vorauswahl einer wirtschaftlich günstigen mittleren Temperaturdifferenz können gelten:

- Flüssig/Flüssig          10 – 20 °C
- Gas/Flüssig              20 – 30 °C
- Gas/Gas                  50 – 80 °C
- Verdampfungen           10 – 30 °C
- Dünnschichtverdampfer   30 – 100 °C
- Tieftemperaturprozesse   2 – 10 °C.

**Kondensatoren**

Für besonders kritische Produkte, wie z. B. Monomere, haben sich direkte Abkühlungsmethoden (Quench) bewährt (Abb. 7.1-8a). Hier erfolgt die Kondensation in das eigene kalte Medium. Die Wärme wird in einem Flüssig/Flüssig-Wärmetauscher auf tieferem Temperaturniveau mit einem normalen indirekten Wärmetauscher abgeführt. Auch sind Kombinationen zwischen direkter und indirekter Wärmeabfuhr möglich, indem der Kondensator zusätzlich gequencht wird (Abb. 7.1-8b).

Wasser hat als Wärmeträger nur einen begrenzten Einsatzbereich zwischen 0 und ca. 200 °C. Sobald dieser überschritten wird, stehen eine Vielzahl *organischer Wärmeträger* auf Mineralölbasis zur Verfügung (Tab. 7.1-2). Das Produktangebot überstreicht Einsatzbereiche von − 55 bis 400 °C (bei Stickstoffüberdeckung).

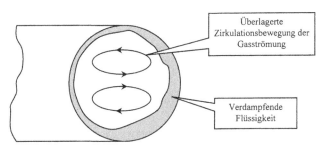

**Abb. 7.1-7**  Querschnitt durch einrn Wendelrohrverdampfer (schematisch) [Casper 1986, 1970].

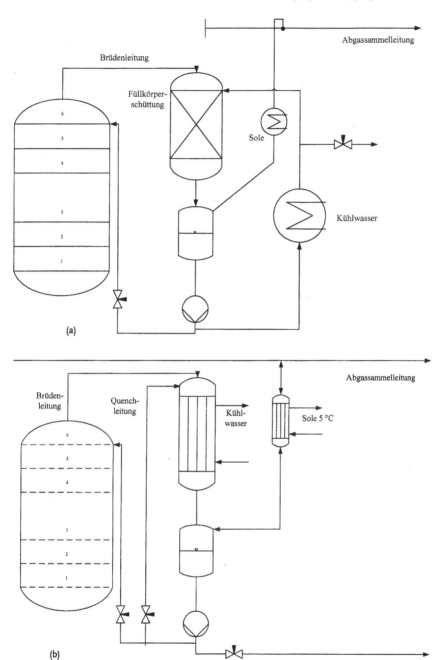

**Abb. 7.1-8** Beispiele für indirekten Wärmetausch:
a) Direkte Kühlung mit einem Umlaufquench. b) Kombination zwischen direkter und indirekter Wärme-
*rmeabfuhr.*

**Tab. 7.1-2** Anwendungstechnische Eigenschaften einiger Wärmeträger [Hänßle 1984].

| Handelsname | Hersteller | chemische Struktur | Einsatzbereich/ °C |
|---|---|---|---|
| Malotherm S | Hüls | Dibenzyltoluol | − 14 bis 350 |
| Malotherm L | Hüls | Benzyltoluole | − 55 bis 350 |
| Diphyl | Bayer | Diphenyl/Diphenyloxid | 20 bis 400 |
| Syltherm 800 | Dow Corning | Polydimethylsiloxane | − 40 bis 400 |

Ein prinzipieller Nachteil aller organischen Wärmeträger ist ihre potenzielle Brennbarkeit. *Salzschmelzen*, die von 150 bis 550 °C eingesetzt werden können, umgehen diesen Nachteil. Übliche Gemische sind [Albrecht 2000]:

- ein ternäres eutektisch schmelzendes Gemisch aus $NaNO_2$, $NaNO_3$ und $KNO_3$ (Schmelztemperatur 142 °C; Schüttdichte 1200 kg m$^{-3}$; Dichte des erstarrten Salzes 2100 kg m$^{-3}$; Wärmekapazität 1,56 kJ kg$^{-1}$ K$^{-1}$; Einsatzbereich 200 bis 500 °C).
- ein binäres Gemisch von 45 % $NaNO_2$ und 55 % $KNO_3$ (Schmelztemperatur 141 °C; Schüttdichte 1200 kg m$^{-3}$; Dichte der erstarrten Schmelze 2050 kg m$^{-3}$; Wärmekapazität 1,52 kJ kg$^{-1}$ K$^{-1}$; Einsatzbereich 200 bis 500 °C).

Der Unterschied der beiden Gemische liegt im Wesentlichen in deren Wärmeleitfähigkeit. Diese ist beim Dreistoffgemisch deutlich höher, wodurch sich eine bessere Wärmeübertragung ergibt. Aufgrund des drucklosen Betriebs können die Apparate trotz der hohen Temperatur aus üblichen Werkstoffen wie St 35.81 gefertigt werden.

## 7.2
## Destillation, Rektifikation

### 7.2.1
### Grundlagen der Gas/Flüssig-Gleichgewichte [Pfennig 2003]

Phasengleichgewichte sind eine wesentliche Grundlage vieler Verfahrensschritte in chemischen Prozessen. Quantitative Angaben für diese Gleichgewichte und Daten über die beteiligten Stoffe bilden deshalb eine notwendige Voraussetzung für die Verfahrensentwicklung und die Auslegung von Apparaten.

Die Auslegung von Trennprozessen erfolgt heute fast ausschließlich mit Hilfe von Prozesssimulatoren durch Lösung der Bilanzgleichungen. Dabei werden bei Trennprozessen neben Reinstoffdaten insbesondere zuverlässige Phasengleichgewichtsinformationen des zu trennenden Mehrkomponentensystems benötigt.

Während vor ca. 20 Jahren für die Auslegung thermischer Trennprozesse noch eine Vielzahl zeit- und kostenintensiver Technikumversuche und aufwendige Phasengleichgewichtsmessungen erforderlich waren, erlauben moderne thermodynamische Modelle (Zustandsgleichungen bzw. $G^E$-Modelle) im Falle von Nichtelektrolytsystemen eine zuverlässige Vorausberechnung des Phasengleichgewichtsverhaltens von *Multikomponentensystemen* bei *Kenntnis des Verhaltens der binären Systeme*. Daher sollen die wichtigsten Beziehungen zur Beschreibung von binären Mischungen kurz zusammengefasst werden.

Die *Grundlage* der Trennung einer binären Mischung A/B durch Destillation ist der Konzentrationsunterschied (Molenbruch) der Komponente A im Dampf ($y$) und in der Flüssigphase ($x$). Der Zusammenhang wird durch das Dampf/Flüssig-Phasengleichgewicht beschrieben (Raoultsches Gesetz[6]). *Vereinbarungsgemäß* ist die Komponente A im Folgenden immer der Leichtsieder und B der Schwersieder; zur Vereinfachung gilt weiterhin wegen $x_A + x_B = 1$ für die Flüssigphase $x_A = x$, bzw. $y_A = y$ für die Gasphase. Die Abb. 7.2-1 zeigt schematisch das entsprechende $P/T/x/y$-Phasendiagramm. Diese 3D-Darstellung veranschaulicht, dass schon für einfache Mischungen das Phasendiagramm sehr komplex aussieht. Daher arbeitet man in der Praxis bei der quantitativen Beschreibung gerne mit 2D-Darstellungen, die weiter unten kurz erläutert werden.

### 7.2.1.1
**Reinstoffe**

#### Gasphase

Das $P/V/T$-Verhalten von Gasen kann mathematisch durch thermische Zustandsgleichungen beschrieben werden [Gmehling 1992]. Die älteste und einfachste Beziehung ist das ideale Gasgesetz. Zur Beschreibung realer Gase stehen eine Reihe von Zustandsgleichungen zur Verfügung, z. B.:

*Virialgleichung*

$$P = z \cdot \frac{RT}{\overline{V}} \tag{7.2-1}$$

mit $z = 1 + B(T) \cdot P + C(T) \cdot p^2 + ...,$

mit den Virialkoeffizienten $B(T)$, $C(T)$..., die durch Potenzialfunktionen der intermolekularen Wechselwirkungskräfte beschrieben werden können.

*Kubische Zustandsgleichungen*

Diese halbempirischen Beziehungen leiten sich alle von der über 100 Jahre alten *van der Waals[7]-Gleichung* ab:

$$P = \frac{RT}{\overline{V} - b} - \frac{a}{\overline{V}^2} \tag{7.2-2}$$

mit $a = 27 \cdot b^2 \cdot P_{krit}$ und $b = \frac{RT_{krit}}{8 \cdot P_{krit}}.$

---

**6** *Francois Marie Raoult*, frz. Chemiker (*1830-1901*).
**7** *Johannes D. van der Waals*, niederl. Physiker (*1837-1923*).

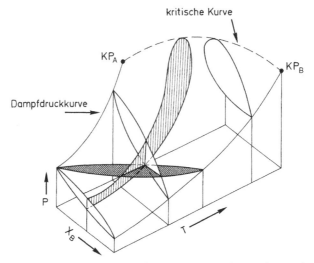

**Abb. 7.2-1** $P/T/x/y$-Phasendiagramm einer einfachen binären Mischung (schematisch) mit den drei Schnitten:

- Isotherme: $P/x$-Diagramm (hell)
- Isoplethe: $P/T$-Diagramm (schraffiert)
- Isobare: $T/x$-Diagramm (dunkel).

Eine häufig angewendete Modifikation ist die *Redlich-Kwong-Gleichung* [Gmehling 1992]:

$$P = \frac{RT}{\bar{V} - b} - \frac{a}{\sqrt{T} \cdot \bar{V} \cdot (\bar{V} + b)} \tag{7.2-3}$$

$$\text{mit } a = \frac{R^2 \cdot T_{krit}^{5/2}}{9 \cdot (\sqrt[3]{2} - 1) \cdot P_{krit}} \text{ und } b = \frac{1}{3} \cdot (\sqrt[3]{2} - 1) \cdot \frac{RT_{krit}}{P_{krit}}.$$

**Beispiel 7.2-1** _____

*Soave-Redlich-Kwong Gleichung:*

$$P = \frac{RT}{v - b} - \frac{a(T)}{v \cdot (v + b)}$$

| **Gegeben** | **Gesucht** |
|---|---|
| Wasser | Druck $P$ |

$M = 18{,}015 \text{ g mol}^{-1}$
$T_{krit} = 647{,}3 \text{ K}$
$P_{krit} = 220{,}48 \text{ bar}$
$T = 150\,°\text{C}$
$V = 0{,}5 \text{ m}^3$
$m = 1 \text{ kg}$
$P(T) = \text{Dampfdruckkurve}$

$$T_r = \frac{T}{T_{krit}} = \frac{423,2}{647,3} = 0,6538$$

$$P_r = \frac{P}{P_{krit}}$$

$$(P_r)/_{T_r=0,7} = \frac{P(0,7 \cdot T_{krit})}{P_{krit}} = \frac{P(0,7 \cdot 647,3 \ K = 180°C)}{220,48} = \frac{10}{220,48} = 0,04535$$

$$\omega = -1 - lg(P_t)/_{T_r=0,7} = -1 - lg(0,004535) = 0,343$$

$$a(T) = [1 + (0,48 + 1,574 \cdot \omega - 0,176 \cdot \omega^2) \cdot (1 - T_r^{0,5})]^2 = 1,4191$$

$$a = \frac{R^2 \cdot T_{krit}^2}{9 \cdot (2^{1/3} - 1) \cdot P_{krit}} = 0,4748 \cdot \frac{R^2 \cdot T_{krit}^2}{P_{krit}} = 0,5614$$

$$a(T) = a \cdot a(T) = 0,5614 \cdot 1,4191 = 0,7967$$

$$b = \frac{(2^{1/3} - 1)}{3} \cdot \frac{RT_{krit}}{P_{krit}} = 0,08664 \cdot \frac{RT_{krit}}{P_{krit}} = 2,1148 \cdot 10^{-5}$$

$$v = \frac{V \cdot M}{m} = 9,0075 \cdot 10^{-3}$$

$$P = \frac{RT}{v - b} - \frac{a(T)}{v \cdot (v + b)} = 3,817 \ \text{bar}$$

### Gas/Flüssig-Gleichgewicht reiner Stoffe

*Isochore: P/T-Diagramme (Dampfdruckkurve)*
In Abb. 7.2-1 sind die Dampfdruckkurven der reinen Komponenten A bzw. B bei $x_B = 0$ bzw. 1 schematisch dargestellt. Die Dampfdruckkurve der reinen Komponente A bzw. B beginnt im Tripelpunkt und endet im kritischen Punkt ($KP_A$ bzw. $KP_B$). In weiten Bereichen können sie durch die zweiparametrige *Clausius[8]-Clapeyron[9]-Gleichung* beschrieben werden:

$$P = P_0 \cdot exp\left(-\frac{\Delta_V H}{RT}\right). \tag{7.2-4}$$

Trifft die in der Ableitung getroffene Annahme einer konstanten Verdampfungsenthalpie $\Delta_V H$ nicht zu, so werden drei- oder höherparametrige Gleichungen verwendet wie z. B. die ANTOINE-Gleichung (s. auch Anhang 8.11 und Kap. 2.3.2):

$$ln \ P = A + \frac{B}{C + T}. \tag{7.2-5}$$

---

**8** *Rudolf E. Clausius, dtsch. Physiker (1822-1888).*
**9** *Benoit P. E. Clapeyron, frz. Physiker (1799-1864).*

7.2.1.2
**Binäre Mischungen** [Ghosh 1999]

Die zwei für die Auslegung von Destillationsprozessen wichtigsten Schnitte durch das $P/T/x/y$-Diagramm (Abb. 7.2-1) sind:
*Isothermen: $P/x/y$-Diagramme* (Raoultsches[10] Diagramm, Abb. 7.2-2)

$$P(x) = P_A + P_B = x \cdot P_A^0 + (1 - x) \cdot P_B^0 \qquad (7.2\text{-}6)$$

$$P(y) = \frac{P_A^0 \cdot P_B^0}{P_A^0 + (P_B^0 - P_A^0) \cdot y}. \qquad (7.2\text{-}7)$$

*Isobare: $T/x/y$-Diagramme (Siedelinse, Abb. 7.2-3)*

$$x(T) = \frac{P - P_B^0}{P_A^0 - P_B^0} \text{ Taupunktslinie} \qquad (7.2\text{-}8a)$$

$$y(T) = \frac{P_A^0}{P_A^0 - P_B^0} \cdot \left(1 - \frac{P_B^0}{P}\right) \text{ Siedelinie} \qquad (7.2\text{-}8b)$$

Für die Auslegung von Rektifikationskolonnen sind die Gleichgewichtskonzentration von Gas- und Flüssigphase bei konstantem Druck von entscheidender Bedeutung.

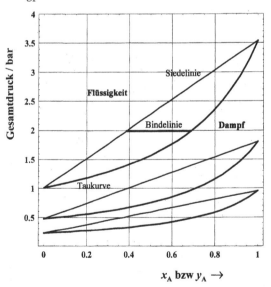

**Abb. 7.2-2** *P/x/y*-Diagramm (Gl. (7.2-6 und 7)) einer als ideal angenommenen Methanol/Wasser-Mischung bei drei verschiedenen Temperaturen (von unten nach oben: 63, 80, 100 °C).
$P_{MeOH}^0/bar = exp\,(11{,}96741 - 3626{,}55/(238{,}23 + T/\,°C))$
$P_{H2O}^0/bar = exp\,(11{,}78084 - 3887{,}20/(230{,}23 + T/\,°C)).$

---

**10** *Francois M. Raoult*, frz. Chemiker (*1830-1901*).

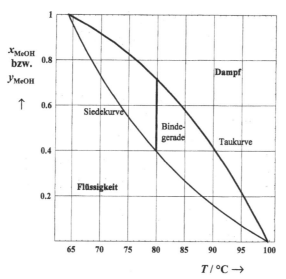

**Abb. 7.2-3** $T/x/y$-Diagramm (Gl. (7.2-8a und 8b)) einer als ideal angenommenen Methanol/Wasser-Mischung bei 1 bar Gesamtdruck mit:

$P^0_{MeOH}/bar = exp\ (11{,}96741 - 3626{,}55/(238{,}23 + T/\,^\circ C))$

$P^0_{H2O}/bar = exp\ (11{,}78084 - 3887{,}20/(230{,}23 + T/\,^\circ C))$

Das sog. *McCabe-Thiele Diagramm* (Abb. 7.2-4), basierend auf dem Raoultschen Gesetz, gibt diesen Zusammenhang wider:

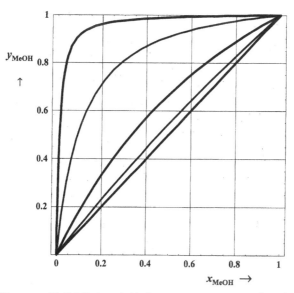

**Abb. 7.2-4** $y/x$-Diagramm (Gl. (7.2-9) einer als ideal angenommenen A/B-Mischung bei 1 bar Gesamtdruck und vier verschiedenen relativen Flüchtigkeiten (von unten nach oben: 1/1,2/2/10/100).

$$\gamma(T) = \frac{a(T) \cdot x}{1 + (a(T) - 1) \cdot x} \tag{7.2-9}$$

mit der relativen Flüchtigkeit $a(T) = P_A^0(T)/P_B^0(T)$.

### Arten von Mischungen

Ideale A/B Mischungen, die durch das Raoultsche Gesetz beschrieben werden, existieren in der Praxis nicht. In der Regel hat man es mit mehr oder weniger stark realen Mischungen zu tun. Die Abweichung vom idealisierten Verhalten wird durch entsprechende Korrekturfaktoren, sog. Aktivitäts- (Flüssigphase $\gamma$) bzw. Fugazitätskoeffizienten (Gasphase $\varphi$) berücksichtigt:

$$\gamma \cdot \varphi(x, T) \cdot P = x \cdot \gamma(x, T) \cdot P_A^0. \tag{7.2-10}$$

Die Abweichungen lassen sich außer über Aktivitätskoeffizienten $\gamma$ auch über die Exzessgrößen (Index $E$) beschreiben. Für eine $m$-Komponentenmischung gilt:

$$S^E/J\ K^{-1} = \Delta_{mix}S - \Delta_{mix}S^{id} = \Delta_{mix}S - \left(\sum_{i=1}^m n_i\right) \cdot R \cdot \sum_{i=1}^m x_i \cdot \ln x_i \tag{7.2-11}$$

$$H^E/kJ = \Delta_{mix}H - \Delta_{mix}H^{id} = \Delta_{mix}H - 0 \tag{7.2-12}$$

$$G^E/kJ = \Delta_{mix}G - \Delta_{mix}G^{id}$$

$$= \Delta_{mix}G - \left(\sum_{i=1}^m n_i\right) \cdot RT \cdot \sum_{i=1}^m x_i \cdot \ln x_i, \tag{7.2-13}$$

$$= \left(\sum_{i=1}^m n_i\right) \cdot RT \cdot \sum_{i=1}^m x_i \cdot \ln \gamma_i = RT \cdot \sum_{i=1}^m n_i \cdot \ln \gamma_1.$$

bzw. für eine binäre A/B-Mischung:

$$G^E = RT \cdot (n_A \cdot \ln \gamma_A + n_B \cdot \ln \gamma_B). \tag{7.2-14}$$

Differenzieren nach $n_A$ ergibt:

$$\ln \gamma_A = \frac{\partial\ (G^E/RT)}{\partial n_A} \cdot |_{T,P,n_B} \tag{7.2-15}$$

bzw. wegen der Gibbs-Duhemschen Beziehung:

$$x_A \cdot \frac{\partial\ \ln \gamma_A}{\partial x_A} = x_B \cdot \frac{\partial\ \ln \gamma_B}{\partial x_B} \tag{7.2-16}$$

der Aktivitätskoeffizient der Komponente B, d.h. bei Kenntnis von $G^E(n_A)$ ergibt sich der Aktivitätskoeffizient $\gamma_A$ bzw. $\gamma_B$ und umgekehrt.

Durch Messung der Dampfdruckkurve $P(x_A)$ gelingt es über die Differentialgleichung (Duhem-Margules Gleichung unter der Annahme von idealem Verhalten der Gasphase):

$$\frac{\partial P_A}{\partial x_A} = \frac{P_A \cdot (1 - x_A)}{P_A - P \cdot x_A} \cdot \frac{\partial P}{\partial x_A} \qquad (7.2\text{-}17)$$

die Dampf-Flüssigkeit-Gleichgewichtskurve zu berechnen.

Eine homogene flüssige Mischung zerfällt in zwei separate Phasen, wenn sie ihre Gibbsenergie erniedrigen kann. Die Bedingung für die Instabilität ist (Abb. 7.2-5):

$$\left( \frac{\partial^2 \Delta_{mix} G}{\delta x^2} \right)_{T,P} < 0 \qquad (7.2\text{-}18)$$

Von *athermischen Mischungen* spricht man, wenn die Mischungswärme $\Delta_{mix} H$ sehr kleine Werte annimmt, aber $S^E$ sich deutlich von null unterscheidet. Ein Beispiel sind Polymerlösungen.

Von *regulären Mischungen* spricht man, wenn $H^E$ sich deutlich von null unterscheidet, $S^E$ aber vernachlässigbar ist. Beispiele sind Mischungen von niedermolekularen stark polaren Stoffen (Nitrile/Ester).

Um eine zuverlässige Anpassung der benötigten Parameter im gesamten Konzentrations- und Temperaturbereich zu erreichen, sollte eine simultane Anpassung an alle zuverlässigen thermodynamischen Daten (Dampf/Flüssig-Gleichgewichte, azeotrope Daten, Exzessenthalpie, Aktivitätskoeffizienten, Flüssig/Flüssig-Gleichgewichte) erfolgen.

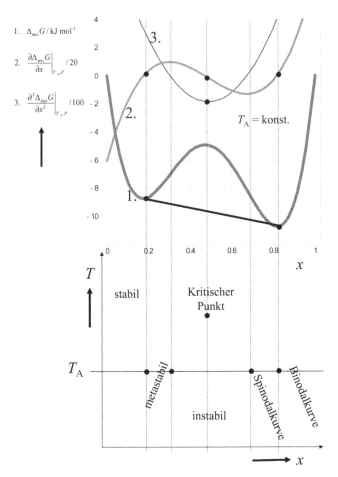

1. $\Delta_{mix}G\,/\,\mathrm{kJ\,mol^{-1}}$

2. $\left.\dfrac{\partial\Delta_{mix}G}{\partial x}\right|_{T_A,P}\,/\,20$

3. $\left.\dfrac{\partial^2\Delta_{mix}G}{\partial x^2}\right|_{T_A,P}\,/\,100$

$T_A = \mathrm{konst.}$

stabil

Kritischer Punkt

$T_A$

metastabil

instabil

Spinodalkurve

Binodalkurve

**Abb. 7.2-5** Phasenstabilität und Entmischung von binären Mischungen [Seiler 2002] ($\Delta_{mix}G\,/\,\mathrm{kJ\,mol^{-1}}$ = $448\,x^4 - 874{,}667\,x^3 + 548\,x^2 - 121{,}333\,x$ ).

Stehen keine experimentellen Daten zur Verfügung, so können *Gruppenbeitragsmethoden* wie *UNIFAC* oder *ASOG* [Ochi 1982] zur erfolgreichen Vorausberechnung des realen Verhaltens, d. h. der Aktivitätskoeffizienten eingesetzt werden. Diese Methoden wurden insbesondere zur Vorausberechnung von Dampf/Flüssig-Gleichgewichten entwickelt. Durch Modifikation der Modelle (mod. UNIFAC), Definition neuer Hauptgruppen, Einführung temperaturabhängiger Gruppenwechselwirkungsparameter und Verwendung einer breiten Datenbasis (Dortmunder Datenbank) zur simultanen Anpassung der benötigten Gruppenwechselwirkungsparameter konnte das Anwendungsgebiet enorm erweitert und die Zuverlässigkeit der Resultate der Gruppenbeitragsmethoden deutlich erhöht werden. Dabei wurde insbesondere die Beschreibung der Temperaturabhängigkeit und das Verhalten bei unendlicher Verdünnung verbessert.

Besonders erfolgversprechende Modelle konnten durch Verwendung sog. $G^E$-Mischungsregeln für kubische Zustandsgleichungen realisiert werden. Diese Modelle erlauben neben der Beschreibung bzw. Vorausberechnung des Verhaltens stark polarer Systeme auch die Berücksichtigung überkritischer Komponenten. Ein weiterer Vorteil dieser Modelle ist, dass neben Phasengleichgewichten auch andere wichtige Größen, wie Dichten und kalorische Daten direkt berechenbar sind. Die benötigten Werte von $G^E$ können dabei entweder durch Anpassung der Parameter bewährter $G^E$-Modelle (z. B. *Wilson-, NRTL-* oder *UNIQUAC-*Gleichung) an experimentelle Phasengleichgewichtsdaten oder mit Hilfe von Gruppenbeitragsmethoden (z. B. UNIFAC) erhalten werden.

### 7.2.2
### Einstufige Verdampfung

Mit Hilfe einer kontinuierlichen, einstufigen, geschlossenen Verdampfung einer A/B-Mischung kann entsprechend ihres Gas/Flüssig-Gleichgewichtes, der Leichtsieder A in der Dampfphase angereichert werden (Abb. 7.2-6). Erfolgt die Verdampfung unter adiabatischen Bedingungen, so spricht man von einer Flashverdampfung.

Die Auslegung erfolgt durch Gleichsetzen der Massenbilanzbeziehung (Hebelgesetz):

$$D \cdot (y - x_0) = F \cdot (x_0 - x) \rightarrow y = -\frac{F}{D} \cdot x + \left(\frac{F}{D} + 1\right) \cdot x_0 \qquad (7.2-19)$$

mit einer gegebenen Dampf/Flüssig-Gleichgewichtsbeziehung (z. B. Gl. (7.2-9)). Die Lösung des nichtlinearen Gleichungssystems kann z. B. grafisch oder nummerisch erfolgen (Abb. 7.2-7).

### Beispiel 7.2-1 _____

*Für ein gegebenes F/D-Verhältnis von eins und einer Eingangskonzentration von $x_0 = 0,5$ kann bei bekanntem $\alpha$ von fünf sowie konstantem Druck das Gleichungssystem (Gl. (7.2-19) und Gl. (7.2-9)):*

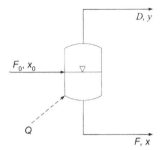

**Abb. 7.2-6** Kontinuierliche, einstufige, geschlossene Verdampfung.

$$y = -1 \cdot x + 1$$

$$y_{gl} = y(T) = \frac{5 \cdot x}{1 + 4 \cdot x}$$

*aufgestellt werden. Durch grafische oder nummerische Lösung ergibt sich die Dampf- und Sumpfzusammensetzung zu* $x = 0{,}31$ *und* $y = 0{,}69$, *d. h. es hat eine Anreicherung von A im Kopfprodukt von 0,50 auf 0,69 stattgefunden (Abb. 7.2-8).*

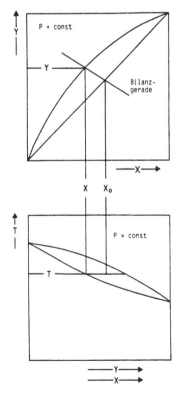

**Abb. 7.2-7** Ermittlung der Gleichgewichtszusammensetzung von Dampf- und Flüssigphase sowie der Temperatur bei vorgegebenem Teilungsverhältnis *F/D* und dem Druck *P*.

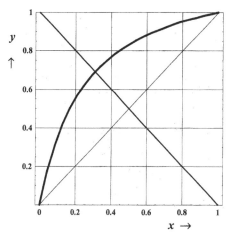

**Abb. 7.2-8**   Grafische Lösung des Gleichungssystems aus Beispiel 7.2-1.

### 7.2.3
### Mehrstufige Verdampfung (Rektifikation)

Die einfache kontinuierliche Verdampfung führt nur in Fällen sehr großer Siede-
punktsdifferenzen zu guten Trennungen (s. Beispiel 7.2-1). Eine wesentliche Verbesserung erhält man durch die Rektifikation, bei der Dampf und Flüssigkeit im Gegenstrom geführt werden (*gekoppelte Verdampfung und Kondensation*, Abb. 7.2-9). Die von
oben kommende Flüssigkeit gibt an den von unten kommenden Dampf den Leichtsieder A ab, während der entgegengesetzt strömende Dampf den Hochsieder B an die
Flüssigkeit abgibt. Um diesen Gegenstrom zu erzeugen muss im Kolonnensumpf
Dampf erzeugt werden und auf den Kolonnenkopf Flüssigkeit (normalerweise Kon-
densat vom obersten Boden) aufgegeben werden. In den einzelnen Trennstufen (Böden) der Kolonne findet ein intensiver Stoffaustausch zwischen Dampf und Flüssigkeit statt.

Für die Trennung des Flüssigkeitszulaufes $M$ (Zusammensetzung $x_M$) in zwei
Ströme der Zusammensetzung $x_E$ (Erzeugnis, Destillat) und $x_A$ (Sumpfablauf)
kann mit Hilfe des historischen *McCabe-Thiele*[11]-*Verfahrens* die erforderliche Zahl
der theoretischen Stufen auf grafische Art ermittelt werden, da früher keine Compu-
ter zur Verfügung standen, um solch umfangreiche Gleichungssysteme aus Massenbilanzen und Gleichgewichtsbeziehungen zu lösen. Dieses Verfahren hat für die Praxis keine Bedeutung mehr, es eignet sich aber als didaktisches Hilfsmittel hervor-
ragend, um das Grundprinzip der Rektifikation zu verstehen.

*Annahmen für die Anwendung des McCabe-Thiele-Verfahrens:*

• Die Kolonne besteht aus theoretischen Stufen, d. h. auf jedem Boden herrscht
  Gleichgewicht.

---

**11** *L. McCabe* und *E. W. Thiele.*

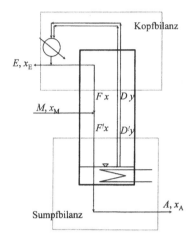

**Abb. 7.2-9**   Schema einer Rektifikationskolonne mit den Strömen: $M$ = Zulauf, $E$ = Erzeugnis, $A$ = Ablauf; Es bedeutet: $F$ = Flüssigkeit, $D$ = Dampf.

- Der Dampf ($D$ in mol/Zeit)- und der Flüssigkeitsstoffstrom ($F$ in mol/Zeit) sind jeweils im Verstärkung- und im Abtriebsteil konstant (Voraussetzung: die molaren Verdampfungsenthalpien von A und B sind nahezu gleich und es herrschen adiabatische Bedingungen).
- Die Brüden werden total bei Siedetemperatur kondensiert und der Rücklauf geht flüssig siedend auf den Kopf der Kolonne zurück.
- Der Druckabfall in der Kolonne ist vernachlässigbar klein.

Die *Projektierung* wird wie folgt durchgeführt:

Wie bereits bei der Verdampfung gezeigt, werden die *Bilanzbeziehungen* für den Auftriebs- und den Abtriebsteil aufgestellt (Abb. 7.2-9):

Gesamtmassenbilanz um den *Auftriebsteil*

$$D = E + F \tag{7.2-20}$$

Leichtsiederbilanz A um den Auftriebstei

$$D \cdot y = E \cdot x_E + F \cdot x \tag{7.2-21}$$

$$y = \frac{F}{D} \cdot x + \frac{E}{D} \cdot x_E. \tag{7.2-22}$$

Mit dem Rücklaufverhältnis $v = F/E$ erhält man die *Bilanzgerade für den Auftriebsteil* zu:

$$y = \frac{v}{v+1} \cdot x + \frac{1}{v+1} \cdot x_E. \tag{7.2-23}$$

Diese Gleichung liefert für $x = x_E$ den Wert $y = x_E$ und für $x = 0$ den Ausdruck $y = x_E/(v+1)$ (Abb. 7.2-10).

Ein analoges Vorgehen für den *Abtriebsteil* gibt unter der Voraussetzung, dass der Zulauf $M$ flüssig siedend, d. h. $M + F = F^!$, erfolgt:

Gesamtmassenbilanz um den Abtriebsteil

$$F^! = D^! + A \qquad\qquad (7.2\text{-}24)$$

Leichtsiederbilanz A um den Abtriebsteil

$$F^! \cdot x = D^! \cdot y + A \cdot x_A \qquad\qquad (7.2\text{-}25)$$

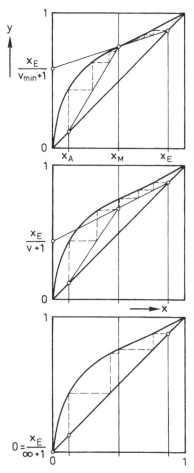

**Abb. 7.2-10** Verlauf der Bilanzgeraden und Treppenkonstruktion: a) minimales Rücklaufverhältnis, unendliche Bodenzahl, b) endliches Rücklaufverhältnis bzw. endliche Bodenzahl, c) totaler Rücklauf, minimale Bodenzahl.

$$y = \frac{F^!}{D^!} \cdot x - \frac{A}{D^!} \cdot x_A. \tag{7.2-26}$$

Mit der Totalbilanz um die gesamte Kolonne $M = E + A$ und der Definition des Zulaufverhältnisses $u = M/E$ folgt für die *Bilanzgerade des Abtriebsteils*:

$$y = \frac{v + u}{v + 1} \cdot x - \frac{u - 1}{v + 1} \cdot x_A. \tag{7.2-27}$$

Diese Gleichung liefert für $x = x_A$ den Wert $y = x_A$ (Abb. 7.2-10).

Der Schnittpunkt der beiden Geraden liegt, wie man durch Gleichsetzen einfach zeigen kann, bei:

$$x_{Schnittp.} = \frac{x_E + (u - 1) \cdot x_A}{u}. \tag{7.2-28}$$

Dieser Schnittpunkt liegt unter den gemachten Vorraussetzungen (Zulauf flüssig siedend) an der Stelle $x = x_M$ (Abb. 7.2-10). Für überhitzte oder unterkühlte Zuläufe ergibt sich:

$$y = \frac{q}{q - q} \cdot x + \frac{1}{q - 1} \cdot x_M \tag{7.2-29}$$

mit

$$q = \frac{H_D - H_M}{H_D - h_F} \tag{7.2-30}$$

$H_D$ = Enthalpie des Dampfes
$h_F$ = Enthalpie der Flüssigkeit
$H_M$ = Enthalpie des Zulaufes.

Danach werden die Bilanzgeraden sukzessive mit der Gleichgewichtskurve geschnitten (Abb. 7.2-10). Die Zahl der für die Trennung erforderlichen theoretischen Stufen ergibt sich aus der Zahl der auf der Gleichgewichtskurve liegenden Punkte einer Treppenkonstruktion zwischen Verstärkungsgerade und Gleichgewichtskurve von $x_E$ bis $x_M$ und zwischen der Abtriebsgeraden und Gleichgewichtskurve von $x_A$ bis $x_M$. Die unterste Stufe ist die Verdampferstufe. Die eigentliche Stufenzahl der Kolonne ist somit um eins vermindert.

Das Rücklaufverhältnis $v$ kann von einer unteren Grenze $v_{min}$ bis zu $\infty$ gewählt werden:

- Eine Grenze zur Lösung der Trennaufgabe besteht darin, die Zahl der theoretischen Stufen $N_{theo}$ auf $\infty$ anzuheben. Dies ist der Fall, wenn die Verstärkungsgerade die Gleichgewichtgerade bei $x_M$ schneidet. Aus dem Ordinatenabschnitt der Verstärkungsgeraden $(x_E/(v_{min} + 1))$ kann dann $v_{min}$ berechnet werden (Abb. 7.2-10a).

- Für *v gegen* ∞ wird die Verstärkungsgerade mit $y = x$ zur Diagonalen. In diesem Fall kommt man, wie die Treppenkonstruktion zeigt, mit der *geringsten Bodenzahl* (Abb. 7.2-10c) aus.

Führt man für verschiedene $v > v_{min}$ die Ermittlung der theoretischen Stufenzahl durch, so erhält man für jede gegebene Trennaufgabe eine Beziehung zwischen der Zahl der theoretischen Stufen und des Rücklaufverhältnisses (Abb. 7.2-10b), das *N/v-Diagramm* (Abb. 7.2-11).

Mit der Zahl der Trennstufen steigen die Investitionskosten der Kolonne und damit die Abschreibung; mit zunehmendem Rücklaufverhältnis steigen die Betriebskosten für Verdampfung und Kondensation, aber auch die Investitionskosten für die Verdampfungs- und Kondensationseinrichtungen. Diese Wirtschaftlichkeitsbetrachtung liefert das *optimale Rücklaufverhältnis*. In vielen Fällen gilt die Faustformel:

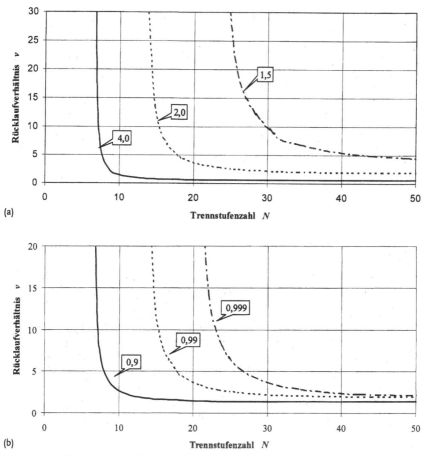

**Abb. 7.2-11** *N/v*-Diagramm. a) Kurvenparameter ist die relative Flüchtigkeit $\alpha$ (1,5/2,0/4,0), b) Kurvenparameter ist die Trennausbeute $\sigma$ (0,9/0,99/0,999).

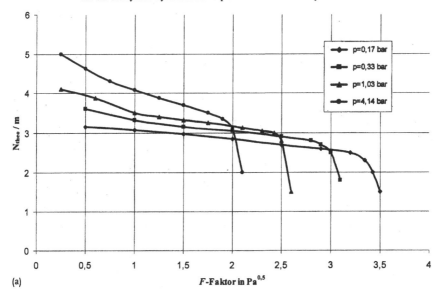

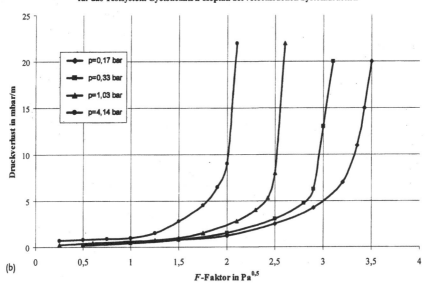

**Abb. 7.2-12** a) Trennleistung im System Cyclohexan/n-Heptan bei vier verschiedenen Systemdrücken in *Zahl der theoretischen Stufen pro Meter* als Funktion des *F*-Faktors einer regelmäßigen Stoffaustausch-packung (Montz-Pak B1-350M), b) dito für den Druckverlust.

$$v_{opt} \approx 1,2 \text{ bis } 2v_{min}. \tag{7.2-31}$$

Aus dem optimalen Rücklaufverhältnis ergibt sich die theoretische Stufenzahl $N$ und mit dem Bodenwirkungsgrad:

$$\eta = \frac{N_{theo}}{N_{prakt}}, \tag{7.2-32}$$

die praktische Bodenzahl und darüber die *Höhe der Kolonne*.

Der *Kolonnendurchmesser* folgt aus hydrodynamischen Überlegungen und ist abhängig von der Art der Trenneinbauten. Primär erfolgt die Auslegung über den Dampfbelastungsfaktor (*F*-Faktor). Bei hohen Flüssigkeitsbelastungen (Druckkolonnen) verringert sich der zulässige *F*-Faktor. Von den Herstellern der Kolonneneinbauten werden die benötigten Auslegungsunterlagen bereitgestellt (Abb. 7.2-12). Als Standardwerte merke man sich *F*-Faktoren von:

- 2 bis 2,5 $Pa^{0,5}$ für geordnete Packungen,
- 1,5 bis 2,0 $Pa^{0,5}$ für Füllkörper und
- 1,2 bis 1,8 $Pa^{0,5}$ für Bodenkolonnen.

### 7.2.4
### Entwurf von Destillationsanlagen

Die Rektifikation stellt das in der chemischen Industrie mit Abstand *häufigste Trennverfahren* dar. Es zeichnet sich durch eine robuste, wenig störanfällige Technologie und vergleichsweise niedrige Investitionskosten aus. Der Energiebedarf ist jedoch beträchtlich. Etwa 40 % des Gesamtenergiebedarfs der chemischen Industrie entfallen auf die destillative Trenntechnik. *Energieverbundmaßnahmen* zur Mehrfachnutzung der eingesetzten Heizenergie sind daher von besonderer Bedeutung und werden verbreitet eingesetzt [Kaibel 1990].

Die *rechnerische Auslegung* von Destillationskolonnen wird mit Hilfe von *Rechenprogrammen* vorgenommen. Beispiele für kommerzielle Programme sind ASPEN und HYSIM, die neben der thermodynamischen auch die fluiddynamische Dimensionierung ermöglichen. Nichtideales Siedeverhalten kann durch verschiedene mathematische Ansätze mit für die Praxis ausreichender Genauigkeit wiedergegeben werden. Häufig genutzte Modelle sind die Ansätze nach *Wilson* und der *NRTL-Ansatz*, der auch für Stoffsysteme mit Phasenzerfall geeignet ist. Die mathematische Modellierung von Destillationsvorgängen hat inzwischen einen hohen Stand erreicht. Etwa in der Hälfte der Anwendungsfälle kann die Auslegung von Destillationsanlagen allein auf Basis von Rechnungen erfolgen.

*Shortcut-Methoden und grafische Verfahren* (z. B. MacCabe-Thiele-Verfahren) zur Auslegung von Destillationsanlagen haben an Bedeutung verloren, da durch die Kombination der Rechenprogramme mit Stoffdatenbanken eine rasche Bearbeitung möglich ist.

Für die *überschlägige Abschätzung und Dimensionierung* dienen die Beziehungen von Fenske und Underwood zur Bestimmung der Mindestbodenzahl $N_{min}$ und des Mindestrücklaufverhältnisses $v_{min}$:

$$N_{min} = \frac{ln\left(\frac{y}{1-y} \cdot \frac{1-x}{x}\right)}{ln\ a} \tag{7.2-33}$$

$$v_{min} = \frac{1}{a-1} \cdot \left(\frac{y}{x_M} - a \cdot \frac{1-y}{1-x_M}\right) \tag{7.2-34}$$

| | |
|---|---|
| $y$ | = Konzentration des Leichtsieders im Destillat |
| $1-y$ | = Konzentration des Hochsieders im Destillat |
| $x$ | = Konzentration des Leichtsieders im Sumpf |
| $1-x$ | = Konzentration des Hochsieders im Sumpf |
| $x_M$ | = Konzentration des Leichtsieders im Zulauf |
| $1-x_M$ | = Konzentration des Hochsieders im Zulauf. |

Die Fenske-Gleichung zur Ermittlung der Mindestbodenzahl gilt definitionsgemäß nur für Bodenkolonnen mit einem Bodenwirkungsgrad von eins. Die Anwendung dieser Beziehung führt bei Packungskolonnen, besonders bei hohen relativen Flüchtigkeiten zu erheblichen Fehlern. Für Packungskolonnen sollte die Mindestbodenzahl $N_{min}$ nach folgender Beziehung ermittelt werden:

$$N_{min} = ln\left(\frac{x}{1-y}\right) + \frac{1}{a-1} \cdot ln\ \frac{y \cdot (1-x)}{x \cdot (1-y)} \tag{7.2-35}$$

Das Diagramm von Gilliland gibt für beliebige Werte den Zusammenhang zwischen der Trennstufenzahl und dem zugehörigen Rücklaufverhältnis überschlägig wider (s. Abb. 7.2-13).

Wirtschaftliche Auslegungen ergeben sich für Trennstufenzahlen, die etwa dem 1,3-fachen (Gl. (7.2-31)) der Mindesttrennstufenzahl oder dem 1,2 bis 1,3-fachen der Mindestheizleistung entsprechen. Im Hinblick auf die Regelbarkeit und die Mindestberieselungsdichte sollte das Rücklaufverhältnis Mindestwerte von etwa 0,3 bis 0,5 nicht unterschreiten.

Destillative Trennungen sind inzwischen *mathematischen Modellbildungen* gut zugänglich. Dies erlaubt es in manchen Fällen, auf eine experimentelle Ausarbeitung zu verzichten oder sie stark einzuschränken.

Eine experimentelle Ausarbeitung destillativer Aufarbeitungsschritte ist entbehrlich, wenn:

- bereits ein Herstellungsverfahren für das Produkt ausgeübt wird und sich die Verfahrensänderungen nur auf den Aufarbeitungsteil beschränken, beispielsweise die Verfahrensumstellung auf Trennwandkolonnen oder die Einführung von Wärmeverbundmaßnahmen.

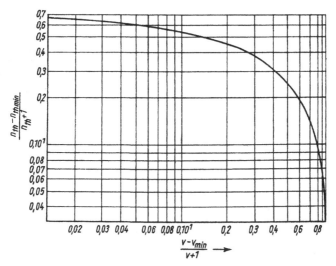

**Abb. 7.2-13** Zusammenhang zwischen Trennstufenzahl $N$ und Rücklaufverhältnis $v$ nach Gilliland.

- nur bescheidene Anforderungen an die Produktspezifikationen gestellt werden.
- keine chemische Reaktionen zu erwarten sind, wie beispielsweise Produktschädigungen durch hohe Temperaturen, Verfärbungen oder Polymerisationen.

Zwingend erforderlich wird eine experimentelle Bearbeitung, wenn:

- bestimmte einzuhaltende Produkteigenschaften mathematisch nicht modelliert werden können, wie beispielsweise Verfärbungen durch thermische Belastung, geruchliche Eigenschaften bei Riechstoffen, geschmackliche Eigenschaften bei Aromastoffen, komplexe Produkteigenschaften in nachfolgenden Verarbeitungsstufen, wie die Polymerisationseigenschaften, die Festigkeit oder die Verspinnbarkeit bei Kunststoffmonomeren.
- Rückführungen von nicht umgesetzten Reaktanten in die Synthesestufe auftreten und eine Katalysatorschädigung nicht ausgeschlossen werden kann.
- Temperatur- und verweilzeitabhängige Nebenreaktionen auftreten können.
- Reaktivdestillationen auszuarbeiten sind, bei denen die Durchführung der chemischen Reaktion in den Aufarbeitungsschritt integriert ist.
- geeignete Werkstoffe für kritische Stoffgemische auszuwählen sind.
- extreme Stoffeigenschaften, wie hohe Viskositäten der Flüssigkeit, vorliegen.

Die *Auslegung der großtechnischen Kolonne* erfolgt über die Parameter:

- Druck und Temperatur in der Kolonne
- zulässige Brüdengeschwindigkeit
- Zahl der erzielbaren theoretischen Trennstufen je Meter Kolonnenhöhe
- Druckverlust
- Flüssigkeitsholdup.

Günstigste Investitionskosten ergeben sich meist für einen *Druckbereich* zwischen 1 und 4 bar. Bei temperaturempfindlichen Substanzen muss der Druck unter Inkaufnahme höherer Investitionskosten so weit abgesenkt werden, bis tolerierbare Temperaturbelastungen vorliegen. Drücke über etwa 4 bar werden über die Kosten für die Kühlmittel erzwungen. Beispielsweise wird die Abtrennung von Ammoniak aus wässrigen Gemischen meist bei Drücken im Bereich von 17 bis 20 bar vorgenommen, um mit Kühlwasser anstelle von Sole kondensieren zu können. Als Mindesttemperaturen gelten für eine Kühlung mit Flusswasser 30, für Rückkühlwasser 40 und für Luft 55 °C.

Die zulässige Brüdengeschwindigkeit wird über den *Dampfbelastungsfaktor*, häufig als *F*-Faktor bezeichnet, bestimmt (s. Gl. (4-15)). Die möglichen Dampfbelastungsfaktoren sind für die verschiedenen Kolonneneinbauten über Herstellerangaben leicht zugänglich.

Schwieriger ist die Ermittlung der *erzielbaren theoretischen Trennstufenzahl*. Auch hier ist zunächst auf Herstellerangaben zurückzugreifen. Die Werte müssen hinsichtlich der Stoffeigenschaften geprüft werden. Hohe Viskositäten, wie sie bei Extraktivdestillationen auftreten, reduzieren beispielsweise den Wirkungsgrad von Böden auf etwa 40 %, während üblicherweise Wirkungsgrade von 60 bis 75 % erzielt werden können.

### 7.2.4.1
### Diskontinuierliche Destillation

Bei Produktionsmengen, die im Bereich unterhalb von etwa 1 000 jato liegen, werden destillative Trennungen bevorzugt diskontinuierlich ausgeführt. Die *diskontinuierliche Destillation* bietet bei kleineren Produktionsmengen den Vorteil niedriger Investitionskosten, da nacheinander die einzelnen Fraktionen in derselben Anlage abgetrennt werden können. Sie ist sehr flexibel, da sie sich leicht *mit anderen Verfahrensschritten kombinieren* lässt. Wenn man die Destillationsblase in Form eines Rührbehälters ausführt, können in der Destillationsapparatur zusätzliche Verfahrensschritte, wie Lösen von Feststoffen, chemische Reaktionen, destillative Lösungsmittelwechsel, Flüssig/Flüssig-Extraktionen, Verdampfungs- und Kühlkristallisationen oder Fällungen von Feststoffen vorgenommen werden.

Bei der diskontinuierlichen Destillation wird derzeit noch überwiegend die *Aufwärtsfahrweise* angewandt, bei der das Ausgangsgemisch in einer Destillationsblase vorgelegt und aufgeheizt wird und anschließend nacheinander die einzelnen Fraktionen in der Reihenfolge ihrer Flüchtigkeiten, beginnend mit der am leichtesten siedenden Fraktion, über Kopf abgetrennt werden (Abb. 7.2-14).

Das *Rücklaufverhältnis* bei der diskontinuierlichen Destillation sollte während der Abtrennung einer Fraktion *nicht konstant* gehalten, sondern allmählich angehoben werden, um eine möglichst *zeitlich konstante Reinheit des entnommenen Kopfproduktes* zu erreichen. Bei einem zeitlich konstanten Rücklaufverhältnis fällt die Reinheit des Kopfproduktes allmählich ab, da der Gehalt der abzutrennenden Komponente in der Destillationsblase zurückgeht, die Trennung schwieriger wird (Abb. 7.2-15). Das Vermischen von Kopfprodukten mit unterschiedlicher Zusammensetzung in der Destil-

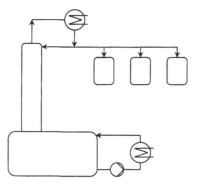

**Abb. 7.2-14** Aufwärtsfahrweise bei der diskontinuierlichen Destillation.

latvorlage am Kolonnenkopf führt zu einer Mischungsentropie, die sich bei einer zeitlich konstanten Destillatzusammensetzung vermeiden lässt. Die geeigneten zeitlich ansteigenden Werte für das Rücklaufverhältnis werden zweckmäßigerweise rechnerisch ermittelt. Sie können in der Praxis mit Hilfe eines Prozessleitsystems über vorgegebene zeitliche Rampenfunktionen oder auch Temperatursignale mit ausreichender Genauigkeit verwirklicht werden. Die Einsparungen sind beträchtlich. Im Vergleich zu einer Fahrweise mit zeitlich konstantem Rücklaufverhältnis kann eine *Verringerung der Destillationszeit und des Energiebedarfs* auf etwa 30 bis 60 % erwartet werden.

Wenn hohe Reinheiten der einzelnen Fraktionen gefordert werden, ist es unerlässlich, *Zwischenfraktionen* zu nehmen, die separat gespeichert und bei der nächsten Charge wieder zugegeben werden. Aus thermodynamischen Gründen ist es im Hinblick auf die Minimierung von Mischungsentropien anzustreben, für jede Zwischenfraktion einen separaten Behälter vorzusehen und die einzelnen Zwischenfraktionen

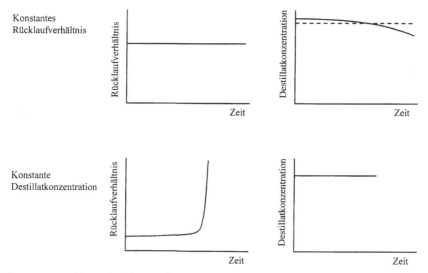

**Abb. 7.2-15** Zeitlicher Verlauf der Destillatkonzentration und des Rücklaufverhältnisses bei unterschiedlicher Steuerung des Rücklaufverhältnisses.

nicht gemeinsam zu Beginn der nächsten Charge, sondern erst jeweils bei Beginn der Fraktion, an deren Ende die jeweilige Zwischenfraktion entnommen wurde, wieder zuzuführen. Auch für die einzelnen Zwischenfraktionen ist es vorteilhaft, mit zeitlich ansteigenden Rücklaufverhältnissen zu arbeiten. Zur Verringerung der Mengen an Zwischenfraktionen sollten die Trenneinbauten einen *möglichst geringen Flüssigkeitsholdup* aufweisen. Glockenböden und Ventilböden sind ungünstig. Die günstigsten Werte werden mit geordneten Blechpackungen erreicht.

Zur Begrenzung der Temperaturen wird bei diskontinuierlichen Destillationen oft bei zeitlich abnehmenden Drücken gearbeitet. Die *Druckabsenkung* kann bei entsprechender Automatisierung zu jedem beliebigen Zeitpunkt vorgenommen werden. Sie darf nur so schnell erfolgen, dass bei gestoppter Energiezufuhr keine hydraulische Überlastung der Kolonne oder des Kondensators auftritt.

Im *Vergleich* zu *kontinuierlichen* Destillationen weisen *diskontinuierliche* destillative Trennungen den Nachteil einer erhöhten thermischen Belastung der Produkte infolge längerer Verweilzeiten auf. Auch der Energiebedarf ist grundsätzlich höher als bei der kontinuierlichen Fahrweise.

Zur zumindest teilweisen Behebung dieses Nachteils können spezielle Fahrweisen der diskontinuierlichen Destillation angewandt werden. Die *Abwärtsfahrweise* wird bereits in einigen Fällen industriell eingesetzt. Dabei wird das zu trennende Ausgangsgemisch nicht wie bei der Aufwärtsfahrweise in einer Destillationsblase am unteren Ende der Kolonne vorgelegt, sondern am oberen Ende. Die einzelnen Fraktionen werden in der Reihenfolge ihrer Siedepunkte, beginnend mit der schwerstsiedenden Fraktion, nacheinander am unteren Ende der Kolonne entnommen (Abb. 7.2-16).

Besonders vorteilhaft ist *eine Kombination von Aufwärtsfahrweise und Abwärtsfahrweise*. Dabei wird man in der Regel bei der ersten Fraktion mit der Abwärtsfahrweise beginnen. Dies bietet den Vorteil, dass die Aufheizzeit und die für die Aufheizung des Ausgangsgemisches erforderliche Energie eingespart werden können. Am unteren Ende der Kolonne wird nur die für den Verdampfer benötigte Mindestfüllmenge vorgelegt. Bei den nachfolgenden Fraktionen kann man je nach den gewünschten Reinheiten der einzelnen Fraktionen die geeignete Fahrweise – Aufwärts- oder Abwärtsfahrweise – jeweils individuell wählen.

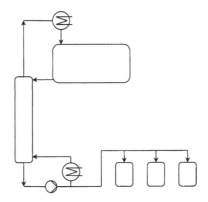

**Abb. 7.2-16** Abwärtsfahrweise bei der diskontinuierlichen Destillation.

Die Eignung der verschiedenen Fahrweisen lassen sich rechnerisch mit Hilfe von *Rechenprogrammen für diskontinuierliche Destillationen ermitteln.* Allerdings ist die Ausarbeitung diskontinuierlicher Destillationen erheblich aufwendiger als die von kontinuierlichen Destillationen. Die Entscheidung kann jedoch vereinfacht mit nachstehenden *Berechnungsformeln* erfolgen, die für die verschiedenen Fahrweisen mit Hilfe der Differentialgleichungen ermittelt wurden. Als Vergleich dient die *Mindestbrüdenmenge G*:

*Diskontinuierlich, Aufwärtsfahrweise:*

$$G = n_A \cdot \frac{a}{a-1} \cdot \frac{\sigma_A + \sigma_B - 1}{1 - \sigma_B} \cdot \ln \frac{1}{\sigma_B} + n_B \cdot \frac{1}{a-1} \cdot \frac{\sigma_A + \sigma_B - 1}{\sigma_A} \cdot \ln \frac{1}{1 - \sigma_A}$$

$$(7.2\text{-}36)$$

*Diskontinuierlich, Abwärtsfahrweise:*

$$G = n_A \cdot \frac{a}{a-1} \cdot \frac{\sigma_A + \sigma_B - 1}{\sigma_B} \cdot \ln \frac{1}{1 - \sigma_B}$$
$$+ n_B \cdot \frac{1}{a-1} \cdot \frac{\sigma_A + \sigma_B - 1}{1 - \sigma_A} \cdot \ln \frac{1}{\sigma_A}$$

$$(7.2\text{-}37)$$

Hierbei ist vorausgesetzt, dass die Steuerung des Rücklaufverhältnisses jeweils optimal erfolgt und die entnommenen Fraktionen mit zeitlich konstanten Konzentrationen entnommen werden. Zum Vergleich gilt für die kontinuierliche Fahrweise:

$$G = n_A \cdot \frac{a}{a-1} \cdot (\sigma_A + \sigma_B - 1) + n_B \cdot \frac{1}{a-1} \cdot (\sigma_A + \sigma_B)$$

$$(7.2\text{-}38)$$

Für den Fall reiner Kopf- bzw. Sumpfprodukte gelten die einfacheren Beziehungen:

$$G = n_A \cdot \frac{a}{a-1} \cdot \sigma_A + n_B \cdot \frac{1}{a-1} \cdot ln \frac{1}{1 - \sigma_A}$$

$$(7.2\text{-}39)$$

für reines Kopfprodukt bei Aufwärtsfahrweise und

$$G = n_A \cdot \frac{a}{a-1} \cdot ln \frac{1}{1 - \sigma_B} + n_B \cdot \frac{1}{a-1} \cdot \sigma_B$$

$$(7.2\text{-}40)$$

für reines Sumpfprodukt bei Abwärtsfahrweise. Hierin bedeuten:

$G$  bei einer Kolonne mit unendlich hoher Trennstufenzahl zur Trennung erforderliche Mindestbrüdenmenge (mol)

$n_A$  Ausgangsmenge Leichtsieder (mol)

$n_B$  Ausgangsmenge Schwersieder (mol)

$a$  relative Flüchtigkeit

$\sigma_A$  Trennausbeute des Leichtsieders (Anteil des Leichtsieder im Destillat zu Leichtsieder in der Ausgangsmenge)

$\sigma_B$  Trennausbeute des Schwersieders (Anteil des Schwersieders im Sumpf zu Schwersieder in der Ausgangsmenge).

Die kontinuierliche Fahrweise ist hinsichtlich des Energiebedarfs grundsätzlich am günstigsten. Für die geeigneten Anwendungsbereiche der Aufwärtsfahrweise bzw. der Abwärtsfahrweise lassen sich folgende Regeln entnehmen:

Die Abwärtsfahrweise ist gegenüber der Aufwärtsfahrweise zu bevorzugen, wenn:

$$a \cdot \frac{n_A}{n_B} < \frac{\dfrac{1}{\sigma_A} \cdot \ln\left(\dfrac{1}{1-\sigma_A}\right) - \dfrac{1}{1-\sigma_A} \cdot \ln\dfrac{1}{\sigma_A}}{\dfrac{1}{\sigma_B} \cdot \ln\left(\dfrac{1}{1-\sigma_B}\right) - \dfrac{1}{1-\sigma_B} \cdot \ln\dfrac{1}{\sigma_B}}$$

(7.2-41)

bzw. wenn $\sigma_A = \sigma_B$:

$$a \cdot \frac{n_A}{n_B} < 1$$

(7.2-42)

ist. Dies gilt für:

• schwierige Trennungen (geringe relative Flüchtigkeit)
• kleine Leichtsiedermengen
• höhere Reinheitsanforderungen an die höhersiedende als an die leichtersiedende Fraktion.

Abb. 7.2-17 zeigt eine Übersicht über die geeigneten Einsatzgebiete von Aufwärts- und Abwärtsfahrweise.

Eine weitere Möglichkeit zur Verringerung der benötigten Destillationszeit bietet die *Fahrweise mit Zwischenspeicherung* [Kaibel 1998]. Dadurch lässt sich in vielen Fällen die benötigte Heizleistung bis auf wenige Prozent an die kontinuierliche Destilla-

(a)                    $\alpha = 1{,}1$; $\sigma_A = 0{,}999$; $\sigma_A = 0{,}999$

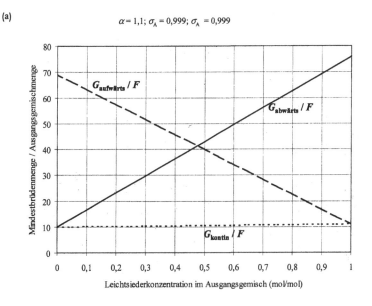

Leichtsiederkonzentration im Ausgangsgemisch (mol/mol)

(b)

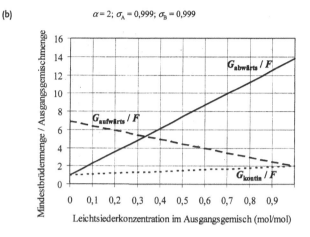

(c)

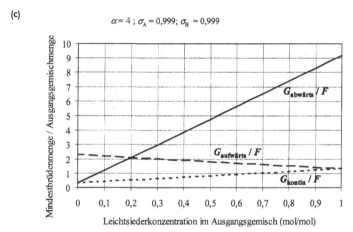

**Abb. 7.2-17** Vergleich des Energiebedarfs für die Aufwärts- und die Abwärtsfahrweise bei der diskontinu-ierlichen Destillation in Abhängigkeit von den geforderten Reinheiten (Parameter ist die relative Flüchtigkeit $a$, konstant ist die Trennausbeute: $\sigma_A = 0{,}999 / \sigma_B = 0{,}999$, Mindestbrüdenmenge $G$, Ausgangs-gemischmenge $F$): a) $a = 1{,}1$; b) $a = 2$; c) $a = 4$.

tion annähern. Bei der Fahrweise mit Zwischenspeicherung unterteilt man die Ab-trennung einer Fraktion in *zwei Teilschritte*. In einem ersten Teilschritt wird zusätzlich zum Destillat die aus der Kolonne ablaufende Flüssigkeit entnommen und in einem zusätzlichen Behälter gespeichert (Abb. 7.2-18). In einem zweiten Teilschritt wird diese in dem Behälter zwischengespeicherte Flüssigkeit wieder im mittleren Bereich der Kolonne eingespeist. Diese Rückeinspeisung gleicht den gegen Ende der Fraktion eintretenden Leichtsiedermangel in der Destillationsblase aus und verhindert somit den sonst eintretenden starken Anstieg des Rücklaufverhältnisses. Das Einspar-potenzial ist bei schwierigen Trennungen und hohen Reinheitsanforderungen am größten.

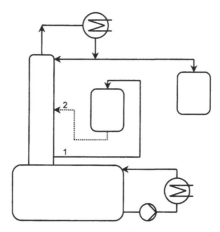

**Abb. 7.2-18**  Diskontinuierliche Destillation in Aufwärtsfahrweise mit Zwischenspeicherung.

7.2.4.2
## Kontinuierliche Destillation

Bei Produktionskapazitäten, die etwa 2 000 bis 5 000 jato überschreiten, werden destillative Trennungen bevorzugt kontinuierlich durchgeführt. In der Regel müssen zur Aufarbeitung eines Reaktionsaustrags mehrere Rektifikationsschritte kombiniert werden. Besonders umfangreiche Trennoperationen werden beispielsweise bei Steam-Crackern erforderlich, wo zur Zerlegung des Reaktionsaustrags etwa 10 Destillationskolonnen benötigt werden.

Die *Optimierung der Trennreihenfolgen* hinsichtlich der Investitionskosten und des Energiebedarfs ist wegen der Vielzahl der Möglichkeiten eine schwierige und bis heute noch nicht befriedigend gelöste Aufgabe. Bei Anwendung der einfachsten Kolonnenanordnung, bei der je Kolonne nur eine Kopf- und eine Sumpffraktion gewonnen wird, ergibt sich bei der Zerlegung in eine zunehmende Zahl von Fraktionen

**Tab. 7.2-1**  Zahl der möglichen Kolonnenschaltungen in Abhängigkeit von der Zahl der Fraktionen.

| $n_{Fraktionen}$ | $n_{Schaltungen}$ |
| --- | --- |
| 2 | 1 |
| 3 | 2 |
| 4 | 5 |
| 5 | 14 |
| 6 | 42 |
| 7 | 132 |
| 8 | 429 |
| 9 | 1430 |
| 10 | 4862 |

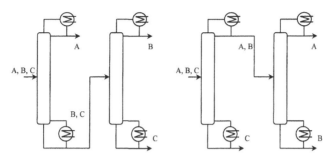

**Abb. 7.2-19**  Direkte und inverse Trennfolge bei der Auftrennung eines Zulaufgemisches in drei Fraktionen.

$n_{Fraktionen}$ eine stark ansteigende Zahl von Kolonnenschaltungen $n_{Schaltungen}$. Es gilt der Zusammenhang [Thompson 1972]:

$$n_{Schaltungen} = \frac{(2 \cdot \{n_{Fraktionen} - 1\})!}{n_{Fraktionen}! \cdot (n_{Fraktionen} - 1)!}. \tag{7.2-43}$$

Wenn keine Seitenfraktionen entnommen werden, ist die Zahl an benötigten Destillationskolonnen:

$$n_{Kolonnen} = n_{Fraktionen} - 1. \tag{7.2-44}$$

Bei der Zerlegung eines Zulaufgemisches in 3 Fraktionen ergeben sich damit 2 Kolonnenschaltungen mit jeweils 2 benötigten Destillationskolonnen. Abb. 7.2-19 zeigt die beiden Möglichkeiten, die direkte Trennfolge, bei der nacheinander jeweils die leichtestsiedende Komponente über Kopf abgetrennt wird, sowie die inverse Trennfolge, bei der jeweils die höchstsiedende Komponente am Sumpf der Kolonne entnommen wird.

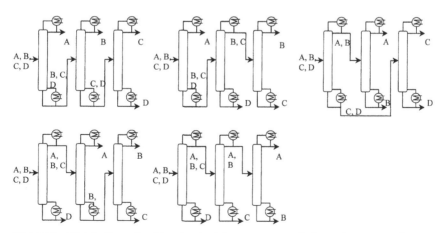

**Abb. 7.2-20**  Mögliche Trennreihenfolgen bei der Auftrennung eines Zulaufgemisches in vier Fraktionen.

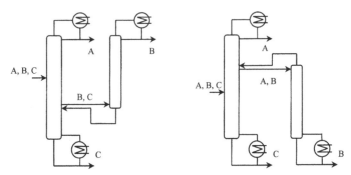

**Abb. 7.2-21** Destillationskolonnen mit Seitenkolonnen.

Bei der Auftrennung in mehr als drei Fraktionen können die direkte und die inverse Trennreihenfolge grundsätzlich beliebig kombiniert werden. Es ist ferner möglich, nicht nur jeweils entweder die leichtestsiedende oder die höchstsiedende Fraktion abzutrennen, sondern die Trennschritte auch beliebig zu legen. Abb. 7.2-20 zeigt die verschiedenen Trennreihenfolgen bei der Auftrennung in vier Fraktionen.

Zur Vereinfachung können Kolonnenschaltungen eingesetzt werden, bei der eine Hauptkolonne mit einer entweder als Verstärkungs- oder als Abtriebskolonne geschalteten Seitenkolonne kombiniert wird. Bei dieser Anordnung kann jeweils ein Kondensator oder ein Verdampfer eingespart werden (Abb. 7.2-21).

Verbreiteter und einfacher ist die Ausführung von Kolonnen mit einem oder mehreren *Seitenabzügen* (Abb. 7.2-22). Bei dieser Ausführung kann je Seitenentnahme jeweils eine Destillationskolonne eingespart werden. Zur Verbesserung der Reinheit des Seitenproduktes entnimmt man die Seitenfraktion im Verstärkungteil in flüssiger Form, im Abtriebsteil dampfförmig. Seitenkolonnen sind mit dem Nachteil behaftet, dass die im Seitenabzug entnommenen Produkte grundsätzlich verunreinigt sind, entweder mit leichtersiedenden Komponenten, wenn sich die Seitenentnahme im Verstärkungteil befindet oder mit höhersiedenden Komponenten, wenn das Seitenprodukt im Abtriebsteil entnommen wird. Die Anwendung beschränkt sich daher auf Fälle mit bescheidenen Anforderungen an die Reinheit der Mittelsiederfraktion.

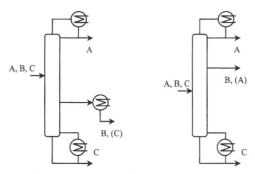

**Abb. 7.2-22** Destillationskolonnen mit Seitenentnahmen.

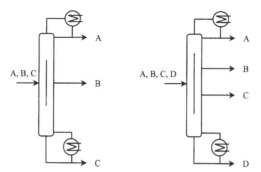

**Abb. 7.2-23** Trennwandkolonnen.

Dies ist ein gravierender Nachteil, denn die Mittelsiederfraktion stellt in der Praxis häufig das Wertprodukt dar. Bei hohen Reinheitsanforderungen an die Mittelsiederfraktion ist man daher gezwungen, mehrere Kolonnen zu benutzen und auf die einfache Anordnung einer Seitenentnahme zu verzichten.

Der Nachteil verunreinigter Seitenfraktionen lässt sich mit Hilfe von *Trennwandkolonnen* vermeiden. Dieser Kolonnentyp wird erst seit einigen Jahren industriell eingesetzt. Eine Trennwandkolonne weist im Bereich oberhalb und unterhalb der Zulaufstelle und des Seitenabzugs eine ebene Trennwand auf, die den mittleren Bereich der Destillationskolonne in einen Zulauf- und einen Entnahmeteil unterteilt und dort eine Quervermischung von Flüssigkeits- und Brüdenströmen verhindert [Kaibel 1987]. Aus einer Trennwandkolonne können drei oder vier Reinfraktionen entnommen werden (Abb. 7.2-23). Im Vergleich zu konventionellen Kolonnenanordnungen zur Auf-

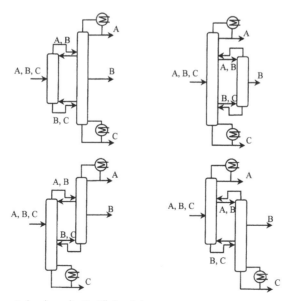

**Abb. 7.2-24** Thermisch gekoppelte Destillationskolonnen.

trennung in reine Fraktionen weisen Trennwandkolonnen einen um etwa 20 bis 40 % verringerten Energiebedarf und um etwa 30 % niedrigere Investitionskosten auf.

Alternativ zu Trennwandkolonnen können auch *thermisch gekoppelte Destillationskolonnen* eingesetzt werden (Abb. 7.2-24). Sie sind hinsichtlich des Energiebedarfs gleichwertig und eignen sich insbesondere für nachträgliche Umrüstungen. Bereits vorhandene Verdampfer und Kondensatoren können als Zwischenverdampfer und Zwischenkondensatoren beibehalten werden. Im Gegensatz zu Trennwandkolonnen können die einzelnen Kolonnen auch bei voneinander abweichenden Drücken betrieben werden.

Die einzelnen Trennfolgen weisen hinsichtlich der Investitionskosten und des Energieverbrauchs zum Teil deutliche Unterschiede auf. Um die zeitaufwendige Auslegung der einzelnen Varianten und die Auswahl der günstigsten Trennfolgen zu vereinfachen, wurden *Expertensysteme* entwickelt [Erdmann 1986a, Trum 1986]. Sie berücksichtigen Kriterien wie die Zulaufzusammensetzung, die relativen Flüchtigkeiten, die absolute Lage der Siedepunkte, thermische Belastbarkeiten der einzelnen Komponenten, Reinheitsanforderungen und Korrosionseigenschaften.

Als Leitlinie zur Entwicklung von geeigneten Trennfolgen können auch *heuristische Regeln* angewandt werden. Die bekanntesten heuristischen Regeln sind:

- Führe jeweils den leichtesten Trennschnitt durch!
- Wende die direkte Trennfolge an!
- Lege den Trennschnitt so, dass sich jeweils etwa äquimolare Mengen an Kopf- und Sumpfprodukt ergeben!
- Trenne die mengenmäßig größte Komponente zuerst ab!
- Wähle die Trennreihenfolge so, dass die Ströme der Nicht-Schlüsselkomponenten minimal werden!

Da sich die einzelnen heuristischen Regeln auf verschiedene Parameter beziehen – Stoffeigenschaften und Mengenverhältnisse – sind sie nicht eindeutig und können sich gegenseitig widersprechen.

Alternativ oder ergänzend zu den heuristischen Regeln kann man die von der Physik her vorgegebene *reversible Trennreihenfolge* als Leitlinie zur Entwicklung günstiger Trennreihenfolgen benutzen. Abb. 7.2-25 zeigt dieses allgemeine Trennschema am Beispiel der Zerlegung eines 4-Stoffgemisches [Kaibel 1989a]. Bei diesem Trennschema wird in jedem Trennschritt jeweils die leichtest mögliche Trennung durchgeführt, und es wird nicht zwischen im Siedepunkt unmittelbar benachbarten Komponenten getrennt. Es lässt sich analytisch nachweisen, dass die Trennung von im Siedepunkt unmittelbar benachbarten Komponenten, wie dies bei der direkten oder der inversen Trennfolge stets der Fall ist, unvermeidlich zu zusätzlichen *Mischungsentropien* auf dem Zulaufboden führt, die einen erhöhten Energiebedarf verursachen. Trennwandkolonnen und thermisch gekoppelte Destillationskolonnen entsprechen diesem thermodynamisch optimalen Trennschema. Das allgemeine Trennschema kann zur Entwicklung günstiger konventioneller Trennreihenfolgen dienen, wenn man entsprechende Vereinfachungen vornimmt. Bei der Wegnahme von Verbindungen zwischen den einzelnen Teilkolonnen geht man dabei so vor, dass möglichst viele der vorteilhaften Eigenschaften des allgemeinen Trennschemas erhalten bleiben.

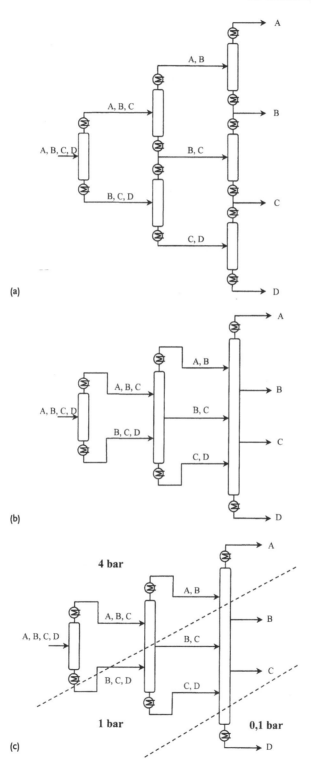

(a)

(b)

(c)

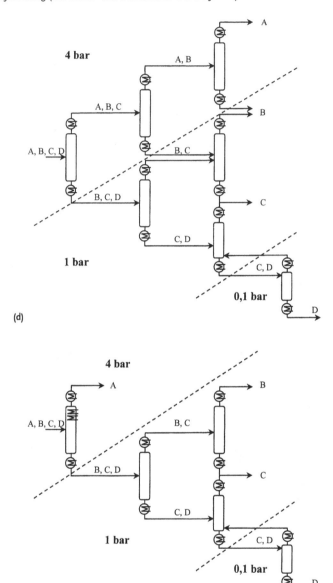

(d)

(e)

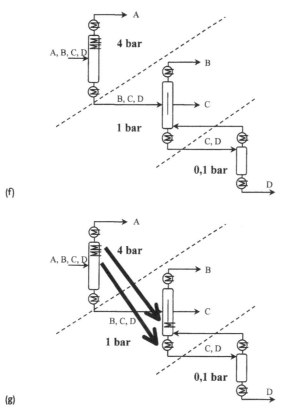

(f)

(g)

**Abb. 7.2-25** Allgemeines Trennschema für die Zerlegung eines Vierstoffgemisches (a) und die Entwicklung eines thermodynamisch optimalen Trennschemas (b) bis (g) [Kaibel 1989a].

Für die weitergehende Optimierung der einzelnen Destillationskolonnen empfiehlt sich eine *exergetische Analyse* [Kaibel 1990a]. Hierbei wird untersucht, inwieweit an den einzelnen Stellen einer Destillationsanlage Mischungsentropien bzw. Exergieverluste auftreten. Wichtige Exergieverlustquellen *sind Mischungsentropien an den Zulaufstellen* der Kolonnen. Bei der Auftrennung von Drei- und Mehrstoffgemischen lassen sich diese Mischungsentropien nur bei Beachtung der thermodynamischen Trennfolge vermeiden. Falls eine Destillationskolonne mehrere Zuläufe aufweist, sollten bei abweichenden Zusammensetzungen die Zuläufe an verschiedenen Stellen in die Kolonne eingespeist werden. Mischungsentropien treten auch bei leicht trennbaren Gemischen innerhalb der Kolonne auf, wenn sich die Konzentrationen und Temperaturen von Trennstufe zu Trennstufe stark unterscheiden. Als Abhilfemaßnahmen bieten sich *hier Zwischenverdampfungen und Zwischenkondensationen* an.

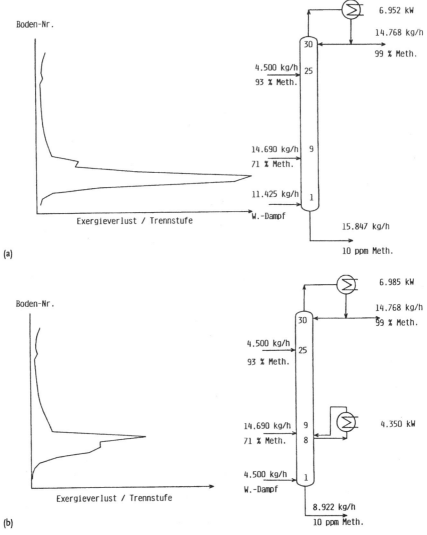

**Abb. 7.2-26** Exergetische Analyse bei der Auftrennung von 2-Stoffgemischen aus Methanol und Wasser. Einsatz eines Zwischenverdampfers. a) Ohne Zwischenverdampfer, b) Einsatz eines Zwischenverdampfers.

**Beispiel 7.2-2** _____

*Die* Abb. 7.2-26 *zeigt die Auftrennung von zwei Zulaufgemischen aus Methanol und Wasser mit unterschiedlicher Zusammensetzung. Die Zuläufe werden getrennt in die Kolonne eingespeist, um Mischungsentropie bei der Zusammenführung dieser Ströme zu vermeiden. Bei der Kolonne ohne Zwischenverdampfung (Abb. 7.2-26b) sind im Abtriebsteil starke Mischungsentropien festzustellen, da in diesem Kolonnenteil eine zu hohe Brüdenmenge vorhanden ist, die durch die Erfordernisse des Verstärkungsteils bestimmt wird. Durch eine*

*Zwischenverdampfung können etwa 60% der Gesamtenergie auf einem niedrigeren Temperaturniveau von etwa 75°C zugeführt werden. Der Abtriebsteil kann dadurch gegebenenfalls mit kleinerem Durchmesser ausgeführt werden. Das tiefere Temperaturniveau erleichtert die Nutzung von Abwärme von Nachbaranlagen. Bei Einsatz eines Brüdenverdichters fällt die Antriebsleistung niedriger aus, da die zwischen Kopf und Zwischenverdampfer vorliegende Temperaturdifferenz mit 65 zu 75°C deutlich niedriger ist als zwischen Kopf und Sumpf mit 65 zu 100°C.*

Auf einfache Weise kann die an den einzelnen Stellen der Kolonne tatsächlich erforderliche Brüdenmenge mit Bilanzgleichungen ermittelt werden, wenn man eine unendlich hohe Trennstufenzahl voraussetzt [Kaibel 1989a]. Für ein 2-Stoffgemisch berechnet sich die Mindestbrüdenmenge $G$ an einer beliebigen Stelle in einer Destillationskolonne mit der Flüssigkeitskonzentration $x$ des Leichtsieders nach der Beziehung (Mengen in Molen) (Abb. 7.2-27):

$$G = \frac{D_A \cdot (1-x) - D_B \cdot x}{x} \cdot \frac{1 + (a-1) \cdot x}{(a-1) \cdot (1-x)} \tag{7.2-45}$$

$G$ = Mindestbrüdenmenge
$D_A$ = Leichtsiedermenge, die sich in der Kolonne nach oben bewegt
$D_B$ = Hochsiedermenge, die sich in der Kolonne nach oben bewegt
$a$ = relative Flüchtigkeit
$x$ = Konzentration des Leichtsieders in der Flüssigkeit.

Die Abb. 7.2-27 zeigt den Verlauf der auf die Zulaufmenge $M$ bezogenen Mindestbrüdenmengen G für die Auftrennung von 2-Stoffgemischen mit unterschiedlichen relativen Flüchtigkeiten. Man erkennt, dass insbesondere der Abtriebsteil gute Möglichkeiten für den Einsatz von Zwischenverdampfern bietet. Abweichungen vom idealen Siedeverhalten beeinflussen den Verlauf der Mindestbrüdenmengen stark. Abb. 7.2-28 zeigt als Beispiel die Auftrennung eines äquimolaren Gemisches aus Aceton und

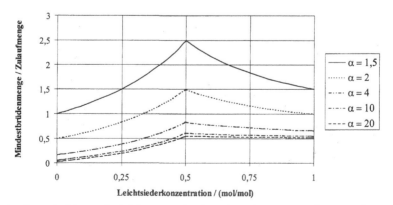

**Abb. 7.2-27** Verlauf der Mindestbrüdenmengen bei der Auftrennung von äquimolaren 2-Stoffgemischen mit unterschiedlichen relativen Flüchtigkeiten $a$. Hochsieder ist jeweils n-Octan. Druck = 1 bar.

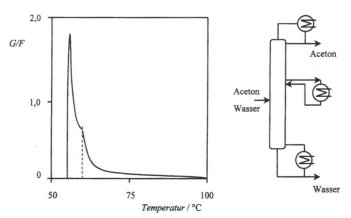

**Abb. 7.2-28** Auftrennung eines äquimolaren Gemisches aus Aceton und Wassers. Einsatzmöglichkeit für einen Zwischenverdampfer im Verstärkungsteil infolge des nichtidealen Siedeverhaltens.

Wasser [Kaibel 1989b]. Wegen des annähernd azeotropen Siedeverhaltens wird hier die Hauptenergiemenge im Verstärkungsteil der Kolonne in der Nähe des Kolonnenkopfes benötigt. Dies legt den Einsatz eines Zwischenverdampfers im Verstärkungsteil der Kolonne nahe.

### 7.2.4.3
### Trenneinbauten

Die Trenneinbauten unterteilen sich in die beiden grundsätzlichen Bauformen Böden und Packungen. Bei Böden bildet die Flüssigkeit überwiegend die kontinuierliche Phase, während die Gasphase in Form von Blasen durch die Flüssigkeit aufsteigt. Dies ermöglicht eine intensive Vermischung der beiden Phasen und bewirkt einen guten Stoffaustausch, der allerdings durch einen relativ hohen Druckverlust erkauft wird. Bei Packungskolonnen mit unregelmäßig eingeschütteten Füllkörpern oder geordneten Packungen bildet die Gasphase die kontinuierliche Phase, während die Flüssigkeit in Form eines meist laminaren Flüssigkeitsfilmes an der Packungsoberfläche herabrieselt. Eine hohe Stoffaustauschleistung erfordert hier große Kontaktflächen zwischen der Gasphase und der Flüssigkeit. Vorteilhaft ist der niedrige Druckverlust, der Destillationsdrücke bis herab zu 2 mbar ermöglicht.

Bei Böden stehen die Bauformen Glockenböden, Ventilböden mit beweglichen oder feststehenden Ventilen, Siebböden und Dual-flow Böden zur Verfügung.

*Glockenböden* weisen einen hohen Flüssigkeitsinhalt auf und können bei Reaktivdestillationen mit hohen Verweilzeitanforderungen eingesetzt werden. Der Flüssigkeitsstand auf einem Boden kann bis zu 0,5 m betragen. Bei manchen Anwendungsfällen ist es vorteilhaft, dass die Flüssigkeit beim Abstellen der Anlage auf den Böden verbleibt. Der Betriebsbereich von Glockenböden ist besonders weit (Abb. 7.2-29).

Eine kostengünstigere Ausführungsform von Böden sind *Ventilböden*, die auch eine größere Belastung zulassen und einen niedrigeren Druckverlust aufweisen.

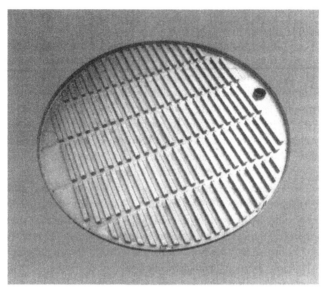

**Abb. 7.2-29** Aufsicht auf einen modernen „Glocken"-Boden.

Die niedrigsten Kosten weisen die besonders einfachen *Siebböden* auf. Der Belastungsbereich ist allerdings eingeschränkt.

Der Nachteil eines eingeschränkten Belastungsbereichs gilt insbesondere für *Dualflow Böden*, die ohne Ablaufschächte für die Flüssigkeit ausgeführt werden und bei denen gleichzeitig Gas und Flüssigkeit durch die Bohrungen tritt. Hauptanwendungsgebiete sind Trennungen mit hoher Verschmutzungsanfälligkeit, beispielsweise bei zur Polymerisation neigenden Stoffen.

Bodenkolonnen zeigen bei niedrigen Betriebsdrücken infolge der großen Gasvolumina starken Tropfenmitriss (*Entrainment*), der wegen der Flüssigkeitsrückvermischung die Trennleistung beeinträchtigt. Zur Erhöhung des Durchsatzes kann man in der Sprühschicht etwa 5 bis 10 cm hohe Füllkörper- oder Packungsschichten einbringen, die als Tropfenabscheider wirken.

*Hochleistungsböden*, die in verschiedensten konstruktiven Ausführungen gefertigt werden, müssen sehr sorgfältig auf den jeweiligen Anwendungsfall zugeschnitten werden und verfügen nur über eine sehr enge Belastungsbreite.

Destillationen unter einem *Druck von mehr als etwa 4 bar* werden bevorzugt in Bodenkolonnen vorgenommen. Infolge der hohen Flüssigkeitsberieselungsdichten bei Druckdestillationen neigt bei Packungskolonnen der Flüssigkeitsfilm stoffabhängig zu Instabilitäten.

Der Hauptvorteil von Böden liegt in den niedrigeren Kosten, die bei Kolonnendurchmessern oberhalb von etwa 1,5 m zum Tragen kommen. Bei kleinen Kolonnendurchmessern lassen sich Böden nur umständlich montieren. Hier werden Packungskolonnen bevorzugt. Im Falle sehr niedriger Betriebsdrücke, die beispielsweise durch hohe thermische Empfindlichkeit der zu trennenden Stoffe erzwungen werden, bieten Packungskolonnen die bessere Alternative.

In *Produktionsanlagen* sind die früher überwiegend eingesetzten Bodenkolonnen bei Kolonnendurchmessern von bis zu etwa 1,5 m vielfach Packungskolonnen mit geordneten oder ungeordneten Packungen gewichen. Ausnahmen sind Trennungen, bei denen zwei flüssige Phasen auftreten, die Trennungen niedrigsiedender Kohlenwasserstoffe, unter einem Druck von mehr als etwa 4 bar betriebenen Kolonnen oder die Auftrennung von zur Polymerisation neigenden Stoffe.

Im Bereich sehr niedriger Drücke – der Kopfdruck bei Destillationen kann Werte bis herunter zu 1 bis 2 mbar annehmen - werden überwiegend geordnete Packungen aus Drahtgeweben eingesetzt. Gängige industrielle Bauformen sind die Typen Montz A3 oder Sulzer BX, mit einer spezifischen Oberfläche von 500 m$^2$ m$^{-3}$. Bei Drücken von etwa 10 mbar bis etwa 4 bar können Blechpackungen (z. B. Montz B1, Sulzer Mellapak) oder Packungen aus Streckmetall (Montz BSH) mit spezifischen Oberflächen von etwa 100 bis 750 m$^2$ m$^{-3}$ vorgesehen werden. Bei den Packungen werden meist Bauformen mit Kreuzkanalstruktur verwendet, die eine Quervermischung von Gas- und Flüssigkeitsströmen über den Kolonnenquerschnitt bewirken (Abb. 7.2-30 und 31). Der Neigungswinkel der Knicke gegen die Horizontale beträgt meist 45°, kann aber zur Ermöglichung größerer Durchsätze auf Kosten einer Trennleistungsverminderung auch auf etwa 60° angehoben werden. Moderne Packungen weisen zumindest am unteren Rand der Packung einen steilen Anstellwinkel der Knicke auf. Dies erleichtert den Abfluss der Flüssigkeit auf die darunter befindliche Packungslage und hebt die Belastungsgrenze um etwa 30 % im Vergleich zu Packungen mit geradem Knickverlauf an (Abb. 7.2-30 und 31).

*Ungeordnete Packungen* in Form von Raschigringen, Pallringen, Sattelkörpern oder anderen Geometrien finden ebenfalls noch in großem Umfang Verwendung, werden jedoch zunehmend durch geordnete Packungen ersetzt. Sie können bei Anwendungen mit hoher Flüssigkeitsbelastung, beispielsweise Absorptionen, und niedrigen Anforderungen an den Druckverlust eingesetzt werden.

Die Zahl der erreichbaren Trennstufen hängt überwiegend von der Oberfläche der Packungen je Volumen ab. Sie liegen im Bereich von etwa 3/m bei 250 m$^2$ m$^{-3}$, 5/m bei 500 m$^2$ m$^{-3}$ und bis zu 10/m bei 75 m$^2$ m$^{-3}$ Packungen. Um Füllkörper mit Packungen vergleichen zu können, kann man für die spezifische Oberfläche von Füllkörpern etwa 5,7/Füllkörperabmessung setzen. Die spezifische Oberfläche von Packun-

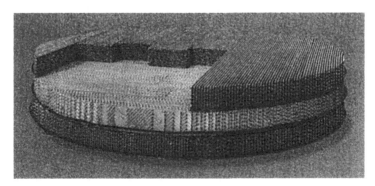

**Abb. 7.2-30**  Packung in Kreuzkanalstruktur mit geradem Knickverlauf (Sulzer Mellapak 250,Y).

**Abb. 7.2-31**  Packung mit bogenförmigem Knickverlauf (Montz-Pak Typ M).

gen ist in der Regel vom Hersteller angegeben. Gegebenenfalls kann man die spezifische Oberfläche ermitteln zu etwa 2,8/Breite der Einzellage.

Wenn *hohe Produktreinheiten* einzuhalten sind, ist bei Füllkörperkolonnen die Flüssigkeit in der Kolonne nach jeweils etwa 10 Trennstufen zu sammeln und erneut zu verteilen. Ungleichverteilungen der Flüssigkeit, wie Randgängigkeit der Flüssigkeit im Abtriebsteil der Kolonne oder auch zu geringe Berieselungsdichte im Verstärkungsteil, können die Einhaltung hoher Produktreinheiten ohne Zwischenverteiler auch bei stark überdimensionierten Packungshöhen unmöglich machen. Aus diesem Grund wird bei hohen einzuhaltenden Produktreinheiten auch heute noch oft auf Bodenkolonnen zurückgegriffen.

*Flüssigkeitsverteiler* sollen nach dem gegen Einbaufehler unempfindlichen Anstauprinzip arbeiten, indem die Flüssigkeit in dem Verteilerkasten etwa 15 cm hoch angestaut wird und durch exakt bemessene Bohrungen abfließt (Abb. 7.2-32). Bei üblichen Trennanforderungen sind etwa 200 Abtropfstellen je m$^2$ Querschnittsfläche vorzusehen. Sehr niedrige Flüssigkeitsmengen, die bei Destillationen im hohen Vakuum auftreten, führen zu sehr kleinen Bohrungsdurchmessern, die verstopfungsanfällig sind. Als Abhilfemaßnahme bieten sich Bauformen an, bei denen die geforderte Zahl von Abtropfstellen durch nachgeschaltete Verteilzungen erzielt werden, die nach dem Kapillarprinzip wirken (Abb. 7.2-33). Verteiler, die nach dem Überlaufprinzip arbeiten, indem beispielsweise die Flüssigkeit über gezahnte Wehre abläuft, sind sehr empfindlich gegen mangelhafte horizontale Ausrichtung.

Bei Packungskolonnen beziehen sich die Herstellerangaben bezüglich der Trennleistung meist auf das Stoffsystem Chlorbenzol/Ethylbenzol, mit dem sich wegen der hohen Flüssigkeitsdichte und der niedrigen Viskosität besonders hohe Trennstufenzahlen erreichen lassen. Bereits der Übergang auf Alkangemische verringert die er-

**Abb. 7.2-32** Nach dem Anstauprinzip arbeitender Flüssigkeitsverteiler (Montz).

zielbare Trennstufenzahl um etwa 30 %. Hohe Viskositäten lassen eine weitere Abnahme um etwa 50 % erwarten. Ähnliche Leistungsverringerungen können bei Stoffsystemen mit Phasenzerfall auftreten [Siegert 1999]. Bei schlechter Benetzung, beispielsweise bei stark polaren Flüssigkeiten und Füllkörpern oder Packungen aus

**Abb. 7.2-33** Nach dem Anstauprinzip arbeitender Flüssigkeitsverteiler mit zusätzlich kapillar wirkenden Abtropfzungen (Montz).

Kunststoff, können durch Bachbildungen drastische Leistungseinbrüche erfolgen. Auch der Dampfbelastungsfaktor, die Flüssigkeitsberieselungsdichte und der Betriebsdruck sind von Einfluss. Die Trennleistung von Packungskolonnen wird stark von deren Belastung bestimmt (Abb. 7.2-11).

Als Anhaltswerte für die Trennleistung von Kolonneneinbauten können gelten:

- Glockenböden, Ventilböden, Siebböden: 2 – 3 Böden/m, Bodenwirkungsgrad 60 – 75 %
- Dual-flow-Böden: 2 – 3 Böden/m, Bodenwirkungsgrad 40 – 50 %
- Gewebepackungen mit 750/500/250 $m^2 \ m^{-3}$: 10/5/3 Stufen/m
- Blechpackungen mit 750/500/250 $m^2 \ m^{-3}$: 6/4,5/3 Stufen/m
- Füllkörper mit 50/25/15 mm Abmessungen: 1,5/2/4 Stufen/m.

Der *Druckverlust* ist aus Herstellerangaben zu entnehmen. Er steigt bei gegebenem Dampfbelastungsfaktor mit zunehmender Flüssigkeitsberieselungsdichte an. Für Bodenkolonnen kann man etwa 5 mbar, bei Packungskolonnen etwa 0,1 bis 0,5 mbar je theoretische Trennstufe ansetzen.

Der *Flüssigkeitsinhalt* beträgt bei Bodenkolonnen etwa 5 – 10 % des Kolonnenvolumens. Bei Füllkörperkolonnen können etwa 2,5 (hohes Vakuum oder grobe Blechpackungen) bis 8 % angenommen werden. Wenn bei *thermisch empfindlichen Stoffen* kleine Flüssigkeitsinhalte angestrebt werden, kann man geordnete Packungen in Kreuzkanalstruktur einsetzen, bei denen die Knicke gegen die Vertikale nur schwach geneigt sind. Sie lassen die Flüssigkeit rascher ablaufen. Entsprechend kann man bei *homogen katalysierten Reaktivdestillationen* höhere Flüssigkeitsholdups erzielen, wenn man stärkere Neigungen vorsieht. Reichen diese Maßnahmen nicht aus, geht man auf Bodenkolonnen mit hohem Flüssigkeitsstand in den Ablaufschächten oder auf außenliegende Verweilzeitbehälter über.

### 7.2.4.4
### Experimentelle Ausarbeitung

Bei der *experimentellen Ausarbeitung* von destillativen Trennungen können sowohl Glockenbodenkolonnen mit einem Mindestdurchmesser von 30 bis 40 mm als auch Füllkörper- oder Packungskolonnen mit einem Mindestdurchmesser von 30 mm eingesetzt werden. Hinsichtlich der Übertragung der Trennstufenzahl sind *Glockenbodenkolonnen am günstigsten*, da bei ihnen die Trennleistung nur wenig von der Belastung, dem Systemdruck und dem zu trennenden Stoffsystem abhängt. Nach Möglichkeit werden Kolonnen aus Glas verwendet.

*Füllkörperkolonnen* mit ungeordneten Packungen, beispielsweise Maschendrahtringen mit 3 bis 5 mm Durchmesser, sind hinsichtlich ihrer *Trennleistung stark belastungsabhängig* (40 – 10 Stufen/m) und daher hinsichtlich ihrer Ergebnisse *nur schwer direkt auf Großanlagen übertragbar*. Mit abnehmender Flüssigkeitsberieselungsdichte stellen sich kleinere Filmdicken auf den Füllkörpern ein, die den Stoffübergang erleichtern und zu höheren Trennstufenzahlen führen. Diese Charakteristik weisen auch geordnete Packungen aus Drahtgeweben auf, beispielsweise die Bauarten Sulzer DX (30 – 15 Stufen/m) und EX (40 – 15 Stufen/m), die eine spezifische Oberfläche von mehr als 1 000 bis 1 900 m$^2$ m$^{-3}$ aufweisen und damit niedrige Bauhöhen von Versuchsapparaturen ermöglichen. Geringere Abhängigkeiten der Trennstufenzahl vom Durchsatz weisen geordnete Blechpackungen auf, beispielsweise das Fabrikat Kühni Rombopak 9M oder Graphitpackungen, wie das Fabrikat Sulzer Mellacarbon. Der Einsatz desselben Packungstyps wie in der Großanlage bietet – sofern dies im Hinblick auf den kleinen Durchmesser der Versuchsapparatur überhaupt sinnvoll ist – nur teilweise eine Abhilfe, da sich wegen der kürzeren Kanallängen bei Kreuzkanalstrukturen häufigere Umlenkungen des Brüdenstroms ergeben, aus denen höhere Druckverluste und um etwa 20 % günstigere Trennstufenzahlen resultieren. Erst oberhalb eines Kolonnendurchmessers von etwa 0,8 m tritt diese Abhängigkeit der Trennleistung vom Kolonnendurchmesser nicht mehr auf.

Die *experimentelle Ausarbeitung* von destillativen Trennungen wird wegen diesen grundsätzlichen Unzulänglichkeiten der derzeit verfügbaren Versuchstechnik zweckmäßigerweise *mit einer mathematischen Modellbildung kombiniert*, um Unsicherheiten bei der Bestimmung der für die Auslegung der Großanlage wichtigen Trennstufenzahl zu verringern.

### 7.2.4.5
### Spezielle Destillationsverfahren

Für die Auftrennung *azeotroper oder schwer trennbarer Gemische* mit relativen Flüchtigkeiten, die unter etwa 1,4 liegen, bieten sich *spezielle destillative Trennverfahren* an, die 2-Druckdestillation, die Extraktiv- und die Azeotrop-Rektifikation.

Die *2-Druckdestillation* ist besonders aussichtsreich, wenn die azeotropbildenden Komponenten sehr *unterschiedliche Verdampfungswärmen* aufweisen. Die hierdurch bedingte abweichende Steilheit der Dampfdruckkurven führt zu einer druckabhängig verschiedenen Azeotropzusammensetzung.

**Beispiel 7.2-3** _____

*Tetrahydrofuran bildet bei Normaldruck mit Wasser ein Azeotrop mit einem Gehalt von 5,3 % Wasser. Bei einem Druck von 7 bar weist das Azeotrop einen Gehalt von 12 % Wasser auf. Diese verschiedene Azeotropzusammensetzung kann man zur Auftrennung des Gemisches in Reinstoffe nutzen (Abb. 7.2-34).*

*Die Extraktivdestillation nutzt die unterschiedlich große Löslichkeit der azeotropbildenden Substanzen in einem höhersiedenden Extraktionsmittel. Für die Auswahl geeigneter Extraktionsmittel stehen Hilfen sowie Expertensysteme [Erdmann 1986a, Trum 1986] zur Verfügung. Die Rückgewinnung des Extraktionsmittels erfordert zusätzlich eine nachgeschaltete Destillationskolonne.*

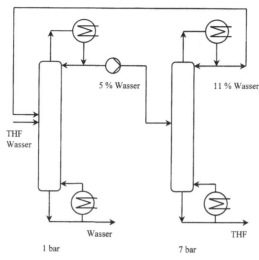

5 % Wasser

11 % Wasser

THF
Wasser

Wasser

THF

1 bar

7 bar

**Abb. 7.2-34**  2-Druckdestillation zur Entwässerung von Tetrahydrofuran.

**Beispiel 7.2-4** _____

*Ein azeotropes Gemisch aus Isopropanol und Wasser wird durch Zusatz von Ethylenglykol getrennt. Die Extraktivdestillation bewirkt eine Auftrennung in wasserfreies Isopropanol, das am Kopf entnommen wird, sowie ein Sumpfprodukt aus Wasser und Ethylenglykol. Dieses Gemisch wird in der nachgeschalteten Destillationskolonne unter vermindertem Druck in Wasser und Ethylenglykol getrennt. Das Ethylenglykol wird vor der Rückeinspeisung in die Extraktivdestillation gekühlt (Abb. 7.2-35).*

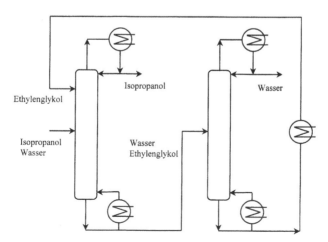

Ethylenglykol

Isopropanol

Wasser

Isopropanol
Wasser

Wasser
Ethylenglykol

**Abb. 7.2-35**  Extraktivdestillation zur Entwässerung von Isopropanol.

Bei der *Azeotropdestillation* werden schwer trennbare Gemische durch Zugabe einer Komponente aufgetrennt, die mit nur einem Bestandteil des Ausgangsgemisches ein leichtsiedendes Azeotrop bildet. Das Verfahren kommt selten zur Anwendung.

Ein häufig auftretender Sonderfall ist die *Heteroazeotropdestillation*, bei der Wasser als Azeotropkomponente vorliegt und eine Mischungslücke bildet.

**Beispiel 7.2-5** _____

*Phthalsäure wird mit n-Butanol diskontinuierlich verestert. Das freiwerdende Reaktionswasser wird zusammen mit n-Butanol abdestilliert, in einem Phasenscheider getrennt und über eine Strippkolonne ausgeschleust (s. Abb. 7.2.-36).*

_____

Ist der Rektifikationsprozess mit einer chemischen Reaktion gekoppelt, spricht man von einer *Reaktivrektifikation*. Ein einfaches Beispiel ist ein Veresterungsrührkesselreaktor, in dem die chemische Reaktion abläuft, mit einer aufgesetzten Kolonne zur Abtrennung des Reaktionswassers [Stichlmair 1998, Frey 1998a].

Zunehmend werden auch Reaktivrektifikationen industriell eingesetzt, bei denen kein separater Reaktor vorhanden ist und die chemische Reaktion in der Destillationskolonne selbst abläuft. Typische Reaktionsklassen sind Veresterungen, Umesterungen und Verseifungen, Acetalbildungen und Acetalspaltungen, Veretherungen, Oxidationen und Hydrierungen. Hinsichtlich der Auslegung solcher Reaktivdestillationen sind 3 Fälle zu unterscheiden:

1. die Reaktion läuft autokatalytisch ab
2. die Reaktion wird homogen katalysiert
3. die Reaktion wird heterogen katalysiert.

Bei autokatalytischen Reaktionen muss bei mäßigen Reaktionsgeschwindigkeiten technisch eine ausreichend große Verweilzeit bereitgestellt werden. Ein typisches Beispiel ist die Verseifung eines Esters, die durch die freiwerdende Säure katalysiert wird.

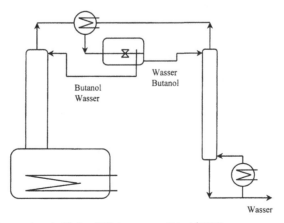

**Abb. 7.2-36**  Heteroazeotropdestillation (Erläuterungen s. Beispiel 7.2-5).

Auch homogen katalysierte Reaktionen benötigen häufig große Verweilzeiten. Als Katalysatoren dienen meist hochsiedende Mineralsäuren oder Laugen. In einigen Fällen gelingt es, flüchtige Katalysatoren einzusetzen, die durch die Destillationswirkung in der Reaktionszone gehalten werden können, beispielsweise Salpetersäure oder Salzsäure.

Nicht immer gelingt es, über die üblichen Destillationseinbauten ausreichend große Verweilzeiten für die Flüssigkeit in der Kolonne bereitzustellen. Als Abhilfemaßnahmen bieten sich spezielle Verweilzeitböden an, die meist als Glockenböden mit einem hohem Flüssigkeitsstand von bis zu 0,5 m ausgebildet sind (Abb. 7.2-29).

Für heterogen katalysierte Reaktionen wurde eine Vielzahl von katalytisch aktiven Einbauten entwickelt, bei denen der Katalysator entweder auf die Packungsstruktur aufgebracht ist oder beispielsweise in flüssigkeitsdurchlässigen Drahtgewebetaschen untergebracht ist (Abb. 7.2-37). Bei Bodenkolonnen kann der Katalysator in den Ablaufschächten der Flüssigkeit untergebracht werden.

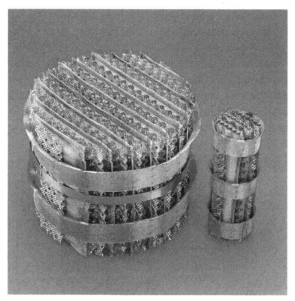

**Abb. 7.2-37**   Einbauten zur Aufnahme von Katalysatoren. Fa. Sulzer, Fa. CDTech.

## 7.3
# Absorption und Desorption, Strippung, Trägerdampfdestillation

### 7.3.1
### Grundlagen

Eine *Absorption* ähnelt einer Extraktivdestillation. Die zu absorbierende Komponente wird jedoch aus einem Gasstrom entfernt, der im Wesentlichen aus einem unter Betriebsbedingungen nicht kondensierbaren Gas besteht:

**A** (zu absorbierender Stoff) in nicht kondensierbarem Gas (**G**, $Y_0$) + Absorptionsflüssigkeit (**F**, $X_0$) →
beladenes Lösungsmittel (*F*, $X_e$) + nicht kondensierbares Gas mit Restanteilen A (*G*, $Y_e$)

Großtechnische Anwendungen sind z.B. die Entfernung von $CO_2$ und/oder $H_2S$ aus Erdgas (sog. Sauergaswäschen) mit Hilfe von Aminen (N-Methyldiethanolamin plus Piperazin). Der umgekehrte Vorgang, die Abtrennung einer absorbierten Komponente, wird als *Desorption* bezeichnet. Der Übergang von einer Chemisorption, beispielsweise der Absorption von $SO_3$ bei der Schwefelsäureherstellung, zu einer physikalischen Absorption, wie der Entfernung von Lösungsmittelanteilen mit einem hochsiedenden Lösungsmittel aus Abluft, ist fließend. Wenn die zu absorbierende Komponente anschließend über eine Desorption wieder zurückgewonnen werden soll, ist das Extraktionsmittel hinsichtlich Selektivität und Kapazität sorgfältig auszuwählen, um einen günstigen Gesamtprozess (Abb. 7.3-1) zu erhalten.

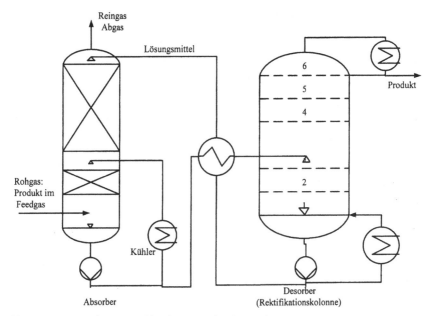

**Abb. 7.3-1** Gesamtschema einer Absorber / Desorber-Trenneinheit.

Zur Auswahl von Absorptionsmitteln können Expertensysteme ähnlich wie für Extraktivdestillationen oder Extraktionen genutzt werden [Erdmann 1986a, Trum 1986].

Im Folgenden sind wichtige *Auswahlkriterien* für die Absorptionsflüssigkeit F angegeben:

- hohe Kapazität für A
- hohe Selektivität für A
- leichte Regenerierbarkeit (Trennung A/F)
- geeigneter Siedepunkt (nicht zu hoch, damit es destillativ regenerierbar ist; nicht zu tief, damit die Beladung im Abgasstrom an Lösungsmittel nicht zu hoch ist).
- nicht korrosiv
- chemisch und thermisch stabil
- nicht toxisch und biologisch abbaubar
- niedrige Viskosität
- gute Verfügbarkeit und günstiger Preis.

### 7.3.2
### Dimensionierung

Die *Auslegung eines Absorbers* bzgl. theoretischer Stufenzahl und Querschnittsfläche kann formal analog wie bei der Rektifikation via *Treppenstufen-Verfahren* erfolgen:

Als *Gleichgewichtsbeziehung* wird oft das Henrysche[12] Gesetz benutzt:

$$P_A = H_A \cdot x \text{ bzw. } y = \frac{H_A}{P} \cdot x \tag{7.3-1a}$$

$H_A$/bar mol mol$^{-1}$ = Henrykonstante
$x$/ mol mol$^{-1}$    = Molenbruch von A in der Flüssigkeit
$y$/ mol mol$^{-1}$    = Molenbruch von A im Gas
$P_A$             = Partialdruck von A
$P$              = Gesamtdruck.

oder in der Form:

$$A/(\text{mol L}^{-1}) = K_H/(\text{mol bar}^{-1} \text{ L}^{-1}) \cdot P_A/bar$$

mit

$$K_H \approx \frac{P}{RT} \cdot \frac{1}{H_A}, \text{ wenn } x_A \ll x_B \tag{7.3-1b}$$

(R = 0,082052 L atm K$^{-1}$).

Es gilt als Anhaltswert, dass die Henrykonstante kleiner als etwa 10 bar mol mol$^{-1}$ sein sollte, um ein wirtschaftliches Absorptionsverfahren zu ermöglichen. Setzt man an-

---

**12** *William Henry*, brit. Physiker und Chemiker (*1774-1836*).

stelle der Molenbrüche ($y$, $x$) die Beladungen ($Y$, $X$) ein (s. unten), so ergibt sich für die Gleichgewichtskurve (Gl. (7.3-1)):

$$Y = [H_A/P] \cdot \frac{X}{1 + (1 - [H_A/P]) \cdot X} \qquad (7.3\text{-}2)$$

$X$ = Beladung der Flüssigkeit mit A
$Y$ = Beladung des Gases mit A
$P$ = Gesamtdruck.

Die *Bilanzbeziehungen* lassen sich am einfachsten formulieren, wenn als Konzentrationsmaß die Beladung eingeführt wird. Es wird zunächst das Trägergas als unlöslich im Lösungsmittel betrachtet und angenommen, dass der Dampfdruck des Lösungsmittels vernachlässigbar ist. Die Beladung des Gasstromes ($G$ in mol pro Zeit) bzw. der Absorptionsflüssigkeit ($F$ in mol pro Zeit) mit A ist definiert als:

$$Y = \frac{n_{AG}}{n_G} = \frac{n_{AG}}{G} = \frac{y}{1 - y} \text{ und } y = \frac{n_{AG}}{n_G + n_{AG}} = \frac{Y}{1 + Y} \qquad (7.3\text{-}3)$$

bzw.:

$$X = \frac{n_{AF}}{n_F} = \frac{n_{AF}}{F} = \frac{x}{1 - x} \text{ und } x = \frac{n_{AF}}{n_F + n_{AF}} = \frac{X}{1 + X} \quad . \qquad (7.3\text{-}4)$$

Nach den getroffenen Vereinbarungen sind $G$ und $F$ konstant. Für den in Abb. 7.3-2 gezeichneten Bilanzraum gilt:

$$G \cdot Y_0 + F \cdot X = G \cdot Y + F \cdot X_e \qquad (7.3\text{-}5)$$

**Tab. 7.3-1**    Henry-Koeffizient $K_H$ einiger ausgewählter Gas bei 20 °C in Wasser [Bliefert 1995].

| Gas | $K_H$ / $10^{-3}$ mol bar$^{-1}$ L$^{-1}$ |
|---|---|
| $N_2$ | 0,64 |
| $H_2$ | 0,74 |
| CO | 0,95 |
| $O_2$ | 1,27 |
| $C_2H_6$ | 1,94 |
| $C_2H_4$ | 5 |
| $CO_2$ | 36 |
| $C_2H_2$ | 42 |
| $Cl_2$ | 93 |
| $SO_2$ | 1620 |

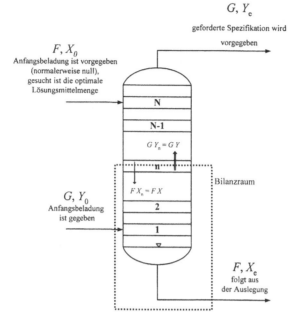

**Abb. 7.3-2** Schema eines Absorbers.

woraus folgt:

$$Y = \frac{F}{G} \cdot X + \left( Y_0 - \frac{F}{G} \cdot X_e \right). \tag{7.3-6}$$

Das gleiche gilt natürlich auch für die Gesamtbilanz:

$$G \cdot Y_0 + F \cdot X_0 = G \cdot Y_e + F \cdot X_e. \tag{7.3-7}$$

Einsetzen von Gl. (7.3-7) in Gl. (7.3-6) für $X = X_0$ ergibt $Y = Y_e$, d. h. dass alle Bilanzgeraden durch den Punkt $(X_0, Y_e)$ gehen müssen. Die Steigung der Bilanzgeraden entspricht $F/G$ und sie wird minimal, wenn die Gerade durch den Schnittpunkt der $Y_0$-Parallelen mit der Gleichgewichtskurve geht (Abb. 7.3-3a). Aus dieser Steigung ergibt sich die minimale Absorptionsflüssigkeitsmenge $(F/G)_{min}$, d. h. der Mengenstrom an $F$, der gerade noch ausreicht, um bei unendlicher Stufenzahl die Spezifikation $Y_e$ zu gewährleisten. Durch Auftragen verschiedener Bilanzgeraden (Gl. (7.3-6)) mit unterschiedlichen $F/G$-Verhältnissen (mit $F/G > (F/G)_{min}$) erhält man durch das Treppenstufenverfahren ein $N/F$-Diagramm, aus dem sich das wirtschaftliche Optimum zwischen der Bodenzahl $N$ und der Adsorptionsflüssigkeitsmenge $F$ ergibt (Abb. 7.3-3b).

Durch Auftragung der Bilanzbeziehung (Gl. (7.3-6)) und der Gleichgewichtsbeziehung (Gl. (7.3-2)) erhält man durch das Treppenstufenverfahren (Abb. 7.3-3) die Größen:

- minimale Absorptionsflüssigkeitsmenge (Lösungsmittelmenge, die benötigt wird, um bei unendlich vielen Stufen die Trennaufgabe gerade zu erfüllen) aus dem Schnittpunkt der Bilanzgeraden mit dem Punkt ($Y_0$, $X_e$) (Abb. 7.3-3a)
- wirtschaftliches Optimum zwischen Bodenzahl $N$ und Lösungsmittelmenge $F$ durch Auftragung eines $N/F$-Diagramm (Abb. 7.3-3b).

Voraussetzung für diese Treppenkonstruktion ist, dass die Kolonne isotherm arbeitet. Da aber auf den ersten Böden fast die gesamte Absorptionswärme (ca. Kondensationswärme) frei wird und somit die Temperatur der unteren Böden steigt, ist es günstig, die Wärmeenergie aus dem 1. Boden via Umlaufquench über einen außenliegenden Wärmetauscher abzuführen (Abb. 7.3-1).

Für die Absorption werden die gleichen Bodenkonstruktionen wie für die Rektifikation verwendet. Der Wirkungsgrad der praktischen Stufe ist jedoch bei der Absorption geringer als bei Rektifikationen. Neben den üblichen Kolonnen verwendet man deshalb auch Apparate, bei denen der Kontakt der Phasen sehr intensiv gestaltet wird, wie z. B. beim Strahlwäscher oder bei Sprühtürmen. Daher wird oft, im Gegensatz zur Destillation, zur Absorberauslegung nicht das Konzept der theoretischen Trennstufen, sondern bevorzugt das *Stoffübergangskonzept* (Abb. 7.3-4) mit Bestimmung der gas- und flüssigkeitsseitigen Übergangseinheiten und der Höhe $H$ dieser Übergangseinheiten eingesetzt [Sattler 1995].

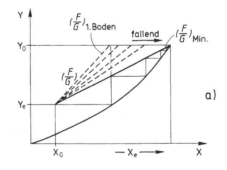

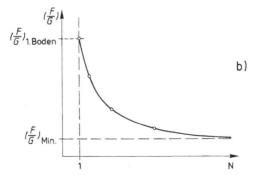

**Abb. 7.3-3** Auslegung einer Absorberkolonne nach dem Treppenstufenverfahren. a) Ermittlung der minimalen Absorptionsflüssigkeitsmenge; b) Ermittlung der optimalen Absorptionsflüssigkeitsmenge.

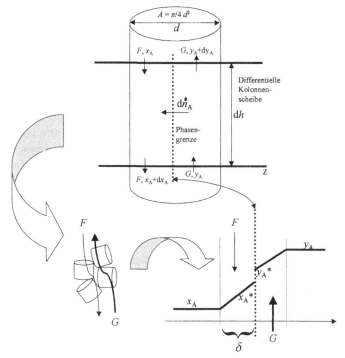

**Abb. 7.3-4** Stoffübergangsmodell (HTU-NTU-Verfahren):

- $A$ = Kolonnenquerschnitt= $\pi/4\ d^2$
- $dh$ = Höhe der differentiellen Kolonnenscheibe
- $A_{Ges} = a\ A\ dh$ = gesamte innere Austauschfläche der differentiellen Kolonnenscheibe
- Stoffübergang von A aus der Gasphase zur Grenzfläche (1. Ficksches Gesetz):

$$\dot{n}_A = D_G \cdot A_{Ges} \cdot \frac{dc_A}{dz} = \frac{D_G}{\delta} \cdot A_{Ges} \cdot dc_A$$

mit dem Diffusionskoeffizienten $D_G$. Umrechnung von Molarität $c_A$ in den Molenbruch $y_A$ nach:

$$c_A \approx \frac{\rho_{Mischung}}{M_{Inertgas}} \cdot y_A \text{ (s. Anhang 8.6) und der Einführung des}$$

Stoffübergangskoeffizienten: $\beta_G^* = \frac{D_G}{\delta}$

in [m s$^{-1}$] bzw. $\beta_G = \frac{\rho_{Mischung}}{M_{Inertgas}} \cdot \frac{D_G}{\delta}$ in [m s$^{-1}$ mol m$^{-3}$] ergibt:

$$\dot{n}_A = \beta_G \cdot A_{Ges} \cdot dy_A = \beta_G \cdot a \cdot A \cdot dh \cdot (y_A - y_A^*)$$

- Stoffübergang von A von Grenzfläche zur Flüssigkeitsphase analog oben:

$$\dot{n}_A = \beta_F \cdot A_{Ges} \cdot dx = \beta_F \cdot a \cdot A \cdot dh \cdot (x_A^* - x_A)$$

- Bilanz des Stoffüberganges:

$$\dot{n}_A = G \cdot dy_A = F \cdot dx_A$$

$$G \cdot dy_A = \beta_G \cdot a \cdot A \cdot dh \cdot (y_A - y_A^*)$$
$$F \cdot dx_A = \beta_F \cdot a \cdot A \cdot dh \cdot (x_A^* - x_A)$$

$$H = \int_0^H dh = \frac{G}{\beta_G \cdot a \cdot A} \cdot \int_{Y_{oben}}^{y_{unten}} \frac{dy_A}{(y_A - y_A^*)} = \frac{F}{\beta_F \cdot a \cdot A} \cdot \int_{x_{oben}}^{x_{unten}} \frac{dx_A}{(x_A^* - x_A)}$$

$H\quad = HTU \quad\cdot\quad NTU$

$HTU$ = height of a theoretical unit

$NTU$ = number of theoretical units.

$$H = \frac{F}{\beta_F \cdot a \cdot A} \cdot \int\limits_{x_{oben}}^{x_{unten}} \frac{dx}{(x^* - x)} = \frac{G}{\beta_G \cdot a \cdot A} \cdot \int\limits_{y_{oben}}^{y_{unten}} \frac{dy}{(y - y^*)} \qquad (7.3\text{-}8)$$

Ein Grund ist, dass der Stoffübergang bei der Absorption häufig sehr stark vom System abhängt, und damit die Apparatedimension in viel stärkerem Maße als bei der Rektifikation bestimmt. Entsprechende Rechenprogramme sind kommerziell verfügbar. Da nur für wenige Stoffsysteme vorab bekannt ist, inwieweit der Stoffübergangswiderstand auf der Gasseite oder auf der Flüssigkeitsseite liegt, ist man in starkem Maße auf eine experimentelle Ausarbeitung angewiesen. *Apparativ* kommen überwiegend Kolonnen zum Einsatz. Bei hohen Flüssigkeitsmengen werden meist Füllkörperkolonnen, bei niedrigen auch Bodenkolonnen genutzt. Die oft starke Neigung zum Schäumen kann zur Verwendung von groß dimensionierten Packungs- oder Füllkörperkolonnen zwingen. Falls eine einzige theoretische Trennstufe bei der Absorption ausreichend ist, können auch Venturiwäscher oder Blasensäulen verwendet werden.

Aus Gl. (7.3-8) ergibt sich, dass für die Dimensionierung die effektive Stoffaustauschfläche $a_{eff}$ und die Stoffübergangskoeffizienten in beiden beteiligten Phasen bekannt sein müssen. Aus experimentellen Untersuchungen kann in der Regel nur das Produkt aus Austauschfläche und Overal-Übergangskoeffizient, $a_{eff} \cdot \beta$ gefunden werden, Gl. (5-17)) [Last 2000].

### 7.3.3
### Desorption

Die *Desorption* (Abb. 7.3-1) erfolgt meist durch Erhitzen in einer Kolonne. Abhängig von den Gegebenheiten des Gesamtprozesses kann auch ein Ausstrippen mit einem weiteren Gasstrom oder eine Desorption durch Druckverminderung zur Anwendung kommen. Eine *Strippung* lässt sich auch bei niedrigen Temperaturen, beispielsweise bei Raumtemperatur, durchführen. Typische Anwendungsgebiete sind die Entfernung geruchlich störender Komponenten aus thermisch empfindlichen Stoffen.

### 7.3.4
### Trägerdampfdestillation

Ein Sonderfall der Desorption ist die sogenannte Trägerdampfdestillation, die zur schonenden thermischen Abtrennung hochsiedenden nicht mit Wasser mischbaren Stoffen eingesetzt wird. Als Trägerdampf kommt in der Regel Wasserdampf in Frage (Wasserdampfdestillation), da dieser anschließend einfach kondensiert werden kann; aber auch Stickstoff u. a. findet Verwendung. Die Maximaltemperatur wird auf die Siedetemperatur des Wassers bei dem gewählten Betriebsdruck $P$ begrenzt:

$$P \overset{!}{=} P_{H2O}^0(T) + P_A^0(T) \ (z.\ B.\ 1\ \text{bar Normaldruck}) \qquad (7.3\text{-}9)$$

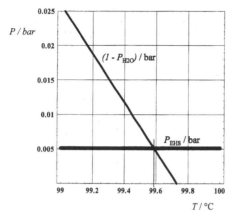

**Abb 7.3-5** Beispiel für die Ermittlung der Azeotroptemperatur $T_{AZ}$ für das System 2-Ethylhexansäure/Wasser:

$$\ln P^0_{EHS}/bar = 11{,}3053 - \frac{4533{,}73}{173{,}87 + T/°C}$$

$$\ln P^0_{H2O}/bar = 11{,}78084 - \frac{3887{,}20}{230{,}23 + T/°C}$$

Nach Gl. (7.3-10) ergibt sich für das gewählte Beispiel, dass 25 t Wasser zum Strippen für 1 t Etylhexansäure benötigt werden.

Die Auslegung erfolgt durch Bestimmung der Azeotroptemperatur $T = T_{AZ}$, bei der obige Gleichung erfüllt wird. Dies kann im einfachsten Fall zeichnerisch (Abb. 7.3-5) oder rechnerisch (nichtlineare Gleichungssolver) durchgeführt werden. Die benötigte Trägerdampfmenge, die zum Strippen von einem Mol A benötigt wird, ergibt sich dann zu:

$$n_{H2O}/n_A = \left(\frac{P - P_A}{P_A}\right) \approx \frac{P}{P_A}. \tag{7.3-10}$$

## 7.4
## Extraktion

Unter der Flüssig/Flüssig-Extraktion als einem der klassischen Trennverfahren versteht man die Überführung gelöster Komponenten ($E$, Extraktstoff) einer beladenen Flüssigkeit (Synonyme: $R$, Abgeberphase, Raffinatphase) in eine andere, koexistente Flüssigkeit (Synonyme: $L$, Aufnehmerphase, Extraktphase, Solvent, Lösungsmittel, Extraktionsmittel). Voraussetzung hierfür ist eine weitestgehende Unmischbarkeit von Raffinat- und Extraktphase. Ist die treibende Kraft des Stoffübergangs nicht nur die Erreichung des physikalischen Flüssig/Flüssig-Phasengleichgewichtes, sondern kommt eine chemische Treibkraft hinzu, wie Solvatisierung, Chelatbildung, Anionen- oder Kationenaustausch, so spricht man von Reaktivextraktion:

$$(E \text{ in } R) + L \rightarrow$$

$$(E \text{ in } L, \text{ gesättigt mit } R) + (\text{Rest } E \text{ in } R, \text{ gesättigt mit } L).$$

Man erkennt, dass damit direkt keine Trennung von $E$ und $R$ erreicht wird, es wird nur $E$ in $L$ überführt; das Trennproblem wird verlagert. Zusätzlich wird $R$ aufgrund der endlichen Löslichkeit mit $L$ gesättigt, dadurch kontaminiert und umgekehrt. Daraus folgt, dass nach der Extraktion mindestens zwei weitere Trennschritte folgen müssen, normalerweise Rektifikationen (Abb. 7.4-1) [Schierbaum 1997].

Daher wird man die Extraktion gegenüber der Rektifikation nur unter besonderen Randbedingungen bevorzugen. Diese können sein:

- Extraktion von temperaturempfindlichen, hochsiedenden oder nichtflüchtigen Stoffen
- Trennung azeotroper Gemische
- Trennung von Stoffen mit ähnlichem Siedepunkt (geringe Trennfaktoren, d. h. die relativen Flüchtigkeiten der zu trennenden Stoffe sind < 1,1)
- Anwesenheit von anorganischen Salzen (Problem der Heizflächenverkrustung bei der Rektifikation).

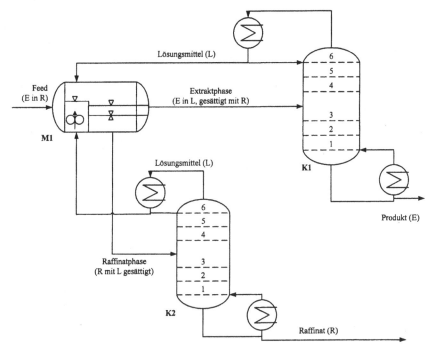

**Abb. 7.4-1** Extraktion mit Folgetrenneinheiten (schematisch) [Schierbaum 1997].
M1: Mixer-Settler-Stufe
K1: Rektifikationskolonne, Abtrennung des Lösungsmittels vom Produkt
K2: Stripper, Abtrennung des Lösungsmittels von der Raffinatphase.

Verglichen mit dem am häufigsten angewandten Verfahren, der Destillation, sind die Kenntnisse über die Grundlagen der Flüssig/Flüssig-Extraktion gering. Eine ausreichend genaue Beschreibung von Hydrodynamik und Stoffaustauschraten flüssiger Systeme zur Auslegung von Apparaten ist derzeit für viele Anwendungsfälle nicht möglich. Die Entwicklung eines Extraktionsapparates erfordert meist auf das zu verarbeitende Stoffsystem abgestimmte zeit- und kostenintensive Pilotversuche in Labor- und Technikumskolonnen. Besonders wichtig sind hier Versuche mit Originallösungen, z. B. aus einer integrierten Miniplant.

## 7.4.1
## Grundlagen

Die Grundlage der Flüssig/Flüssig-Extraktion liefert die thermodynamische Gleichgewichtslehre. Zwei unmischbare flüssige Teilsysteme (1) und (2) stehen im Gleichgewicht zueinander, wenn alle Austauschvorgänge an Materie, Energie und Impuls zum Erliegen gekommen sind, d. h. wenn chemisches Potenzial, Temperatur und Druck in beiden Phasen gleich sind. Wird für das chemische Potenzial einer Komponente $E$ in der Phase (1) bzw. (2):

$$\mu_E^{(1)} = \mu_{E,0}^{(1)}\,(T, P) + RT \cdot \ln\left(\gamma_E^{(1)} \cdot x_E^{(1)}\right) \tag{7.4-1}$$

angesetzt, so beschreibt das chemische Standardpotenzial den Zustand der reinen Komponente $E$ mit den Eigenschaften der ideal verdünnten Lösung. In den Teilsystemen (1) und (2) kann das chemische Potenzial der Komponente $E$ jeweils nach obiger Gleichung beschrieben werden. Im Fall der Gleichgewichtseinstellung folgt auf Grund obiger Vorraussetzung bei Verteilung der Komponente $E$ auf die beiden Phasen (1) und (2):

$$exp\left[\frac{\mu_{E,0}^{(1)} - \mu_{E,0}^{(2)}}{RT}\right] = \frac{\gamma_E^{(2)} \cdot x_E^{(2)}}{\gamma_E^{(1)} \cdot x_E^{(1)}} = K_E(T). \tag{7.4-2}$$

Für ausreichende Verdünnung gilt $\gamma_E \to 1$, und Gl. (7.4-2) vereinfacht sich zum *Nernstschen Verteilungssatz*:

$$K_E(T) = \frac{x_E^{(2)}}{x_E^{(1)}}, \tag{7.4-3}$$

der für die Extraktion die gleiche Bedeutung hat wie das Raoultsche Gesetz für die Rektifikation. Für reale Systeme ist der Verteilungskoeffizient $K_E$ aber stark konzentrationsabhängig. Damit ist eine wichtige Anforderung an die Auswahl des Extraktionsmittels gestellt, nämlich einen möglichst *hohen* $K_E$-*Wert* zu besitzen. Weitere wichtige Randbedingungen, die an das Extraktionsmittel gestellt werden, sind [Schierbaum 1997]:

- hohe Selektivität $S = \dfrac{[E]/[R]|_{Extraktphase}}{[E]/[R]|_{Raffinatphase}}$
- geringe Löslichkeit im Raffinat
- ausreichende Dichtedifferenz zur Raffinatphase
- keine Azeotropbildung mit dem Extraktstoff
- hohe chemische und thermische Stabilität
- geringe Viskosität
- geeignete Werte der Grenzflächenspannung (Gefahr der Emulsionsbildung)
- nicht korrosiv
- geringe Toxizität und gute biologische Abbaubarkeit
- günstiger Preis und gute Verfügbarkeit.

Für die *Auswahl geeigneter Extraktionsmittel* stehen Auswahlhilfen und Experten-systeme zur Verfügung.

Die Ermittlung der *Extraktionstemperatur* ist eine Optimierungsaufgabe bzgl.:

- Temperatur des Feeds so wählen, dass kein zusätzlicher Wärmetausch erfolgen muss.
- Temperatur hoch wählen, damit das Absetzverhalten verbessert wird.
- Temperatur tief wählen, damit die Mischungslücke möglichst groß wird.

### 7.4.2
### Dimensionierung

Für die Dimensionierung von Extraktionsapparaten bzgl. der theoretischen Trennstu-fenzahl stehen eine Reihe von Methoden zur Verfügung:

#### McCabe-Thiele-Verfahren
Ist die gegenseitige Löslichkeit der beiden Phasen vernachlässigbar gering, so kann man – ähnlich wie bei der Rektifikation bzw. bei der Absorption – die theoretische Trennstufenzahl durch ein Treppenstufenverfahren (Treppenstufen zwischen Bilanz-geraden und Gleichgewichtskurve) ermitteln. Auch hier ist es günstiger als Konzen-trationsmaß mit Beladungen ($Y$, $X$) und nicht mit Molenbrüchen ($y$, $x$) zu arbeiten:

$$Y = \frac{E \text{ in (mol/h oder kg/h)}}{L \text{ (mol/h oder kg/h) Extrakt}} \tag{7.4-4}$$

$$X = \frac{E \text{ in (mol/h oder kg/h)}}{R \text{ (mol/h oder kg/h) Raffinat}}. \tag{7.4-5}$$

Aus Abb. 7.4-2a ergibt sich die *Bilanzgerade* zu:

$$R \cdot (X_0 - X) = L \cdot (Y_e - Y) \tag{7.4-6}$$

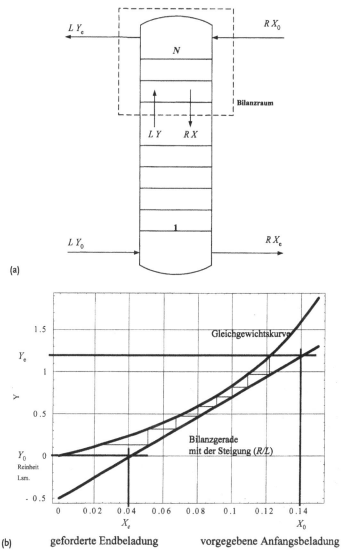

**Abb. 7.4-2** Massenbilanz einer Extraktion (a) und Anwendung des McCabe-Thiele-Verfahrens (b) zur Er-
mittelung der theoretischen Trennstufenzahl N und der minimalen Lösungsmittelmenge $L_{min}$.

bzw. nach Umstellung:

$$Y = Y_e + \frac{R}{L} \cdot (X - X_0).$$

(7.4-7)

Die *Gleichgewichtskurve* kann oft durch den Nernstschen Verteilungssatz (Gl. (7.4-3))
beschrieben werden. Sie muss aber normalerweise wegen der Konzentrationsab-
hängigkeit experimentell ermittelt werden:

$$y = K_E \cdot x \text{ (Molenbrüche)} \tag{7.4-8a}$$

$$Y = \frac{\dfrac{K_E \cdot X}{1 + X}}{1 - \dfrac{K_E \cdot X}{1 + X}} \text{ (Beladungen).} \tag{7.4-8b}$$

Die Messung der *Phasengleichgewichte* lässt sich in thermostatisierten Ausrührgefäßen leicht durchführen. Diese Vorversuche liefern bereits wertvolle Hinweise auf die Dispergierbarkeit und die Phasentrennzeit. Auf Basis der Phasengleichgewichte wird die *benötigte Trennstufenzahl* rechnerisch ermittelt.

**Beispiel 7.4-1** _____

*geg.: $X_0$: Anfangsbeladung von E in R (0,14)*
*$X_e$: geforderte Endbeladung (0,04)*
*$Y_0$: Reinheit des Lösungsmittels (E in R ist null)*
*$K = 5$*
*ges.: Zahl der Trennstufen N für ein vorgegebenes Verhältnis $R/L$.*
*Nach Abb. 7.4-2b ergibt sich eine theoretische Trennstufenzahl von 7,5.*

**Polstrahlverfahren**
Wenn die gegenseitige Unmischbarkeit nicht mehr gegeben ist, kann die Auslegung nach dem obigen Verfahren nicht mehr durchgeführt werden. In der Praxis sind diese Systeme mit teilweiser Mischbarkeit der häufigere Fall. Hier muss das *Polstrahlverfahren* angewendet werden, bei dem die gegenseitige Löslichkeit der drei Komponenten:

L  Lösungsmittel (Aufnehmerphase, Extraktphase)
R  Raffinat (Abgeberphase)
E  Extraktstoff (übergehende Komponente),

durch die Binodalkurve im Dreiecksdiagramm angegeben (Abb. 7.4-3) wird. Die Binodalkurve ist experimentell relativ einfach durch Trübungstitration zugänglich. Die Gleichgewichtsbeziehungen werden durch die Konoden angegeben. Die Konoden schrumpfen nach oben zum kritischen Punkt (*Plait Point, PP*) zusammen, der nicht im Maximum liegen muss. Die experimentelle Bestimmung der Konoden, die man für viele Punkte benötigt, ist umständlich und zeitraubend. Man ermittelt deshalb nur eine begrenzte Zahl von Konoden und bestimmt die dazwischen liegenden durch grafische Interpolation via Schichtenzuordnungskurve. Das *Hebelgesetz* der Phasenmengen gilt ebenfalls im Dreiecksdiagramm. In Abb. 7.4-3 ergeben die Mischungen $P_1$ und $P_3$ die Mischung $P_2$ bzw. es teilt sich $P_2$ in die Mischungen $P_1$ und $P_3$. Für jede Komponente ergibt sich über die Massen- und Komponentenbilanz:

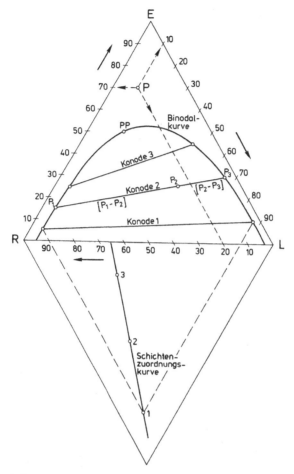

**Abb. 7.4-3** Dreiecksdiagramm mit:
- Punkt P (70 % E, 10 % L, 20 % R)
- Binodalkurve
- drei experimentell ermittelten Konoden
- Schichtenzuordnungskurve
- Veranschaulichung des Hebelgesetzes: die Mischungen $P_1$ und $P_3$ ergeben die Mischung $P_2$ bzw. es teilt sich die Mischung $P_2$ in die Punkte $P_1$ und $P_3$ entsprechend Gl. (7.4-10).

$$
\begin{aligned}
P_1 \cdot (x_{R1} - x_{R2}) &= P_3 \cdot (x_{R2} - x_{R3}) \\
P_1 \cdot (x_{L1} - x_{L2}) &= P_3 \cdot (x_{L2} - x_{L3}) \\
P_1 \cdot (x_{E1} - x_{E2}) &= P_3 \cdot (x_{E2} - x_{E3}).
\end{aligned}
\tag{7.4-9}
$$

Nach dem Ähnlichkeitsgesetz für Dreiecke folgt, dass $P_1$, $P_2$ und $P_3$ durch eine Gerade $[P_i - P_j]$ verbunden sind und dass gilt:

$$
P_1 \cdot [P_1 - P_2] = P_3 \cdot [P_2 - P_3].
\tag{7.4-10}
$$

**Einstufige Extraktion** (Abb. 7.4-4)

Das Raffinat $R_0$ wird mit dem Lösungsmittel $L$ ins Gleichgewicht gesetzt. Die Vorgabe des Mengenverhältnisses von $R_0$ und $L$ ergibt entsprechend dem Hebelgesetz (Gl. (7.4-10)) den Mischungspunkt $M$. Diese Mischung zerfällt entsprechend der Konode, die durch $M$ geht, in die beiden auf der Binodalkurve liegenden homogenen Mischungen $R_1$ und $L_1$.

**Gegenstromextraktion nach dem Polstrahlverfahren**

Bis auf die Ausgangsströme $R_0$ und $L_0$ resultieren alle Ströme aus der Gleichgewichtseinstellung. Alle Mischungszusammensetzungen bis auf $R_0$ und $L_0$ liegen deshalb auf der Binodalkurve.

Ist z. B. die durch Extraktion zu erreichende Zusammensetzung der Raffinatphase bezogen auf das binäre System $R/E$, $R_{soll}$ vorgegeben, so ergibt sich $R_E$ durch Verbindung von $R_{soll}$ und $L_0$. Wird weiterhin das Verhältnis von $R_0$ (Ausgangsraffinatphase) und Lösungsmittel $L$ vorgegeben, so ergibt sich der Mischungspunkt $M$. Über die Gesamtbilanz ($R_0 + L_0 = M = R_E + L_E$) ergibt sich $L_E$. Mit $R_0$, $L_E$, $R_E$ und $L_0$ ist auch der Pol der Bilanzgeraden $P$ gegeben (Abb. 7.4-5).

Für die Stufe 1 sind die Mischungen $L_E$ und $R_1$ durch die Konode verbunden. Die durch $L_E$ gehende Konode ergibt auf dem Raffinat-Ast der Binodalkurve $R_1$. $L_2$ ergibt sich entsprechend der Bilanz ($R_1 x_1 + P x_p = L_2 y_2$, Gerade durch $R_1$ und P).

Zusammengefasst ergibt sich folgendes Vorgehen für die Ermittlung der Stufenzahl $N$ für eine gegebene Lösungsmittelmenge:

- Vorgegebene Abreicherung von $R_0$ auf $R_{soll}$
- Vorgegeben wird $L_E$, welches sich aus den Grenzfällen minimale Lösungsmittelmenge $L_{min}$ und minimale Stufenzahl $N_{min}$ (s. unten) aus wirtschaftlichen Überlegungen analog der Rektifikation oder Absorption durch Auftragung einer $L/N$-Kurve ergibt.

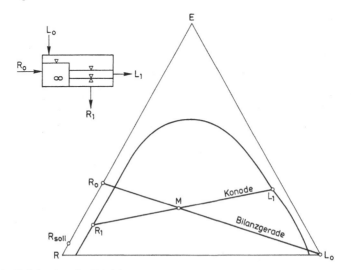

**Abb. 7.4-4** Einfache einstufige Extraktion.

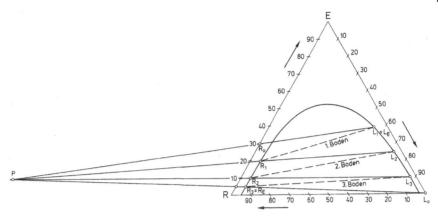

**Abb. 7.4-5** Polstrahlverfahren (Erläuterungen siehe Text).

- $R_E$ über $R_{soll}$
- $R_1$ über Konode
- $L_2$ über Bilanz Stufe 1 (Gerade durch P)
- $R_2$ über Konode
- $L_3$ über Bilanz Stufe 2 (Gerade durch P) usw.

Die Zahl der erforderlichen Stufen $N$ ist gleich der Zahl der benötigten Konoden bis $R_E$ erreicht ist. Durch Aufstellung des $L/N$-Diagramms analog Abb. 7.3-3b ergibt sich die optimale Lösungsmittelmenge $L_{opt}$ sowie die zugehörige optimale Stufenzahl $N_{opt}$.

**Grenzfälle**

*1. Minimale Lösungsmittelmenge*
Die minimale Lösungsmittelmenge $L_{min}$ ist die Menge, die bei unendlicher Stufenzahl benötigt wird, um gerade die vorgegebene Aufgabe (Abreicherung von $R_0$ auf $R_{soll}$) noch zu erfüllen (Abb. 7.4-6). Eine unendliche theoretische Stufenzahl ergibt sich, wenn der Pol P mit dem innersten Schnittpunkt einer Konode zusammenfällt. Man ermittelt diesen Pol $P_{min}$, indem man mehrere Konoden verlängert. Die Gerade $[R_0 - P_{min}]$ schneidet die Binodalkurve bei $L_{E,min}$. Die beiden Geraden $[R_0 - L_0]$, und $[R_E - L_{E,min}]$ schneiden sich dann im Punkt $M_{min}$. Das minimale Zulaufverhältnis ergibt sich dann entsprechend dem Hebelgesetz zu $L_0/R_0 = [R_0 - M_{min}]/[M_{min} - L_0]$.

*2. Lösungsmittelmenge bei einer theoretischen Stufe*
Die vorgegebene Aufgabe, die Abreicherung der Raffinatphase von $R_0$ nach $R_E$, ist auch oft mit einer Stufe zu erreichen (Abb. 7.4-7), wobei aber unverhältnismäßig viel Lösungsmittel eingesetzt werden muss. Die Gerade $[R_E - L_E]$ fällt dann mit einer Konode zusammen. Liegt der Punkt M dann auf der Binodalkurve oder außerhalb der Mischungslücke, so findet keine Phasentrennung mehr statt; das Lösungsmittel löst die gesamte Mischung auf.

Bisher wurde zur Dimensionierung einer Extraktion die Zahl der theoretischen Stufen ermittelt. Die Verbindung von theoretischem Stufenmodell und realer Trenn-

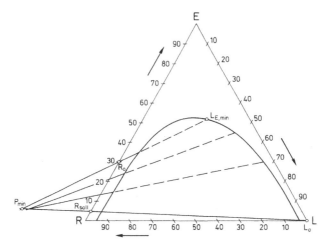

**Abb. 7.4-6** Ermittlung der minimalen Lösungsmittelmenge $L_{min}$.

kolonne wurde über den *Bodenwirkungsgrad* für Bodenkolonnen oder die Höhe einer theoretischen Stufe *HETS* für Füllkörper- bzw. Packungskolonnen hergestellt. Der eigentliche Stoffaustauschvorgang zwischen beiden Phasen blieb dabei unberücksichtigt, d. h. die Austauschgeschwindigkeiten wurden indirekt durch den empirisch ermittelten Wirkungsgrad oder die HETS ausgedrückt. Durch Anwendung von *Stoffaustauschmodellen* (*HTU/NTU*-Verfahren, s. Abb. 7.3-4) wird die Kinetik des Stoffaustauschvorganges berücksichtigt. Der Stoffaustausch zwischen zwei Phasen ist das Ergebnis von drei Transportschritten, dem Abtransport aus der Abgeberphase an die Phasengrenze, dem Durchtritt durch die Phasengrenze und dem Abtransport in die Aufnehmerphase. Eine Beschreibung des Stoffaustauschs bei der Flüssig/Flüssig-Extraktion setzt daher die Kenntnis von Phasengleichgewichten und der Extrak-

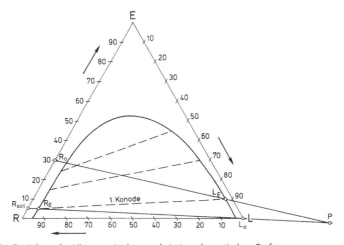

**Abb. 7.4-7** Ermittlung der Lösungsmittelmenge bei einer theoretischen Stufe.

tionskinetik sowie der apparatespezifischen Hydrodynamik voraus. Die Kenntnis von stoffsystemspezifischen Größen, wie Diffusionskoeffizienten, ist für Modellrechnungen unerlässlich. Diese Methode liefert ein tieferes Verständnis der eigentlichen Vorgänge, ist aber in der Praxis wegen fehlender zuverlässiger Daten oft nicht anwendbar.

Bei der *Dimensionierung* von Extraktionskolonnen bzgl. des *Kolonnendurchmessers* geht man wie folgt vor:

Nach der Ermittlung der optimalen Bodenzahl und der dazugehörigen optimalen Lösungsmittelmenge für eine gegebene Produktion, liegt das Verhältnis des Volumenstromes der kontinuierlichen zur dispersen Phase ($\dot{V}_{conti}/\dot{V}_{dispers}$) fest. Man definiert einen flächenspezifischen Volumendurchsatz:

$$\dot{v}/(\text{m}^3 \ \text{h}^{-1} \ \text{m}^{-2}) = \frac{(\dot{V}_{conti} + \dot{V}_{dispers})}{Kolonnenquerschnittsfläche} \tag{7.4-11}$$

und ermittelt in einer Technikumskolonne mit repräsentativen Einbauten den Flutpunkt als Funktion der Pulsation ($a \, f$), mit $a$ der Amplitude (typischerweise ca. $\pm$ 8 mm) und $f$ der Frequenz (typischerweise ca. 60 Hz) (s. Abb. 7.4-10). Das Fluten einer Extraktionskolonne erkennt man an einer Phasenumkehr bzw. daran, dass mehrere Phasengrenzen in der Kolonne entstehen bzw. verschwinden. Als quantitatives Maß kann die Druckdifferenz über die Kolonne als Funktion des spezifischen Durchsatzes verwendet werden. Aus dem erhaltenen Optimum $\dot{v}_{opt}$ (Abb. 7.4-8) kann über das Scale-up Gesetz :

$$\dot{v}_{Labor} = \dot{v}_{Betrieb} \ \text{bzw.} \ u_{Labor} = u_{Betrieb} \ \text{in m s}^{-1} \tag{7.4-12}$$

der *Durchmesser der Betriebskolonne* berechnet werden:

$$d_{Betrieb} = \sqrt{\frac{4 \cdot \dot{V}_{Betrieb}}{\pi \cdot (\dot{v}_{opt}/_{Labor})}}. \tag{7.4-13}$$

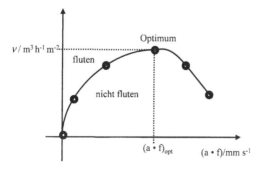

**Abb. 7.4-8** Kolonnenbelastung in Abhängigkeit der Pulsation (schematisch).

### 7.4.3
### Apparatives

*Diskontinuierliche Extraktionen* werden häufig in Rührbehältern im Anschluss an Syntheseschritte durchgeführt. Sie lassen sich in Versuchsapparaturen gut untersuchen. Zu prüfen sind speziell:

- die *Dispergierleistung* bei der Extraktion.
  Bei großtechnischen Apparaten sind große Rührerdurchmesser günstig, um Scherkraftspitzen, die bei kleinen Rührerdurchmessern auftreten und zu kleinen schlecht koalisierenden Tröpfchen führen, zu vermeiden. Für die Großanlage empfehlen sich drehzahlgeregelte Antriebe. Hohe Dispergierleistungen erhöhen den Stufenwirkungsgrad.
- die *Absetzgeschwindigkeit.*
  Die Entmischung wird durch etwa gleich große Anteile beider flüssiger Phasen gefördert. Es kann günstig sein, den Rührer zu Beginn der Absetzphase mit verminderter Drehzahl laufen zu lassen. Hohe Energieeinträge bei der Mischerstufe bewirken eine Verlängerung der Phasentrennzeit.
- eventuelle *Mulmbildung.*
  Mulm kann durch geringe Mengen an Verunreinigungen hervorgerufen werden, die sich teilweise erst nach Schließen der Rückführströme zeigen. Notfalls muss die Mulmschicht separat abgezogen und gesondert, beispielsweise über Separatoren, getrennt werden.

*Kontinuierlich betriebene Extraktionen* werden in Mixer-Settler-Anlagen (häufigste Apparateart), in Extraktionskolonnen mit oder ohne Pulsation oder in Sonderkonstruktionen, wie Drehscheiben-Extraktoren, durchgeführt.

Für *Mixer-Settler-Anlagen* (Abb. 7.4-9) sind Versuchsapparaturen kommerziell verfügbar. Die Ergebnisse lassen sich recht sicher auf Großanlagen übertragen. Bei sehr ungleichen Phasenanteilen kann die Absetzgeschwindigkeit durch Rückführung der im Unterschuss vorhandenen Phase in die Mischerstufe verbessert werden. Als Mischer können statische Mischer, beispielsweise eine Kugelschüttung, kleine Mischpumpen oder Rührgefäße verwendet werden. Rührbehälter werden mit Strombrechern ausgerüstet. Sowohl bei Versuchsapparaturen als auch bei Großanlagen sind Blatt- oder Impellerrührer wegen der gleichmäßigen Verteilung der Scherkräfte günstig. Der Stufenwirkungsgrad ist hoch und liegt bei 0,8 bis 0,9.

**Beispiel 7.4-2** _____

*Für einen typischen statischen Mischer in einer Versuchsapparatur gilt:*
*Rohrdurchmesser 10 mm, Füllung mit Glaskugeln mit 1–2 mm Durchmesser, Länge der Schüttung 100 mm, Flüssigkeitsdurchsatz 0,5–3 L h$^{-1}$, Durchmesser der Zuführungsleitungen der beiden Flüssigkeiten max. 2 mm.*

_____

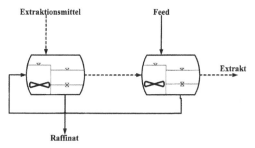

**Abb. 7.4-9** Zweistufige Mixer-Settler-Anordnung (schematisch).

Bei den Phasenscheidern kann die Standhaltung der Trennschicht am einfachsten über innen- oder außenliegende Siphons mit freien Überläufen erfolgen. In die Zulaufzone können gegebenenfalls Koalisierhilfen eingebracht werden. Das Material (Metall, Glas, PTFE) sollte so gewählt werden, dass die disperse Phase bevorzugt benetzt wird. In kritischen Fällen empfehlen sich Koalisierhilfen aus Gestricken verschiedener Materialien, die jeweils von einer der beiden flüssigen Phasen besonders gut benetzt werden.

Die Investitionskosten für großtechnische Mixer-Settler-Anlagen sind hoch. Wesentlich kostengünstiger sind *Extraktionskolonnen* (Abb. 7.4-10) und teilweise Sonderkonstruktionen. Hier ist die Maßstabsübertragung jedoch problematisch. Bei großen Apparateabmessungen können beispielsweise großräumig Rückvermischungsvorgänge oder schlechte Anfangsverteilungen der dispersen Phase auftreten, die bei den kleinen Abmessungen der Versuchsapparaturen nicht zu beobachten sind. Derartige Effekte können zu drastischen *Einbußen der Trennleistung* führen.

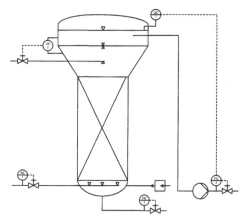

**Abb. 7.4-10** Aufbau einer Extraktionskolonne (schematisch) mit einer Pulsationseinrichtung zur Verbesserung der *HTU* ($a$ = Amplitude *(ca. $\pm$ 8 mm)*, $f$ = Frequenz *(ca. 60 Hz))*.

## 7.5
## Kristallisation

Die Abscheidung einer festen geordneten Phase aus übersättigten Lösungen oder unterkühlten Schmelzen nennt man Kristallisation. Sie ist eine der wirksamsten Trenn- und Reinigungsverfahren der chemischen Industrie. Zur Auslösung der Kristallisation ist stets eine endliche Mindestübersättigung bzw. Mindestunterkühlung notwendig, die im Wesentlichen durch die Aktivierungsenergie der Kristallkeimbildung bedingt ist [Mersmann 2000a]. Technische Kristallisationsprozesse sollen ein Kristallisat mit bestimmten Produkteigenschaften (z. B. eine ganz bestimmte Korngrößenverteilung, Kristallgeometrie) liefern. Diese werden durch eine Vielzahl von Einflussfaktoren wie Temperatur, Druck, Wandmaterial, p$H$-Wert, Konzentration von Verunreinigungen, Zusätzen (Hilfsstoffen) u. a. bestimmt. Der Grad der lokalen Übersättigung bzw. Unterkühlung, der diese Eigenschaften u. a. bestimmt, muss in den Kristallisatoren genau gesteuert werden. Die Übersättigung wird in der Regel durch Kühlung (Abb. 7.5-1a) oder Verdampfung (Abb. 7.5-1b) des Lösungsmittels erzwungen. Man spricht daher von Kühlungs- bzw. Verdampfungskristallisation. Ein Beispiel für eine großtechnische Anwendung ist die Kristallisation von Zucker mit ca. 125 Mio. t/a [Bubnik 2003, Georgieva 2003].

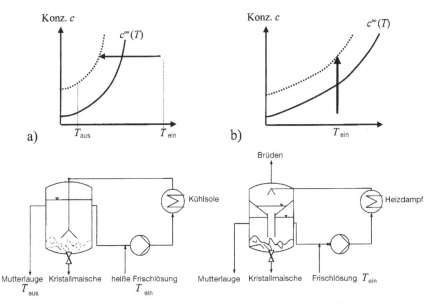

**Abb. 7.5-1** Schemata einer Kühlungs- (a) und Verdampfungskristallisation (b): a) Löslichkeitsdiagramm $c^\infty(T)$ mit „steilem" Verlauf und die entsprechende schematische Apparateskizze für eine Kühlungskristallungskristallisation. b) Löslichkeitsdiagramm $c^\infty(T)$ mit „flachem" Verlauf und die entsprechende schematische Apparateskizze für eine Verdampfungskristallisation.

## 7.5.1

### Grundlagen

### Thermodynamik

Fest/Flüssig-Phasengleichgewichte werden in zwei Grundtypen eingeteilt: Mischkristalle (Abb. 7.5-2a) und eutektische Gemische (Abb. 7.5-2b). Bei Mehrstoffgemischen können eutektische und Mischkristall-Systeme nebeneinander auftreten. Aus eutektischen Gemischen kristallisiert im Gleichgewichtszustand eine Komponente in reiner Form. Bei Systemen mit Mischkristallbildung ist das Kristallisat ein Stoffgemisch.

### Kinetik

Die Bildung von Kristallen ist nur aus einer übersättigten Lösung bzw. aus einer gegenüber dem Schmelzpunkt unterkühlten Schmelze möglich [Mersmann 2000]. Die erste Bildung einer festen Phase verlangt eine ausreichend große Übersättigung bzw. Unterkühlung. Der Grund ist die vergrößerte Löslichkeit sehr kleiner Kristalle. In einer gesättigten Lösung, in die kleine und große Kristalle eingebracht werden, wachsen die großen Kristalle, während sich die kleinen auflösen. Dieses Phänomen beschreibt die *Gibbs-Thomson[13]-Gleichung*, welche die Abhängigkeit der Löslichkeit eines Kristalls $c_S$ von seiner Dicke $l$ beschreibt:

$$\ln \frac{c_S(l)}{c^\infty} = \frac{2 \cdot \sigma \cdot M}{\rho_K \cdot l \cdot f_A \cdot RT} \qquad (7.5\text{-}1)$$

$c_S(l)$ = Sättigungskonzentration eines Kristalls mit der Dicke $l$
$c^\infty$ = Sättigungslöslichkeit eines „sehr großen" Kristalls
$l$ = mittlere Dicke des Kristalls
$\sigma$ = Grenzflächenenergie des Kristalls in der gesättigten Lösung
$\rho_K$ = Dichte des Kristalls
$M$ = Molmasse des kristallisierenden Stoffes
$f_A$ = Formfaktor, der die Größe $l^2$ und die Kristalloberfläche $A_K$ miteinander korreliert:
$A_K = l^2 f_A$.

Einer gegebenen *Übersättigung* entspricht damit einem im labilen Gleichgewicht stehenden Kristallkeim der Dicke $l$. Eine Aggregation von Molekülen zu einem Cluster (ca. 20 bis 100 Moleküle) mit dem kritischen Kristallkeimdurchmesser ist nur durch eine räumlich eng begrenzte statistische Schwankung der Übersättigung in der Lösung möglich. Abb. 7.5-3 zeigt in einer schematischen Auftragung oberhalb der Sättigungskurve die sog. Überlöslichkeitskurven, die etwa parallel zur Sättigungskurve verlaufen und angeben, bis zu welcher Übersättigung in technisch vertretbaren Zeiten (20 bis 30 Minuten) noch keine spontane Kristallisation beobachtet wird. Die experimentelle Bestimmung dieser Zeit ist eine wichtige Größe bei der Auslegung von technischen Kristallern.

---

**13** *William Thomson* (später *Lord Kelvin*), brit. Physiker *(1824-1907)*.

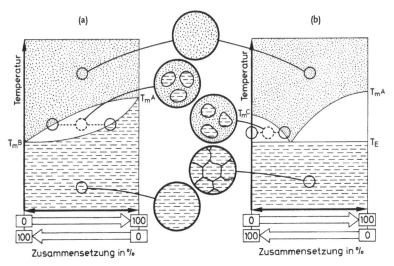

**Abb. 7.5-2**  Fest/Flüssig-Phasendiagramme.
a) System mit Mischkristallbildung
b) Eutektisches System.

Im allgemeinen unterscheidet man drei Arten der Kristallkeimbildung:

- Homogene, primäre Keimbildung, in klaren, übersättigten Lösungen.
- Heterogene Keimbildung an Apparatewänden u. a.
- Sekundäre Keimbildung in Gegenwart von Impfkristallen.

In technischen Kristallisatoren muss man die schlecht beherrschbare spontane Kristallisation vermeiden [Herden 2001]. Man bemüht sich daher, Übersättigungskonzentrationen einzustellen, die noch unterhalb der Überlöslichkeitskurve liegen. Nur die dritte Art garantiert unter technischen Bedingungen eine gut reproduzierbare Korngrößenverteilung. Sie benötigt von allen drei Keimbildungsmechanismen die geringste Übersättigung. Man arbeitet also im Gebiet zwischen Sättigung und Überlöslichkeit und benutzt statt der spontanen die sog. sekundäre Keimbildung, die durch Abrieb und Zerbrechen schon vorhandener Kristalle hervorgerufen wird. Man sorgt durch stetige Rückführung eines Teils des schon gewonnenen Kristallisats für wohl

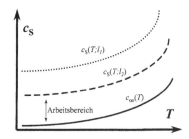

**Abb. 7.5-3**  Schematische Darstellung der Löslichkeitskurve $c^{\infty}(T)$ und zwei Überlöslichkeitskurven $c_S(T; l_i)$.

definierte sekundäre Kristallkeimbildungshäufigkeit und -wachstumsgeschwindig-
keit.

## 7.5.2
### Lösungskristallisation

Bei der Lösungskristallisation wird ein Reinstoff *R* aus der Lösung auskristallisiert
und somit von einem Fremdstoff *F*, der in Lösung bleibt, getrennt [Bermingham
2000]. Die Löslichkeitsverhältnisse dieses Dreistoffsystems können in Dreieckskoor-
dinaten dargestellt werden (Abb. 7.5-4).
Man kann drei Verfahrenswege unterscheiden:

- Einfache Eindampfung mit anschließender Kristallisation. Dies kann kontinuier-
  lich (Abb. 7.5-5) oder diskontinuierlich erfolgen.
- Chargenweise fraktionierte Kristallisation.
- Fraktionierte Kristallisation mit kontinuierlicher Mutterlaugerückführung.

Für den Fall einer einfachen Eindampfung mit anschließender Kristallisation gelten
die Massenbilanzen (Abb. 7.5-6):

Gesamtmassenbilanz:

$$L_0 = L_E + R + D. \qquad (7.5\text{-}2)$$

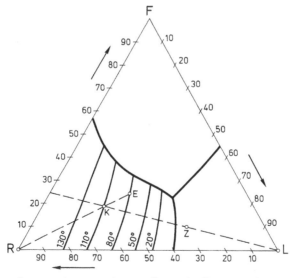

**Abb. 7.5-4** Dreistoffsystem (Lösungsmittel, Reinstoff, Fremdstoff) im Dreiecksdiagramm (Z = Zulauf,
E = Mutterlauge).

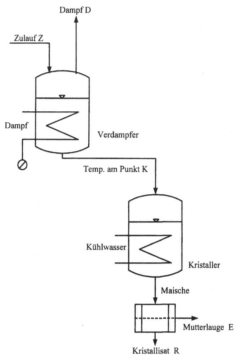

**Abb. 7.5-5** Kontinuierliche Eindampfkristallisation.

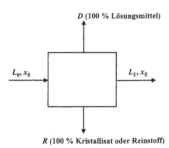

**Abb. 7.5-6** Erläuterungen zur Massenbilanz einer einstufigen Kristallisation. Es wird angenommen, dass der Dampf *D* sowie der Reinstoff *R* 100 % rein sind.

Feststoffbilanz:

$$L_0 \cdot X_0 = L_E \cdot X_E + R \cdot 1 + D \cdot 0. \tag{7.5-3}$$

Daraus folgt für die Masse des gewonnenen Reinstoffs:

$$R = \frac{L_0 \cdot (X_0 - X_E) + D \cdot X_E}{1 - X_E}. \tag{7.5-4}$$

Die Auslegung einer einfachen einstufigen Kristallisation erfolgt mit Hilfe des in Abb. 7.5-4 erläuterten Dreieckdiagramms. Man geht folgendermaßen vor:

- Der Zulauf zum Verdampfer (Punkt Z) ist normalerweise gegeben.
- Endpunkt der Eindampfung (Punkt K = Maische, d. h. heiße Lösung aus der Ein-dampfstufe) festlegen. Dieser wird bestimmt durch:
  a) die Eindampftemperatur. Sie ist z. B. durch die thermische Empfindlichkeit des Reinstoffes begrenzt.
  b) die Heizdampftemperatur, die nach oben begrenzt ist.
  c) die Ausbeute.
- Mutterlaugenzusammensetzung (Punkt E) festlegen. Diese wird bestimmt durch:
  a) die Ausbeute. Je näher der Punkt E an die eutektische Linie bzw. an die Seite (R, F) heranrückt, umso höher die Ausbeute.
  b) die maximale Kristallausscheidung, bei der die Maische (Kristallisat plus Mutterlauge) noch förderbar bzw. pumpbar ist (ca. $0{,}2 \ t \ m^{-3}$)
  c) den Abstand zur eutektischen Linie (sollte ca. 5 °C sein).

Die Menge an R bzw. E folgt aus dem Hebelgesetz.

### 7.5.3
### Schmelzkristallisation

Die Keimbildung ist für jede Kristallisation ein unerlässlicher individuell einzustellender Schritt, der die Prozessführung und auch die Eigenschaften (z. B. Reinheit, Kristallgröße, Kristalltracht) des Kristallisats entscheidend beeinflusst. Aus der industriellen Praxis ist bekannt, dass bei einem Teil der zu kristallisierenden Stoffsysteme die Keimbildung ein Problem darstellt, dies gilt insbesondere auch bei den Schichtkristallisationsverfahren. Es müssen dort große Temperaturdifferenzen zwischen Kühlfläche und Schmelze erzeugt werden, damit sich Keime bilden. Diese wachsen dann aufgrund der großen Unterkühlung zunächst sehr schnell. Die sehr großen Wachstumsgeschwindigkeiten führen dann dazu, dass größere Mengen Verunreinigungen in die sich bildende Schicht eingebaut werden und die Produktqualität (Reinheit) verschlechtern. Erst nach Beendigung der Keimbildung, kann das Schichtenwachstum kontrolliert ablaufen.

Für eine optimale Prozessführung mit guter Wirtschaftlichkeit müsste eine Keimbildung ohne große Unterkühlung ausgelöst werden. Bestehende Theorien beschreiben den Zusammenhang zwischen allen Größen und der sie beeinflussenden Keimbildungsarbeit [Volmer 1931]. Eine dieser Größen ist z. B. die Grenzflächenspannung zwischen der Oberfläche und der Schmelze. So kann die Keimbildung der Schmelzkristallisation optimiert werden, wenn der Materialpaarung Kühlfläche/Schmelze Rechnung getragen wird. Denn eine kleine Unterkühlung und eine gute Benetzung führen zu einer guten und schnellen Keimbildung und somit zu einer hohen Kristallisationsreinheit bei weniger Energieeinsatz.

**Suspensionskristallisation**

Hier wird die flüssige Schmelze bis unter die Sättigungstemperatur abgekühlt. Kristalle wachsen unter adiabatischen Bedingungen. Die Höhe der Übersättigung ist die treibende Kraft. Spezielle Kenntnisse sind erforderlich, um Kristalle einer bestimmten Reinheit, einer gewünschten Struktur und einer vorgegebenen Korngrößenverteilung zu erzeugen. Die Restschmelze, welche die Verunreinigungen enthält, muss meist auf mechanischem Weg von den Kristallen getrennt werden.

**Schichtkristallisation**

Hier wachsen die Kristalle an einer gekühlten Wand. Die Kristallisationswärme wird durch die entstehende Kristallschicht abgeführt. Die Kristalle sind daher kälter als die Schmelze (nicht adiabatischer Vorgang) und die treibende Kraft ist der Temperaturgradient. Dadurch sind Kristallwachstumsgeschwindigkeiten erreichbar, die 10- bis 100-fach höher liegen als bei der Suspensionskristallisation.

Am häufigsten werden folgende zwei Systeme angewendet:

- die *statische Kristallisation*, bei der die Kristalle auf einer gekühlten Wand in einer nicht bewegten Flüssigkeit wachsen.
- die *Fallfilm-Kristallisation*, bei der die Flüssigkeit als Fallfilm über die auf der Kühlfläche wachsende Kristallschicht zirkuliert wird.

Die Fallfilm-Kristallisation ist eine Entwicklung der Sulzer Chemtech AG [Sulzer]. In Abb. 7.5-7 ist das Fallfilm-Kristallisationsverfahren schematisch dargestellt. Drei verschiedene Arbeitsphasen kennzeichnen das Verfahren:

- Phase 1: Kristallisieren (Abb. 7.5-7 und Abb. 7.5-8a)
  Zu Beginn der ersten Phase wird der Sammeltank mit geschmolzenem Einsatzstoff gefüllt, die Pumpen für Produkt und Wärmeträger werden in Betrieb gesetzt. Auf den Innenwänden der Fallrohre bildet sich eine Kristallschicht, wobei

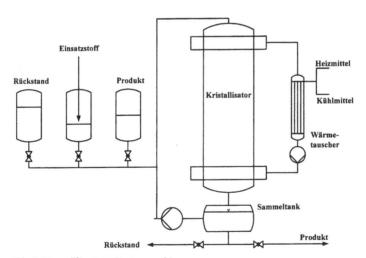

**Abb. 7.5-7**  Fallfilm-Kristallisationsverfahren.

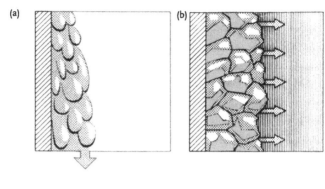

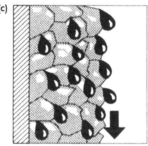

**Abb. 7.5-8** Die drei Arbeitsphasen der Fallfilm-Schmelzkristallisation:
a) Kristallisieren
b) Schwitzen
c) Schmelzen.

das Niveau im Sammeltank mit zunehmender Kristallschichtdicke absinkt. Beim Erreichen eines festgelegten Niveaus wird der Kristallisationsprozess unterbrochen und die im Sammeltank verbliebene Flüssigkeit über die Rückstandsleitung entleert oder in einen Stufentank gepumpt.

- Phase 2: Partielles Schmelzen (Schwitzen) (Abb. 7.5-7 und Abb. 7.5-8b)
  In der zweiten Phase wird die Kristallschicht temperiert, um Verunreinigungen, die an der Kristallschicht anhaften oder darin eingeschlossen sind, abtropfen zu lassen. Die abgetropfte Flüssigkeit, auch partielle Schmelze genannt, wird im Sammeltank aufgefangen und beim Erreichen einer vorgegebenen Menge über die Rückstandsleitung abgelassen oder in einen Stufentank abgepumpt.
- Schmelzen (Abb. 7.5-7 und Abb. 7.5-8c)

In der dritten Phase wird die restliche Kristallschicht abgeschmolzen. Diese Schmelze ist entweder das gewünschte Reinprodukt oder ein Zwischenstrom, der in der folgenden Stufe nochmals kristallisiert wird.

Die Produktreinheit hängt von der Menge der Schmelze ab, die am Ende der zweiten Phase noch an oder in der Kristallschicht verblieben ist. Durch wiederholtes Kristallisieren, Schwitzen und Schmelzen kann jede beliebige Produktreinheit erreicht werden. In gleicher Weise erzielt man durch nochmaliges Kristallisieren des Rückstandes der ersten Phase eine höhere Ausbeute. In Abb. 7.5-9 ist das Mengenschema

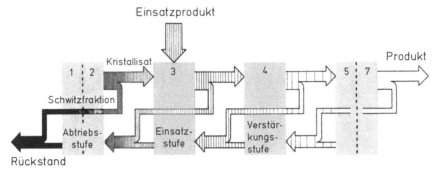

**Abb. 7.5-9** Beispiel für eine siebenstufige Schmelzkristallisation.

eines siebenstufigen Verfahrens dargestellt. Je nach Art des Produktes, dessen erforderlicher Reinheit und Ausbeute sind bis zu neun Stufen realisierbar.

### 7.5.4
### Dimensionierung

Kristallisationen und Fällungen sind Prozesse zur *Stofftrennung* und *Formgebung*, die einer mathematischen Modellierung nur sehr begrenzt zugänglich sind [Franke 1999]. Dies ist, neben den Problemen der Beschreibung der thermodynamischen Zusammenhänge, der hydrodynamischen Effekte und von Feststoffveränderungen, u. a. darin begründet, dass Spuren von Verunreinigungen oder Zusätze den Kristallisationsprozess erheblich in nicht vorhersagbarer Weise beeinflussen. Diese adsorbieren auf bestimmten Kristallflächen bevorzugt und beeinflussen so das Kristallwachstum erheblich. Aus vorher kubischen Kristallen werden Nadeln und umgekehrt. Eine experimentelle Ausarbeitung ist unabdingbar. Als Anhaltspunkte mögen gelten:

- Verbesserung des Stoffaustausches durch Relativbewegung zwischen Kristallen und Mutterlauge
- Möglichst hohe Übersättigung; diese aber nur soweit, dass sich keine zu kleinen Kristalle bilden
- Geschicktes Einbringen oder Rückführen von Impfkristallen
- Ausreichend dimensionierte Heiz- und Kühlflächen.

Die *Maßstabsübertragung* ist zudem *schwierig* [Bermingham 2000] obwohl bei der Modellierung in den letzten Jahren unübersehbare Fortschritte zu verzeichnen sind [Kramer 2003, Georgieva 2003] . Wegen der Feststoffhandhabung ist die Größe der Versuchsapparaturen nach unten stärker begrenzt als beispielsweise bei Destillationen. Als *Mindestgrößen* für Verdampfungs- und Kühlungskristallisationen können Apparaturen mit einem Inhalt von etwa 5 Liter gelten. Die Ausarbeitung der Verfahrensschritte mit Feststoffbildung muss sehr sorgfältig erfolgen, da die nachfolgenden Verfahrensstufen, wie Filtration, Trocknung, Feststofflagerung, Kompaktierung u. a. direkt beeinflusst werden. Nach Möglichkeit sollen die Versuche in einer größenmäßig begrenzten Miniplant, in der das Gesamtverfahren abgebildet wird, durch Einzelversuche in einer größeren halbtechnischen Apparatur ergänzt werden.

*Versuche* zur Kristallisation und Fällung werden meist in Rührbehältern durchgeführt. Dieser Apparatetyp weist die grundsätzliche Schwierigkeit auf, dass die Einzelfunktionen bei der Maßstabsübertragung unterschiedliche Abhängigkeiten zeigen.

So ist die *Mischintensität*, die für die *Übersättigung* maßgeblich ist, der Drehzahl, die bei einer Maßstabsvergrößerung verkleinert werden muss, direkt proportional. Dies führt bei Fällungen zu unterschiedlichen Übersättigungen, Keimbildungsraten und Korngrößen.

Der *Wärmeübergang* ist zur Drehzahl mit dem Exponenten *5/3* proportional und verändert sich ebenfalls bei einer Maßstabsvergrößerung. So ist z. B. einer Volumenvergrößerung des Kristallers um den Faktor *10*, die eingetragene Rührleistung *$10^{5/3}$* mal so groß zu wählen, um – bei gleicher Triebkraft $\Delta T$ für den Wärmetausch – die Kristallisationswärme abführen zu können (Vorsicht Kristallabrieb!).

Zudem ändert sich beim Scale-up das *Verhältnis der Oberflächen zum Volumen* und beeinflusst daher die Temperaturdifferenzen bei der Wärmeübertragung und die Keimbildung sowie bei Verdampfungskristallisationen die *Brüdengeschwindigkeiten* an der Flüssigkeitsoberfläche. Üblicherweise wird bei der Maßstabsübertragung der *volumenbezogene Energieeintrag* konstant gehalten und dieser legt damit die Drehzahl fest. Dadurch ergeben sich für die *Suspendierung* der Feststoffe und das *Abriebsverhalten* annähernd vergleichbare Verhältnisse.

Es muss in Vorversuchen geklärt werden, welche verfahrenstechnischen Größen – Mischintensität, Temperaturdifferenzen, Übersättigung (metastabiler Bereich mit schwacher Keimbildung und labiler hoch übersättigter Bereich mit spontaner Keimbildung), Animpfen, mechanische Beanspruchung – für den jeweiligen Anwendungsfall von entscheidender Auswirkung sind. Notfalls muss im Einzelfall auf modifizierte Versuchsapparaturen übergegangen werden.

**Beispiel 7.5-1** _____

*Wenn sich die Mischintensität als Haupteinflussgröße herausstellt, wird ein Rührbehälter mit Vorvermischung eingesetzt, mit dem sich diese Größe gezielt untersuchen lässt.*

---

Für kontinuierliche Kristallisationen mit hoher Kapazität werden unterschiedliche Bauarten von Kristallern eingesetzt. Hier empfehlen sich *zusätzliche Versuche im halbtechnischen Maßstab* (Tab. 7.5-1).

Die Kristallisation ist ein sehr kostenintensiver Trennprozess, da er viele mechanische Trenneinheiten wie Filter, Zentrifugen, Trockner, Lager u. a. nach sich zieht (Abb. 7.5-10).

**Abb. 7.5-10** Kristallisation und nachgeschaltete Einheiten.

**Tab. 7.5-1** Verfahrenstechnische Parameter, die als Anhaltswerte für die Auslegung von Kristallern dienen können.

| | |
|---|---|
| mechanischer Leistungseintrag | 0,2 bis 1,0 kW m$^{-3}$ |
| Leistungseintrag für die Suspendierung ist proportional zum Kristallisatgehalt | |
| Endkonzentration des Feststoffs | 0,2 bis 0,5 kg L$^{-1}$ |
| Verweilzeit | 1 bis 10 h |
| Abkühlgeschwindigkeit bei diskontinuierlicher Kühlkristallisation | 2 bis 20 K h$^{-1}$ |
| Brüdengeschwindigkeit an der Oberfläche bei Verdampfungs-kristallisationen | 2 bis 5 m s$^{-1}$ |

# 7.6
# Adsorption, Chemisorption

Die Adsorption wird zur *Feinreinigung* von Flüssigkeiten und Gasen eingesetzt, wenn die Beladung mit den zu entfernenden Komponenten gering ist. Das Adsorptionsmittel – Aktivkohle, Molekularsiebe, Zeolithe, Tonerde, Silikagel – wird in körniger Form als Festbett oder seltener in einer Flüssigkeit suspendiert eingesetzt. Die *Desorption* erfolgt meist *mit physikalischen Methoden*. Üblich sind Temperaturanhebungen, Druckerhöhungen oder auch der Austausch gegen ein anderes Medium. Bei sehr hohen Bindungsenergien $> 50$ kJ mol$^{-1}$ (Chemisorption) ist eine Desorption mit physikalischen Methoden nicht mehr möglich.

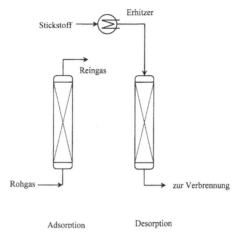

**Abb. 7.6-1**  Adsorberschaltung.

Bei *suspendierten Adsorptionsmitteln* werden meist *Rührbehälter* eingesetzt. Die Verfahrensausarbeitung ist einfach möglich. Bei der Maßstabsübertragung ist vor allem auf die Abriebseigenschaften des Adsorptionsmittels und dessen Abtrennbarkeit von der Flüssigkeit zu achten. Der experimentell zu ermittelnde Leistungseintrag sollte nur so hoch gewählt werden, dass eine Suspendierung noch erfolgt. Langsam laufende Propeller- oder Schrägblattrührer mit großem Durchmesser sind günstig.

In den meisten Fällen werden Adsorptionsmittel in Form von *Festbetten* angeordnet. Für das Adsorptionsgleichgewicht und die Adsorptionskinetik existieren eine Reihe theoretischer Ansätze. Es empfiehlt sich jedoch, diese Parameter, die mögliche Beladung und das Durchbruchsverhalten experimentell zu bestimmen. Dies gilt auch für den Desorptionsvorgang.

Bei kontinuierlichen Verfahren werden *mindestens zwei Adsorber parallel eingesetzt* (Adsorption, Desorption). Wegen der aufwendigen Bedienung werden zweckmäßigerweise voll automatisierte Apparaturen eingesetzt (Abb. 7.6-1).

## 7.7
# Ionentausch

Die Auslegung von Ionentauscheranlagen erfolgt ähnlich wie bei Adsorptionsanlagen. Wegen des teilweise starken Quellverhaltens der Ionentauscher (bis zu 50 % Volumenzunahme) wendet man bei Festbetten oft eine Sumpffahrweise an, bei der sich das Ionentauscherbett nach oben ausdehnen kann. Die begrenzte mechanische Stabilität der Ionentauscherharze lässt eine stärker fluidisierte Fahrweise oft nicht zu. Die Flüssigkeitsgeschwindigkeit muss begrenzt werden.

## 7.8
## Trocknung

Die Ausarbeitung von Trocknungsverfahren muss sich in starkem Maße auf Experimente stützen. Als *Basisuntersuchung* dient die Vermessung der *Sorptionsisotherme* in einer Sorptionswaage. Das Versuchsergebnis erlaubt eine erste Bewertung der Ausprägung der *drei Trocknungsabschnitte*:

1. Oberflächenflüssigkeit; hier entspricht der Dampfdruck der Flüssigkeit dem Sättigungsdampfdruck
2. kapillar gebundene Flüssigkeit; hier ist bei Kapillaren < 0,1 mm eine Dampfdruckerniedrigung zu erwarten
3. gelöste oder chemisch gebundene Flüssigkeit, deren Dampfdruck sich über den osmotischen Druck oder die chemische Bindung einstellt.

Für die Auswahl eines geeigneten Trocknertyps sind eine Reihe von Aspekten zu berücksichtigen:

- Art der Sorptionsisotherme, Trocknungsverlauf, Endfeuchte
- Art der Feuchte (Wasser, brennbares Lösungsmittel)
- Feuchtgutkonsistenz (Lösung, Paste, Kristallmaische, Filterkuchen)
- Anforderungen an das Trockenprodukt (Korngröße und Korngrößenverteilung, Staubfreiheit, Rieselfähigkeit, Verbackungsneigung, Abriebfestigkeit, Schüttdichte, Auflösungsgeschwindigkeit)
- Sicherheitstechnische Anforderungen (Staubexplosion, Zündenergie)
- Zulässige Produkttemperatur (Nebenproduktbildung, Aufschmelzen, Sublimation)
- Neigung zu Verkrustungen, hochviskose Phasen im Trocknungsverlauf.

Auf Basis der Ergebnisse der Sorptionsuntersuchung kann unter Berücksichtigung der Anforderungen an die Eigenschaften des Endproduktes und der Produkteigenschaften eine Vorauswahl von Trocknertypen getroffen werden, deren Eignung experimentell zu prüfen ist.

Wenn das Produkt bereits in vorgegebener Kornform, beispielsweise aus einer Kristallisation oder Fällung vorliegt, können verschiedene Trocknertypen, aus dem Bereich der *Kontakt- und Konvektionstrockner* gewählt werden. Besonders günstig hinsichtlich der Investitionskosten sind bei größeren Kapazitäten und alleiniger Oberflächenfeuchte Stromtrockner. Wirbelschichten und Fließbetten erlauben auch einen Einsatz bei längeren benötigten Trocknungszeiten. Schaufeltrockner können bei einem breiten Spektrum von Produkteigenschaften eingesetzt werden.

Schwieriger ist die Auswahl des Trocknertyps, wenn der Trocknungsschritt auch zur Formgebung des trockenen Gutes herangezogen wird. Typische Bauformen sind hier Sprühtrockner und Sprühwirbelschichten. Gegebenenfalls schließt sich an die Trocknung eine Klassierung an und unerwünschte Teilchen, beispielsweise Feinanteile, werden zurückgeführt und im Zulaufstrom zum Trockner erneut gelöst.

**Tab. 7.8-1** Checkliste zur Trocknerauswahl.

| Art der Wärmezufuhr | Trockengut | Trocknerbauart | Verweilzeit |
|---|---|---|---|
| Konvektionstrockner | Bewegtes Haufwerk | Wirbelschicht | Lang |
| | | Sprühwirbelschicht | Lang |
| | | Trommeltrockner | Lang |
| | | Stromtrockner | Sehr kurz |
| | | Zerstäubungstrockner | Kurz |
| | Ruhendes Haufwerk | Schachttrockner | Lang |
| | | Umlufttrockenschrank | Lang |
| | | Bandtrockner | Lang |
| Kontakttrockner | Bewegtes Produkt | Schaufeltrockner | Lang |
| | | Taumeltrockner | Lang |
| | | Tellertrockner | Lang |
| | | Scheibentrockner | Lang |
| | | Schneckentrockner | Lang |
| | | Dünnschichttrockner | Kurz |
| | Ruhendes Gut | Trockenschrank | Lang |
| | | Bandtrockner | Lang |
| | | Walzentrockner | Kurz |

Wenn die erzielbaren Produkteigenschaften, wie Staubfreiheit, Rieselfähigkeit, Lösegeschwindigkeit und Schüttgewicht, mit dem Trocknungsverfahren nur unzureichend erfüllbar sind, muss teilweise auf zusätzliche Verfahrensschritte, wie Kompaktierungen oder Granulierungen zurückgegriffen werden.

Die Konvektionstrocknung erfolgt nach Möglichkeit mit Luft. Bei Explosionsgefährdung durch brennbare Lösungsmittel muss eine kostenintensive Inertisierung vorgenommen werden. Auch die Untersuchung auf die *Staubexplosionsgefährdung* entscheidet über die Notwendigkeit der *Inertisierung*.

Die Wahl der Gleichstrom- oder Gegenstromführung wird von den Produkteigenschaften bestimmt. Eine *Gleichstromtrocknung* führt zu hohen Trocknungsgeschwindigkeiten und begrenzt die maximalen Produkttemperaturen. Bei einer *Gegenstromtrocknung* lassen sich geringere Endfeuchten erzielen (Tab. 7.8-1).

Bei der experimentellen Auslegung der Trockner können eine Reihe von Informationen über die Sorptionsisothermen und einfache Versuche in einem Trockenschrank erhalten werden. Für eine endgültige Auslegung müssen jedoch Versuche in einer bauartspezifischen Versuchsapparatur erfolgen. Nur hier lassen sich bestimmte Eigenschaften, wie Verbackungen, Produktschädigungen und erzielbare Korngrößenverteilung bestimmen.

## 7.9
## Sonderverfahren für fluide Phasen

*Membrantrennverfahren* [Knauf 1998]

*Pervaporationen* werden vereinzelt für Azeotroptrennungen eingesetzt, können sich derzeit jedoch nicht in nennenswertem Umfang durchsetzen. Sie können aus Versuchsanlagen gut in den Produktionsmaßstab übertragen werden.

*Gaspermeationen* finden erste industrielle Anwendungen. Eine Maßstabsübertragung ist leicht möglich. Die Versuchsapparaturen werden an die verfügbaren Membrangeometrien angepasst.

*Extraktionen* mit überkritischen Medien werden teilweise im Lebensmittelsektor eingesetzt, finden jedoch im Bereich chemischer Produkte wegen der hohen Investitionskosten nur bei hochpreisigen Produkten Anwendung.

*Umkehrosmosen* sind ebenfalls wenig gebräuchlich und bei Verfahrensentwicklungen nur in Sonderfällen in Betracht zu ziehen.

*Dialysen* sind in der chemischen Industrie nicht gebräuchlich. Anwendungen beschränken sich auf die Lebensmittelindustrie.

*Elektrodialysen* finden industrielle Anwendung, wenn Salze aus hochsiedenden Stoffen zu entfernen sind. Eine Maßstabsübertragung ist zuverlässig möglich.

*Chromatographische Trennverfahren* [Strube 1998].

## 7.10
## Mechanische Verfahren

Im Unterschied zur Fluidverfahrenstechnik, wie Destillationen, Absorption und Extraktionen, sind mechanische Verfahren einer mathematischen Modellbildung nur sehr eingeschränkt zugänglich. Die Verfahrensausarbeitung ist *auf das Experiment angewiesen.* Leider stehen bisher nur wenige experimentelle Techniken zur Verfügung, die eine sichere Maßstabsübertragung zulassen.

Erschwerend ist, dass die verschiedenen Verfahrensschritte sich gegenseitig stark beeinflussen. Die bei der Feststoffbildung über eine Kristallisation oder Fällung erzielte Korngröße und Kornform bestimmt den Aufwand bei der Feststoffabtrennung, die erzielbare Restfeuchte und die Reinheit bei der Waschung sowie weiter das Trocknungsverhalten und die Eigenschaften des Endproduktes, die gegebenenfalls durch eine Kompaktierung oder Sichtung verbessert werden müssen.

Diese Problematik führt dazu, dass man bei der Verfahrensausarbeitung *zwischen der Verfahrensauslegung und der Apparateauslegung unterscheiden* muss. Es ist möglich, einzelne Feststoffverfahrensschritte in einer kleinen Versuchsanlage so zu gestalten, dass im Verfahren auftretende Rückführströme geschlossen werden, beispielsweise die Rückführung von Mutterlauge und Waschflüssigkeit bei der Filtration oder von unerwünschtem Feingut bei der Sichtung. Damit lässt sich die wichtige Frage nach *der Auswirkung von Rückführströmen* beantworten. Diese Versuche reichen jedoch nicht aus, um auch die *Apparateauslegung* vorzunehmen. Hierzu müssen die Versuche in der integrierten Versuchsanlage durch gezielte Versuche im größeren Maßstab ergänzt werden, beispielsweise indem man entsprechende Mengen an Produkt ansammelt. Es ist vorteilhaft, diese Versuche mit den Apparateherstellern abzustimmen und sich geeignete Versuchsapparaturen von diesen Firmen auszuleihen oder die Versuche in diesen Firmen durchzuführen. Wegen der Alterungseinflüsse, beispielsweise durch Ostwaldsche Reifung von Kristallisat mit Verringerung des Feinkornanteils, ist diese Vorgehensweise in vielen Fällen problematisch. In kritischen Fällen, wenn beispielsweise die erzielbare Produktqualität von der Trennleistung eines Dekanters in starkem Maße abhängt, muss die Apparateauslegung im Maßstab 1:1 erfolgen, was dazu zwingt, große typgerechte Produktmengen für den Auslegungsversuch bereitzustellen.

### 7.10.1
### Abtrennung von Feststoffen aus Flüssigkeiten

Für die Auswahl des Trennverfahrens kommen Filtrations- oder Sedimentationsverfahren in Frage. Die zur Trennung erforderliche Energie kann durch ein Zentrifugalfeld oder das Schwerefeld, bei Filtrationen auch durch Anlegen von Über- oder Unterdruck erfolgen.

### Filtration

Zur Prüfung der Eignung eines Filtrationsverfahrens bietet sich ein Vorversuch in einem kleinen Labordruckfilter mit etwa 20 bis 50 cm$^2$ Filterfläche und 0,3 bis 1 Liter Inhalt an, in dem verschiedene Filtertücher aus Metall- und Kunststoffgeweben auf ihre Eignung geprüft werden können (Abb. 7.10-1). Die Porenweite beträgt etwa 10 bis 100 $\mu$m. Das Filter soll beheiz- und kühlbar sein. Die Versuchsauswertung erfolgt über den angelegten Gasdifferenzdruck $\Delta P$, die Filterfläche $A$, das Filtratvolumen $V$, die Endkuchenhöhe $H$ und die bis zum Durchschlagen von Gas ermittelten Filtrationszeit $t$ nach der Beziehung:

$$a \cdot \eta = \frac{2 \cdot t \cdot A \cdot \Delta P}{V \cdot H}. \tag{7.10-1}$$

Die Werte für das Produkt aus dem spezifischen Filterwiderstand $a$ und der Viskosität der Flüssigkeit $\eta$ liegt im Bereich zwischen:

$$a \cdot \eta = 10^{11} \text{ mPa s m}^{-2} \text{ für gut filtrierbare Suspensionen}$$

und

$$a \cdot \eta = 10^{16} \text{ mPa s m}^{-2} \text{ für unzureichend filtrierbare Suspensionen}.$$

Bei der Auswertung wird neben der Kuchendicke auch die erzielte Restfeuchte und die Konsistenz des Kuchens ermittelt. Ferner ist auf ein eventuelles Entmischen des Feststoffs durch verschieden hohe Sedimentationsgeschwindigkeit der Teilchen während des Filtrationsvorgangs zu achten.

Die Wascheigenschaften des Filterkuchens und die Neigung zum Aufreißen lassen sich ebenfalls in dieser Apparatur mit einfachen Vorversuchen orientierend erfassen.

Für den Einbau in integrierte Versuchsanlagen wurden *Vakuumbandfilter* beschrieben [Maier 1990]. Die Filter erlauben bei kompakter Bauweise die Einbeziehung der Funktionen Filtration der Suspension mit Ableitung des Mutterfiltrats, ein oder mehrere Waschzonen mit der Gewinnung der jeweiligen Waschfiltrate, Trocknung des Kuchens und Spülung des rückgeführten Bandes. Die durch verschieden lange Umlenkung des rückgeführten Bandes verstellbare Arbeitslänge beträgt ca. 1 m bei einer Bandbreite von etwa 5 bis 10 cm. Der Durchsatz an Feststoff liegt bei etwa 0,5 bis 10 kg h$^{-1}$.

Von verschiedenen Apparatebaufirmen können auch kleine *Schälzentrifugen* bezogen werden, die sich zum Einbau in integrierte Versuchsanlagen eignen. Die Beurteilung der Einzelschritte – Befüllen mit Suspension, gegebenenfalls Zwischenschleudern, Waschen des Kuchens, Trockenschleudern und Ausschälen des Feststoffs – ist möglich. Zudem erhält man erste Informationen über das eventuelle Zugehen der Grundschicht und den Zeitbedarf für die erforderlichen Reinigungsschritte.

Bei Suspensionen mit sehr *ungünstigem Filtrationsverhalten* kann man auf eine Querstromfiltration übergehen, bei der durch hohe Strömungsgeschwindigkeiten der Suspension von etwa 2 bis 10 m s$^{-1}$ der Aufbau einer Filterschicht weitgehend verhindert wird (Abb. 7.10-1). Für die experimentelle Untersuchung eignen sich Rohrmodule mit einem Innendurchmesser von etwa 5 mm, die sich gut in Versuchsanlagen integrieren lassen. Die Auswahl der Membran muss hier besonders sorgfältig erfolgen, da die Eignung des Verfahrens stark von der Wahl der Porenweite und dem Membranmaterial abhängt. Es empfiehlt sich, die Porenweite um etwa den Faktor 10 kleiner zu wählen als die kleinste auftretende Korngröße. Zur Ablösung der trotz hoher Suspensionsgeschwindigkeit meist auftretenden Feststoffgrundschicht sollte die Möglichkeit des Rückspülens durch kurze Druckerhöhung auf der Filtratseite vorgesehen werden. Hierzu empfiehlt sich eine Automatisierung, durch die bei besonders schwierigen Medien beispielsweise etwa im Minutenabstand für ca. 2 s mit einem Differenzdruck von 3 bar rückgespült wird.

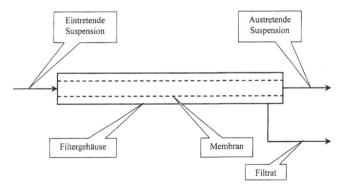

**Abb. 7.10-1** Querstromfiltration.

**Sedimentation**

Die Eignung von Sedimentationsverfahren im Vergleich zu Filtrationsverfahren lässt sich durch Sedimentationsversuche in einem Standzylinder und in Laborsedimentationszentrifugen beurteilen.

Für die Apparateauslegung sind sowohl bei Separatoren als auch Dekantern Versuche im größeren Maßstab unerlässlich.

# 8
# Anhang

## Anhang 8.1
## Mathematische Formeln

### mathematische Konstanten

$\pi = 3,14159$
$e = 2,71828$
$ln\ 2 = 0,693147$
$ln\ 10 = 2,302585$

### Lösung einer quadratischen Gleichung

$$a \cdot x^2 + b \cdot x + c = 0$$

$$x_{1/2} = \frac{-b \pm \sqrt{b^2 - 4 \cdot a \cdot c}}{2 \cdot a}$$

### Stirlingsche Formel

$$F(n) = \frac{n^n \cdot \sqrt{2\pi \cdot n}}{e^n} \approx n!$$

### Reihenentwicklung nach Taylor[1]

$$f(x_0 + x) = f(x_0) + f'(x_0) \cdot x + \frac{f''(x_0)}{2!} \cdot x^2 + ...$$

---

[1] *Brook Taylor*, engl. Mathematiker (*1685–1731*).

*Lehrbuch Chemische Technologie. Grundlagen Verfahrenstechnischer Anlagen.* G. Herbert Vogel
Copyright © 2004 WILEY-VCH Verlag GmbH & Co. KGaA, Weinheim
ISBN: 3-527-31094-0

**Beispiel**_____

*Transformation der Arrheniusgleichung:*

$$k = k_0 \cdot exp\left(-\frac{E_a}{R} \cdot T^{-1}\right)$$

*durch Taylorentwicklung von $T^{-1}$ um eine Bezugstemperatur $T_0$:*

$$\frac{1}{T} \approx \frac{2}{T_0} - \frac{T}{T_0^2} = \frac{1}{T_0^2} \cdot (2 \cdot T_0 - T)$$

*in eine integrable Form:*

$$k = \left[k_o \cdot \exp\left(-\frac{2 \cdot E_a}{RT_0}\right)\right] \cdot \left[\exp\left(\frac{E_a}{RT_0^2} \cdot T\right)\right] \propto b \cdot \exp\left(a \cdot T\right)$$

*Ist z.B.:*

$$k = k_0 \cdot e^{-Ea/RT} = 1,08 \cdot 10^6 \cdot e^{-91300 \text{ J}/RT}.$$

*so lautet die entsprechende Approximationsfunktion für $T_0 = 700$ K:*

$$k_{app} = 2,544 \cdot 10^{-8} \cdot e^{0,022414 \cdot T}$$

*Für $\pm$ 50 K um $T_0 = 700$ K ist die relative Abweichung kleiner als 10% (Beispiel: $k(650$ K$)$ = 0,050 und $k_{app}(650$ K$)$ = 0,054).*

_____

**Trigonometrie**

$$\sin(\alpha) = \sin(\alpha + n \cdot 360°)$$
$$\cos(\alpha) = \cos(\alpha + n \cdot 360°)$$
$$\tan(\alpha) = \tan(\alpha + n \cdot 180°)$$
$$\cot(\alpha) = \cot(\alpha + n \cdot 180°)$$

$$\sin(\alpha) = -\sin(-\alpha)$$
$$\cos(\alpha) = \cos(-\alpha)$$
$$\tan(\alpha) = -\tan(-\alpha)$$
$$\cot(\alpha) = -\cot(-\alpha)$$

$$\sin^2 \alpha + \cos^2 \alpha = (\sin \alpha)^2 + (\cos \alpha)^2 = 1$$
$$\sin(\alpha)/\cos(\alpha) = \tan(\alpha)$$

Grafische Darstellung von $y = sin(x)$ (dünne Linie) und $y = cos(x)$ (dicke Linie)

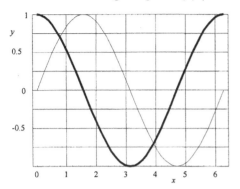

Grafische Darstellung von $y = tan(x)$ (dünne Linie) und $y = cot(x)$ (dicke Linie)

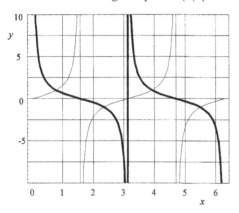

### Inverse trigonometrische Funktionen

$y = \sin(x), \ x = arc \ \sin(y)$
$y = \cos(x), \ x = arc \ \cos(y)$
$y = \tan(x), \ x = arc \ \tan(y)$
$y = \cot(x), \ x = arc \ \cot(y)$

### Hyperbelfunktionen

$$sinh \ (x) = \frac{e^x - e^{-x}}{2}$$

$$cosh \ (x) = \frac{e^x + e^{-x}}{2}$$

$$tanh \ (x) = \frac{e^x - e^{-x}}{e^x + e^{-x}}$$

$$(cosh \ (x))^2 = 1 + (sinh \ (x))^2$$

**Inverse Hyperbelfunktionen**

$$y = \sinh(x), \ x = arc \ \sinh(y)$$
$$y = \cosh(x), \ x = arc \ \cosh(y)$$
$$y = \tanh(x), \ x = arc \ \tanh(y)$$
$$y = \coth(x), \ x = arc \ \coth(y)$$

**Komplexe Zahlen**

Algebraische Form: $z = a + b \cdot i$

Exponentielle Form: $z = r \cdot e^{i\varphi}$ (Eulersche Formel)

Trigonometrische Form: $z = r \cdot (\cos \varphi + i \cdot \sin \varphi)$

mit $a = r \cdot \cos \varphi$

$\qquad b = r \cdot \sin \varphi$

$\qquad r = \sqrt{a^2 + b^2}$

Es gilt: $i = \sqrt{-1}$

$\qquad i^2 = (-1)^{(\frac{1}{2})2} = -1$

$\qquad i^3 = -i$

Konjugiert komplexe Zahlen: $z^* = a - b \cdot i = r \cdot e^{-i\varphi}$

mit $z \cdot z^* = a^2 + b^2$.

**Wichtige Reihenentwicklungen**

$$\frac{1}{1 \pm x} \approx 1 \mp x \text{ für } x < 1$$

$$\frac{1}{a \pm x} \approx \frac{1}{a^2} (a \mp x) \text{ für } x < a$$

$$\sqrt{1 + x} \approx 1 + \frac{x}{2}$$

$$exp(x) \approx 1 + x$$

$$ln(1 + x) \approx x - \frac{x^2}{2} + \frac{x^3}{3} - \text{...für } -1 < x < 1$$

$$\sin(x) \approx x - \frac{x^3}{3!} + \frac{x^5}{5!} - \text{...}$$

$$cox(x) \approx 1 - \frac{x^2}{2} + \frac{x^4}{4!} - \text{...}$$

$$\tan(x) \approx x + \frac{x^3}{3}$$

## Wichtige Formeln der Differentialrechnung

| Funktion | Ableitung |
|---|---|
| $x^n$ | $n \cdot x^{n-1}$ |
| $a^{f(x)}$ | $a^{f(x)} \cdot ln\ a \cdot f'(x)$ |
| $exp\ [f(x)]$ | $exp\ [f(x)] \cdot f'(x)$ |
| $ln\ [f(x)]$ | $\dfrac{f'(x)}{f(x)}$ |
| $sin\ (x)$ | $cos\ (x)$ |
| $tan\ (x)$ | $1 + tan^2\ (x) = \dfrac{1}{cos^2\ (x)}$ |
| $cot\ (x)$ | $-(1 + cot^2\ (x)) = -\dfrac{1}{sin^2\ (x)}$ |
| $\dfrac{1}{f\ (x)}$ | $\dfrac{f'(x)}{(f\ (x))^2}$ |

## Wichtige Formeln der Integralrechnung

| Funktion | Integral |
|---|---|
| $x^n$ | $\dfrac{x^{n+1}}{n+1}$ |
| $exp\ (a \cdot x)$ | $\dfrac{exp\ (a \cdot x)}{a}$ |
| $\dfrac{1}{a + b \cdot x}$ | $\dfrac{ln\ (a + b \cdot x)}{b}$ |
| $ln\ (x)$ | $x \cdot ln\ (x) - x$ |
| $(a + b \cdot x)^n$ | $\dfrac{(a + b \cdot x)^{n+1}}{b \cdot (n+1)}$ für $n \neq 1$ |
| $sin\ x$ | $-cos\ x$ |
| $cos\ x$ | $sin\ x$ |
| $tan\ x$ | $-ln\ (cos\ x)$ |
| $cot\ x$ | $ln(sin\ x)$ |

**Finanzmathematik**

Im Folgenden bezeichnet $K_0$ ein Anfangskapital, $i$ den Zinssatz, $q = 1 + i$ den Aufzinsungsfaktor und $n$ die Laufzeit in Jahren; $m$ ist die Anzahl unterjähriger Perioden; $q_m$ bezeichnet den entsprechenden Aufzinsungsfaktor $1 + i/m$. $i'$ ist der Effektivzins und $q'$ der entsprechende Aufzinsungsfaktor. Die unterjährigen Formeln gelten nur für volle Jahre.

| Jährliche Verrechnung | Innerjährliche Verrechnung |
|---|---|
| (1) Verzinsung mit Zinseszins ($K_n$ Endkapital nach n Jahren) | |
| $K_n = K_0 \cdot q^n$ | $K_n = K_0 \cdot q_m^{m \cdot n}$ |
| (2) Barwertberechnung | |
| $K_0 = K_n \cdot q^{-n}$ | $K_0 = K_n \cdot q_m^{-m \cdot n}$ |
| (3) Allgemeine Kapitalendwertberechnung (nachschüssig) | |
| A Jahresbetrag | A innerjährlicher Betrag |
| $E_n = K_0 \cdot q^n \pm A \frac{q^n-1}{q-1}$ | a) Innerjährliche Verrechnung mit Zinseszins: |
| | $E_n = K_0 \cdot q_m^{n \cdot m} \pm A \cdot \frac{q_m^{nm}-1}{q_m-1}$ |
| | b) Innerjährlich einfach Verzinsung: |
| | $E_n = K_0 \cdot q^n \pm A \cdot \left[ m + \frac{m-1}{2} \cdot i \right] \cdot \frac{q^n-1}{q-1}$ |
| (4) Lineare Abschreibung | |
| $D = \frac{K_0 - K_n}{n}$ | |

Degressiv geometrische Abschreibung (g periodischer Abschreibungssatz)

$D_n = K_0 \cdot (1-g)^{n-1} \cdot g$ (Abschreibungsbetrag der Periode $n$)

$K_n = K_0 \cdot (1-g)^n$ (Restwert nach $n$ Perioden)

**Kartesische²-, Zylinder- und Kugelkoordinaten**

**Zylinderkoordinaten (r, $\theta$, z)**

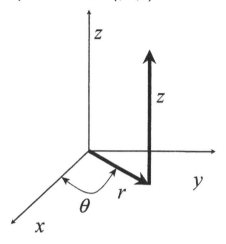

$$x = r \cdot cos\ \theta$$
$$y = r \cdot cos\ \theta$$
$$z = z$$
$$r = \sqrt{x^2 + y^2}$$
$$\theta = arctan\ \frac{y}{x}$$
$$z = z$$

$$dV = r \cdot dr \cdot d\theta \cdot dz$$

**Kugelkoordinaten (r, $\theta$, $\phi$ bzw. $\phi'$ mit $\phi + \phi' = \pi/2$)**

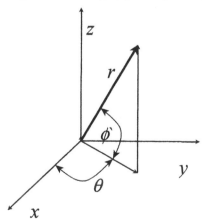

---

**2** *René Descartes (1596–1650).* Nach ihm wurde das kartesische Koordinatensystem benannt.

$$x = r \cdot \cos \theta \cdot \cos \phi'$$
$$y = r \cdot \sin \theta \cdot \cos \phi'$$
$$z = r \cdot \sin \phi'$$
$$\text{mit } \phi' + \phi = \frac{\pi}{2} = 90°$$
$$r = \sqrt{x^2 + y^2 + z^2}$$
$$\theta = \arctan \frac{y}{x}$$
$$\phi' = \arcsin \frac{z}{\sqrt{x^2 + y^2 + z^2}}$$

$$dV = r^2 \cdot \cos \phi' \cdot dr \cdot d\theta \cdot d\phi'$$

*Transformation* eines Vektors $\vec{u}(x,\ y\ z)$ in *kartesischen* Koordinaten in einen Vektor in Zylinderkoordinaten und umgekehrt:

$$\begin{pmatrix} u_r \\ u_\theta \\ u_z \end{pmatrix} = \begin{bmatrix} \cos \theta & \sin \theta & 0 \\ -\sin \theta & \cos \theta & 0 \\ 0 & 0 & 1 \end{bmatrix} \begin{pmatrix} u_x \\ u_y \\ u_z \end{pmatrix}$$

$$\begin{pmatrix} u_x \\ u_y \\ u_z \end{pmatrix} = \begin{bmatrix} \cos \theta & -\sin \theta & 0 \\ \sin \theta & \cos \theta & 0 \\ 0 & 0 & 1 \end{bmatrix} \begin{pmatrix} u_r \\ u_\theta \\ u_z \end{pmatrix}$$

*Transformation* eines Vektors $\vec{u}(x,\ y\ z)$ in *kartesischen* Koordinaten in einen Vektor in Kugelkoordinaten und umgekehrt:

$$\begin{pmatrix} u_r \\ u_\theta \\ u_{\phi'} \end{pmatrix} = \begin{bmatrix} \cos \theta \cdot \cos \phi' & \sin \theta \cdot \cos \phi' & \sin \phi' \\ -\sin \theta & \cos \theta & 0 \\ -\cos \theta \cdot \sin \phi' & -\sin \theta \cdot \sin \phi' & \cos \phi' \end{bmatrix} \begin{pmatrix} u_x \\ u_y \\ u_z \end{pmatrix}$$

$$\begin{pmatrix} u_x \\ u_y \\ u_z \end{pmatrix} = \begin{bmatrix} \dfrac{x}{\sqrt{x^2 + y^2 + z^2}} & -\dfrac{y}{\sqrt{x^2 + y^2}} & -\dfrac{x \cdot z}{\sqrt{x^2 + y^2} \cdot \sqrt{x^2 + y^2 + z^2}} \\[4mm] \dfrac{y}{\sqrt{x^2 + y^2 + z^2}} & \dfrac{x}{\sqrt{x^2 + y^2}} & -\dfrac{y \cdot z}{\sqrt{x^2 + y^2} \cdot \sqrt{x^2 + y^2 + z^2}} \\[4mm] \dfrac{z}{\sqrt{x^2 + y^2 + z^2}} & 0 & \dfrac{\sqrt{x^2 + y^2}}{\sqrt{x^2 + y^2 + z^2}} \end{bmatrix} \begin{pmatrix} u_r \\ u_\theta \\ u_{\phi'} \end{pmatrix}$$

**Vektoranalysis**

**Der Gradient**
Der Gradient eines skalaren Feldes $A(x, y, z)$ ist ein Vektorfeld, das in jedem Punkt
Betrag und Richtung der größten Änderung des skalaren Feldes angibt:

$$grad\ A\ (x, y, z) = \nabla \cdot A = \begin{pmatrix} \frac{\partial}{\partial x} \\ \frac{\partial}{\partial y} \\ \frac{\partial}{\partial z} \end{pmatrix} \cdot A = \begin{pmatrix} \frac{\partial A}{\partial x} \\ \frac{\partial A}{\partial x} \\ \frac{\partial A}{\partial z} \end{pmatrix}$$

Der Operator $\nabla$ heißt Nabla[3]-Operator.

Der Gradient lautet in Zylinderkoordinaten:

$$grad\ A\ (r, \theta, z) = \begin{pmatrix} \frac{\partial A}{\partial r} \\ \frac{1}{r} \cdot \frac{\partial A}{\partial \theta} \\ \frac{\partial A}{\partial z} \end{pmatrix}$$

Der Gradient lautet in Kugelkoordinaten:

$$grad\ A(r, \theta, \phi') = \begin{pmatrix} \frac{\partial A}{\partial r} \\ \frac{1}{r \cdot cos\ \phi'} \cdot \frac{\partial A}{\partial \theta} \\ \frac{1}{r} \cdot \frac{\partial A}{\partial \phi'} \end{pmatrix}$$

**Beispiel**
Bestimme den Gradienten des skalaren Feldes

$$A = ln\ \left| \vec{r} \right|$$

mit

$$\vec{r} = \begin{pmatrix} x \\ y \\ z \end{pmatrix}\ und\ \left| \vec{r} \right| = \sqrt{x^2 + y^2 + z^2}.$$

---

[3] Nabla, griechisch nablas, phönizisches Saiteninstrument in der Art einer kleinen Harfe. Instrumentalfunde aus der Zeit ca. 1000 v. Chr. Im Mittelmeerraum (Libanon).

Daraus folgt für $A = \frac{1}{2} \cdot \ln\left|x^2 + y^2 + z^2\right|$ der Gradient zu:

$$grad(A) = \begin{pmatrix} \dfrac{x}{r^2} \\[2mm] \dfrac{y}{r^2} \\[2mm] \dfrac{r}{z^2} \end{pmatrix} = \dfrac{\vec{r}}{r^2}$$

**Die Divergenz**

Die Divergenz (skalare Quelldichte bzw. Senke) eines Vektorfeldes $\vec{u}(x, y, z)$ ist ein skalares Feld, das für jeden Punkt des Vektorfeldes $\vec{u}(x, y, z)$ den pro Volumeneinheit in unmittelbarer Nähe dieses Punktes ein- oder austretenden Fluss angibt:

$$div\ \vec{u}\ (x, y, z) = \nabla \cdot \vec{u} = \begin{pmatrix} \frac{\partial}{\partial x} \\[2mm] \frac{\partial}{\partial y} \\[2mm] \frac{\partial}{\partial z} \end{pmatrix} \cdot \begin{pmatrix} u_x \\[2mm] u_y \\[2mm] u_z \end{pmatrix} = \frac{\partial u_x}{\partial x} + \frac{\partial u_y}{\partial y} + \frac{\partial u_z}{\partial z}$$

Die Divergenz lautet in Zylinderkoordinaten:

$$div\ \vec{u}\ (r, \theta, z) = \frac{1}{r} \cdot \frac{\partial(r \cdot u_r)}{\partial r} + \frac{1}{r} \cdot \frac{\partial u_\theta}{\partial \theta} + \frac{\partial u_z}{\partial z}$$

Die Divergenz lautet in Kugelkoordinaten:

$$div\ \vec{u}\ (r, \theta, \phi') = \frac{1}{r^2} \cdot \frac{\partial(r^2 \cdot u_r)}{\partial r} + \frac{1}{r \cdot \cos \phi'} \cdot \frac{\partial u_\theta}{\partial \theta} + \frac{1}{r \cdot \cos \phi'} \frac{\partial u_{\phi'} \cdot \cos \phi'}{\partial \phi'}$$

**Beispiel** _____

Bestimme die Divergenze des Vektorfeldes

$$\vec{u} = \begin{pmatrix} x^2 \cdot y \\[2mm] x + y \\[2mm] y \cdot z \end{pmatrix}$$

Daraus folgt für $\vec{u}(1, 2, 0)$ die Divergenz zu:

$$div(\vec{u}) = 2xy + 1 + y = 4 + 1 + 2 = 7$$

*Anwendungsbeispiel* aus dem Bereich der chemischen Reaktionstechnik (s. Kap. 6):

$$\frac{\partial A}{\partial t} = -\nabla \cdot (A \cdot \vec{u}) + \nabla \cdot [D \cdot \nabla \cdot A] + v_A \cdot r_{V,A}$$

$$\frac{\partial A}{\partial t} = -div\ (A \cdot \vec{u}) + div\ [D \cdot grad\ A] + v_A \cdot r_{V,A}\ .$$

Für $D = $ konst. folgt:

$$\frac{\partial A}{\partial t} = -\nabla \cdot (A \cdot \vec{u}) + D \cdot \nabla \cdot [\nabla \cdot A] + v_A \cdot r_V$$

$$\frac{\partial A}{\partial t} = -\vec{u} \cdot \nabla \cdot A - A \cdot \nabla \cdot \vec{u} + D \cdot \nabla^2 A + v_A \cdot r_V\ .$$

Mit $\vec{u} = $ folgt:

$$\frac{\partial A}{\partial t} = -\vec{u} \cdot \nabla \cdot A + D \cdot \nabla^2 A + v_A \cdot r_V$$

oder anders geschrieben:

$$\frac{\partial A}{\partial t} = -\vec{u} \cdot grad\ A + D \cdot div\ (grad\ A) + v_A \cdot r_V.$$

### Differentialgleichungen

Bei den Auslegungsgleichungen für chemische Reaktoren handelt es sich um gekoppelte partielle Differentialgleichungen, die nur noch nummerisch gelöst werden können. Trotzdem benötigt man für die nummerische Lösung eine Reihe von Anfangsbedingungen, so dass ein Grundverständnis über die *Theorie der partiellen Differentialgleichungen* im Folgenden geschaffen werden soll.

Viele Naturgesetze werden mathematisch durch eine Differentialgleichung beschrieben, z.B. eine chemische Kinetik erster Ordnung. Eine Differentialgleichung enthält eine oder mehrere unbekannte Funktionen, die von einer oder mehreren Variablen abhängen sowie die Ableitungen der Funktionen nach den Variablen. Hängen die unabhängigen Funktionen in einer Differentialgleichung nur von einer Variablen ab, so spricht man von einer gewöhnlichen Differentialgleichung. Treten dagen partielle Ableitungen nach mehreren unabhängigen Variablen auf, heißt die Gleichung partielle Differentialgleichuang.

Das Grundproblem der Theorie der partiellen Differentialgleichungen kann folgendermaßen formuliert werden [Vvedensky 1994]. Gegeben sei eine Funktion:

$$F\ (x, y, ..., A, A_x, A_y, ..., A_{xx}, A_{xy}, A_{yy}, ...) = 0 \tag{1}$$

der Variablen: $x, y, ..., A, A_x, A_y, ..., A_{xx}, ...$ (mit $A_x = \partial A/\partial x$ usw.). Gesucht ist eine Funktion $A(x, y, ...)$ der unabhängigen Veränderlichen $x, y...$, die zusammen mit ihren Ableitungen die Gleichung (1) in einem gewissen Gebiet der unabhängigen Veränderlichen identisch erfüllt. Eine solche Funktion heißt Lösung von (1). Es handelt sich nicht nur darum, partikuläre Lösungen von (1) zu finden, sondern auch darum, eine Übersicht über die Lösungsgesamtheit zu gewinnen sowie individuelle Lösungen durch weitere Zusatzbedingungen zu kennzeichnen.

Die Lösungsgesamtheit gewöhnlicher Differentialgleichungen $n$ter Ordnung ist durch eine Funktion der unabhängigen Veränderlichen $x$, die außerdem noch von $n$ willkürlichen Integrationskonstanten abhängt, gegeben. Bei partiellen Differentialgleichungen liegen die Verhältnisse komplizierter. Auch hier kann man nach der Lösungsgesamtheit oder dem allgemeinen Integral fragen. Es zeigt sich jedoch, dass hier nicht willkürliche Integrationskonstanten, sondern willkürliche Funktionen auftreten, und zwar in einer Anzahl, die i. a. gleich der Ordnung der Differentialgleichung ist, d. h. gleich dem Grad der höchsten in der DGL. auftretenden Ableitung. Diese willkürlichen Funktionen hängen dabei von einer Variablen weniger ab als die Lösung $A$.

Im allgemeinen kann man jeder Funktionenfamilie, die von willkürlichen Funktionen abhängt, eine partielle Differentialgleichung für diese Funktionenfamilie zuordnen, in welcher die willkürlichen Funktionen nicht mehr auftreten.

Zahlreiche physikale Probleme lassen sich auf die Lösung der folgenden partiellen Differentialgleichungen 2ter Ordnung zurückführen:

- die Diffusions- oder Wärmeleitungsgleichung:

$$A_t - D \cdot A_{xx} = 0 \tag{2}$$

- die Wellengleichung:

$$A_{tt} - c^2 \cdot A_{xx} = 0 \tag{3}$$

- die Laplace- oder Potenzialgleichung:

$$A_{xx} - A_{yy} = 0 \ . \tag{4}$$

Die Lösungsgesamtheit jeder der drei Gleichungen (2), (3) und (4) muss nach dem oben gesagten zwei willkürliche Funktionen enthalten. Für die Gleichungen (3) und (4) lassen sich solche Lösungsgesamtheiten leicht angeben, für (2) – die für die chemische Reaktionstechnik von besonderer Bedeutung ist – ist diese nicht bekannt. Eine große Klasse von Lösungen $A(x, t)$ lässt sich für Gleichung (2) mit Hilfe des folgenden Produktansatzes ermitteln:

$$A(x, t) = X(x) \cdot T(t) \ . \tag{5}$$

Dieser Ansatz führt auf zwei gewöhnliche lineare Differentialgleichungen.

### Integralgleichungen

Bei der Ermittlung der Verweilzeitverteilung $w$ (s. Kap. 6.3) aus einem vorgegebenen Anfangssignal $s$ und der gemessenen Antwortfunktion $a$ erhielten wir eine Gleichung:

$$a(t) = \int\limits_0^t s(t') \cdot w(t - t') \cdot dt',$$

wobei die zu bestimmende Funktion $w$ selbst Teil des Integranden ist. Gleichungen, in denen die unbekannte Funktion (hier $w$) linear enthalten ist, heißen lineare Integralgleichungen.

### Eigenwertgleichungen

*Eigenwertgleichungen von Matrizen*

Wenn $A$ eine reguläre Matrix der Dimension $n$ ist, so nennt man die Gleichung:

$$A\,x = \alpha\,x$$

Eigenwertgleichung der Matrix $A$. Die Konstante $\alpha$ ist der Eigenwert, der nur von der Matrix $A$ abhängt; $x$ ist der Eigenvektor. Es gibt genau $n$ nicht notwendig verschiedene Eigenwerte $\alpha_i$, die aus der sog. Säkulargleichung $(A - \alpha_i I) = 0$ nach:

$$det(A - \alpha_i I) = 0$$

bestimmt werden können. Zusammen mit der Normierungsbedingung:

$$|x_i| = 1$$

ergeben sich dann aus der Eigenwertgleichung die zu $x_i$ gehörenden Eigenvektoren.
Da $det\,(A - \alpha_i\,I) = 0$ ist, kann man $x_i$ nicht durch Matrixinversion erhalten. $x_i$ ist nicht eindeutig bestimmt, denn diesen Fall will man ja gerade durch $det\,(A - \alpha_i I) = 0$ ausschließen. Das bedeutet, dass die Bedingungsgleichungen für $x_i$ voneinander abhängig sind. Somit könnte man eine Komponente des Eigenvektors willkürlich festlegen. Im Allgemeinen wählt man zur eindeutigen Festlegung die Bedingung: der Betrag der Eigenvektoren ist eins.

### Beispiel _____

$$A = \begin{pmatrix} 1 & 2 \\ 3 & 4 \end{pmatrix}$$

$$det(A - I\alpha) = \begin{vmatrix} 1 - \alpha & 2 \\ 3 & 4 - \alpha \end{vmatrix} = 0$$

Die Lösung der Determinante ist:

$$\alpha_1 = 5,37228 \text{ und}$$

$$\alpha_2 = -0,372281.$$

Aus der Eigenwertgleichung:

$$\begin{pmatrix} 1 - \alpha_1 & 2 \\ 3 & 4 - \alpha_1 \end{pmatrix} \cdot \begin{pmatrix} x_{11} \\ x_{12} \end{pmatrix} = 0$$

folgt mit der Normierungsbedingung $x_{11}^2 + x_{12}^2 = 1$ bzw. $x_{11} = (1 - x_{12})^{0,5}$ :

$$(1 - 5,37228)\, x_{11} + 2\, x_{12} = 0 \text{ bzw.}$$

$$(1 - 5,37228)(1 - x_{12})^{0,5} + 2\, x_{12} = 0$$

der Eigenvektor $x_{1i}$ zum Eigenwert $\alpha_1$:

$$\begin{pmatrix} x_{11} \\ x_{12} \end{pmatrix} = \begin{pmatrix} -0,415974 \\ -0,909377 \end{pmatrix}$$

Für den zweiten Eigenvektor mit dem Eigenwert $\alpha_2$ = -0,372281 gilt:

$$\begin{pmatrix} x_{21} \\ x_{22} \end{pmatrix} = \begin{pmatrix} -0,824565 \\ -0,565767 \end{pmatrix}$$

---

*Eigenwertgleichungen von Operatoren*

Analog wie bei Matrizen gilt für Operatoren:

$$\hat{O} f(x_1...x_n) = \alpha \cdot f(x_1...x_n)$$

$f(x_1...x_n)$ : Eigenwertfunktion des Opertors $f$

$\hat{O}$ : Operator

$\alpha$ : Eigenwert.

Liefert der Operator reelle Eigenwerte, so wird er hermitesch oder selbstadjungiert genannt. Physikalisch sinnvolle Größen (Observablen) haben immer reelle Eigenwerte.

**Beispiel** _____
*Mit dem Operator:*

$$\hat{O} = -\frac{d^2}{dx^2}$$

*erhalten wir die Eigenwertgleichung:*

$$-\frac{d^2 f(x)}{dx^2} = \alpha \cdot f(x)$$

*mit den Eigenfunktionen:*

$$f(x) = a \cdot e^{+iax} + b \cdot e^{-iax}$$

*Da $a$ alle Werte annehmen kann, so spricht man von einem kontinuierlichen Eigenwertspektrum. Durch die Einführung von Randbedingungen wie:*

$$f(0) = f(x = L) = 0$$

*können die Eigenwerte nur diskrete Eigenwerte der Form:*

$$a_n = \frac{\pi^2}{L^2} \cdot n^2, \quad n = 0, 1, 2, 3, \ldots$$

*annehmen, mit der zugehörigen Eigenfunktion und der freien Konstante $a_0$:*

$$f(x) = a_0 \cdot sind\left(\frac{n\pi}{L} \cdot x\right)$$

## Anhang 8.2
## Naturkonstanten.

| Konstante | Symbol | Wert | Einheit |
|---|---|---|---|
| atomare Masseneinheit | $m_u$ | $1{,}660540 \ 10^{-27}$ | kg |
| Avogadro-Konstante | $N_A$ | $6{,}022137 \ 10^{23}$ | $mol^{-1}$ |
| Bohrsches Magneton | $\mu_B$ | $9{,}274015 \ 10^{-24}$ | $J \ T^{-1}$ |
| elektr. Feldkonstante im Vakuum | $\varepsilon_0$ | $8{,}854188 \ 10^{-12}$ | $F \ m^{-1}$ |
| Elektronenradius | $r_e$ | $2{,}817941 \ 10^{-15}$ | m |
| Elementarladung | e | $1{,}602177 \ 10^{-19}$ | C |
| Erdbeschleunigung | g | $9{,}80665$ | $m \ s^{-2}$ |
| Faraday-Konstante | F | $9{,}648531 \ 10^4$ | $C \ mol^{-1}$ |
| Gaskonstante | R | $8{,}31451$ | $J \ mol^{-1} \ K^{-1}$ |
| Gravitationskonstante | f | $6{,}672 \ 10^{-11}$ | $N \ m^2 \ kg^{-2}$ |
| Lichtgeschwindigkeit im Vakuum | c | $2{,}99792 \ 10^8$ | $m \ s^{-1}$ |
| magnet. Feldkonstante im Vakuum | $\mu_0$ | $1{,}256637 \ 10^{-7}$ | $H \ m^{-1}$ |
| molares Volumen idealer Gase 298 K und 1,01325 bar | V | $24{,}47$ | $L \ mol^{-1}$ |
| Planck-Konstante | h | $6{,}626 \ 10^{-34}$ | J s |
| Ruhemasse des Elektrons | $m_e$ | $9{,}109390 \ 10^{-31}$ | kg |
| Ruhemasse des Neutrons | $m_n$ | $1{,}674929 \ 10^{-27}$ | kg |
| Ruhemasse des Protons | $m_p$ | $1{,}672623 \ 10^{-27}$ | kg |
| Stefan-Boltzmann-Konstante | $\sigma$ | $5{,}6705 \ 10^{-8}$ | $W \ m^{-2} \ K^{-4}$ |

## Anhang 8.3
## Elementzusammenstellung mit relativen Atommassen und Bindungsradien sowie Schmelz- und Siedepunkten.

| Ordnungs-zahl | Chem. Zeichen | Element | Atom-masse | $r$(Atom)/ pm | $r$(koval)/ pm | Schmelz-Punkt/ °C | Siede-Punkt/ °C |
|---|---|---|---|---|---|---|---|
| 1 | H | **Wasserstoff** | 1,008 | 37,3 | 30 | − 259 | − 253 |
| 2 | He | Helium | 4,003 | / | 99 | − 270 | − 269 |
| 3 | Li | Lithium | 6,941 | 152,0 | 123 | 180 | 1330 |
| 4 | Be | Beryllium | 9,012 | 111,3 | 89 | 1284 | 2480 |
| 5 | B | Bor | 10,811 | 79,5 | 81 | 2150 | 3900 |
| 6 | C | **Kohlenstoff** | 12,011 | 77,3 | 77 | 3730 | 4830 |
| 7 | N | **Stickstoff** | 14,007 | 54,9 | 70 | − 210 | − 196 |
| 8 | O | **Sauerstoff** | 16,000 | 60,4 | 66 | − 219 | − 183 |
| 9 | F | Fluor | 18,998 | 70,9 | 64 | − 220 | − 188 |
| 10 | Ne | Neon | 20,180 | / | 160 | − 249 | − 246 |
| 11 | Na | Natrium | 22,990 | 185,8 | 157 | 98 | 892 |
| 12 | Mg | Magnesium | 24,305 | 160,0 | 157 | 649 | 1103 |
| 13 | Al | Aluminium | 26,981 | 143,2 | 125 | 660 | 2450 |
| 14 | Si | Silizium | 28,085 | 117,6 | 117 | 1412 | 2680 |
| 15 | P | **Phosphor** | 30,974 | 110,5 | 110 | 44 | 280 |
| 16 | S | **Schwefel** | 32,066 | 103,5 | 102 | 113 | 445 |
| 17 | Cl | **Chlor** | 35,4527 | 99,4 | 99 | − 101 | − 35 |
| 18 | Ar | Argon | 39,948 | / | 192 | − 189 | − 186 |
| 19 | K | Kalium | 39,098 | 227,2 | 203 | 64 | 760 |
| 20 | Ca | Calcium | 40,078 | 197,4 | 174 | 838 | 1482 |
| 21 | Sc | Scandium | 44,956 | 160,6 | 144 | 1530 | 2730 |
| 22 | Ti | Titan | 47,88 | 144,8 | 132 | 1668 | 3270 |
| 23 | V | *Vanadium* | 50,941 | 131,1 | 122 | 1905 | 3450 |
| 24 | Cr | Chrom | 51,996 | 125,0 | 118 | 1903 | 2642 |
| 25 | Mn | Mangan | 54,9380 | 136,7 | 118 | 1243 | 2097 |
| 26 | Fe | Eisen | 55,847 | 124,1 | 116 | 1534 | 3000 |
| 27 | Co | Kobalt | 58,933 | 125,3 | 116 | 1495 | 2900 |
| 28 | Ni | Nickel | 58,69 | 124,6 | 115 | 1453 | 2730 |
| 29 | Cu | *Kupfer* | 63,546 | 127,8 | 117 | 1083 | 2600 |
| 30 | Zn | Zink | 65,390 | 133,5 | 125 | 419 | 907 |
| 31 | Ga | Gallium | 69,723 | 122,1 | 125 | 29,8 | 2227 |
| 32 | Ge | Germanium | 72,610 | 122,5 | 122 | 937 | 2830 |
| 33 | As | Arsen | 74,921 | 124,5 | 121 | 814 | 616 |
| 34 | Se | Selen | 78,960 | 116,0 | 117 | 217 | 685 |
| 35 | Br | Brom | 79,904 | 114,5 | 114 | − 7 | 58 |

*Fortsetzung*

| Ordnungs-zahl | Chem. Zeichen | Element | Atom-masse | r(Atom)/ pm | r(koval)/ pm | Schmelz-Punkt/ °C | Siede-Punkt/ °C |
|---|---|---|---|---|---|---|---|
| 36 | Kr | Krypton | 83,800 | 197,0 | / | − 157 | − 152 |
| 37 | Rb | Rubidium | 85,468 | 247,5 | 216 | 39 | 688 |
| 38 | Sr | Strontium | 87,620 | 215,1 | 191 | 770 | 1360 |
| 39 | Y | Yttrium | 88,906 | 177,6 | 162 | 1502 | 2930 |
| 40 | Zr | Zirkonium | 91,224 | 159,0 | 145 | 1852 | 3600 |
| 41 | Nb | Niob | 92,906 | 142,9 | 134 | 2420 | 5127 |
| 42 | Mo | Molybdän | 95,940 | 136,3 | 130 | 2620 | 5560 |
| 43 | Tc | Technetium | 98,906 | 135,2 | 127 | 2200 | 4900 |
| 44 | Ru | Ruthenium | 101,07 | 132,5 | 125 | 2280 | 4900 |
| 45 | Rh | Rhodium | 102,90 | 134,5 | 125 | 1966 | 7300 |
| 46 | Pd | Palladium | 106,42 | 137,6 | 128 | 1552 | 3125 |
| 47 | Ag | *Silber* | 107,87 | 144,5 | 134 | 960 | 2210 |
| 48 | Cd | Cadmium | 112,41 | 148,9 | 141 | 321 | 765 |
| 49 | In | Indium | 114,82 | 162,6 | 150 | 156 | 2000 |
| 50 | Sn | Zinn | 118,71 | 140,5 | 140 | 232 | 2270 |
| 51 | Sb | Antimon | 121,75 | 145,0 | 141 | 630 | 1380 |
| 52 | Te | Tellur | 127,60 | 143,2 | 137 | 450 | 1390 |
| 53 | I | Jod | 126,90 | 133,1 | 133 | 114 | 183 |
| 54 | Xe | Xenon | 131,29 | / | 217 | − 112 | − 108 |
| 55 | Cs | Caesium | 132,90 | 265,5 | 253 | 28,65 | 685 |
| 56 | Ba | Barium | 137,33 | 217,4 | 198 | 714 | 1640 |
| 57 | La | Lanthan | 138,91 | 187,0 | 169 | 920 | 3470 |
| 58 | Ce | Cer | 140,11 | 182,5 | 165 | 797 | 3470 |
| 59 | Pr | Praseodym | 140,91 | 182,0 | 165 | 935 | 3130 |
| 60 | Nd | Neodym | 144,24 | 181,4 | 164 | 1024 | 3030 |
| 61 | Pm | Promethium | 146,91 | / | 163 | 1030 | 2730 |
| 62 | Sm | Samarium | 150,36 | 179,0 | 162 | 1072 | 1900 |
| 63 | Eu | Europium | 151,96 | 199,5 | 185 | 826 | 1430 |
| 64 | Gd | Gadolinium | 157,25 | 178,5 | 161 | 1312 | 2800 |
| 65 | Tb | Terbium | 158,92 | 176,3 | 159 | 1364 | 2800 |
| 66 | Dy | Dysprosium | 162,50 | 175,2 | 159 | 1407 | 2600 |
| 67 | Ho | Holmium | 164,93 | 174,3 | 158 | 1461 | 2490 |
| 68 | Er | Erbium | 167,26 | 173,0 | / | 1497 | 2390 |
| 69 | Tm | Thulium | 168,93 | 172,4 | 156 | 1545 | 1720 |
| 70 | Yb | Ytterbium | 173,04 | 194,0 | 174 | 824 | 1430 |
| 71 | Lu | Lutetium | 174,97 | 171,8 | 156 | 1652 | 3330 |
| 72 | Hf | Hafnium | 178,49 | 156,4 | 144 | 2220 | 5400 |
| 73 | Ta | Tantal | 180,95 | 143,0 | 134 | 3000 | 6030 |

*Fortsetzung*

| Ordnungs-zahl | Chem. Zeichen | Element | Atom-masse | $r$(Atom)/ pm | $r$(koval)/ pm | Schmelz-Punkt/ °C | Siede-Punkt/ °C |
|---|---|---|---|---|---|---|---|
| 74 | W | Wolfram | 183,85 | 237,0 | 130 | 3410 | 5930 |
| 75 | Re | Rhenium | 186,21 | 137,1 | 128 | 3160 | 5642 |
| 76 | Os | Osmium | 190,20 | 133,8 | 126 | 3027 | 5500 |
| 77 | Ir | Iridium | 192,22 | 135,7 | 127 | 2450 | 4500 |
| 78 | Pt | Platin | 195,08 | 137,3 | 130 | 1769 | 3825 |
| 79 | Au | Gold | 196,97 | 144,2 | 134 | 1064 | 2970 |
| 80 | Hg | Quecksilber | 200,59 | 150,3 | 144 | − 38 | 357 |
| 81 | Tl | Thallium | 204,38 | 170,0 | 155 | 303 | 1460 |
| 82 | Pb | Blei | 207,20 | 175,0 | 154 | 327 | 1740 |
| 83 | Bi | Bismut | 208,98 | 154,5 | 146 | 271 | 1560 |
| 84 | Po | Polonium | 208,98 | 167,3 | 146 | 254 | 962 |
| 85 | At | Astat | 209,99 | / | 145 | 302 | 335 |
| 86 | Rn | Radon | 222,02 | / | / | − 71 | − 62 |
| 87 | Fr | Francium | 223,08 | / | / | 27 | 680 |
| 88 | Ra | Radium | 226,02 | / | / | 700 | 1530 |
| 89 | Ac | Actinium | 227,03 | 187,8 | / | 1050 | 3200 |
| 90 | Th | Thorium | 232,04 | 179,8 | 165 | 1700 | 4200 |
| 91 | Pa | Protactinium | 231,03 | 156,1 | / | 1575 | 4000 |
| 92 | U | Uran | 238,03 | 138,5 | 142 | 1133 | 3818 |

## Anhang 8.4
## Umrechnung verschiedener Maßeinheiten in SI-Einheiten

| *Länge* | | |
|---|---|---|
| 1 A (Ångström) | $= 1 \cdot 10^{-10}$ | m |
| 1 in | $= 2,5400 \cdot 10^{-2}$ | m |
| 1 ft = 12 in | $= 3,0480 \cdot 10^{-1}$ | m |
| 1 yd = 3 ft = 36 in | $= 9,1440 \cdot 10^{-1}$ | m |
| 1 thou | $= 2,5400 \cdot 10^{-5}$ | m |
| 1 mile (statue) | $= 1,6094 \cdot 10^{3}$ | m |
| 1 mile (nautical) | $= 1,8533 \cdot 10^{5}$ | m |
| 1 rod = 1 perch = 5,5 yd | $= 5,292$ | m |
| 1 chain | $= 2,0117$ | m |
| 1 furlong | $= 2,0117 \cdot 10^{2}$ | m |

*Fläche*

| | | |
|---|---|---|
| 1 in$^2$ | $= 6{,}4516 \cdot 10^{-4}$ | m$^2$ |
| 1 ft$^2$ | $= 9{,}2903 \cdot 10^{-2}$ | m$^2$ |
| 1 yd$^2$ | $= 8{,}3613 \cdot 10^{-1}$ | m$^2$ |
| 1 acre | $= 4{,}0469 \cdot 10^{3}$ | m$^2$ |
| 1 mile$^2$ | $= 2{,}5900 \cdot 10^{6}$ | m$^2$ |

*Volumen*

| | | |
|---|---|---|
| 1 in$^3$ | $= 1{,}6387 \cdot 10^{-5}$ | m$^3$ |
| 1 ft$^3$ | $= 2{,}8317 \cdot 10^{-2}$ | m$^3$ |
| 1 yd$^3$ | $= 7{,}6455 \cdot 10^{-1}$ | m$^3$ |
| 1 US gal | $= 4{,}5460 \cdot 10^{-3}$ | m$^3$ |
| 1 UK gal | $= 4{,}5460 \cdot 10^{-3}$ | m$^3$ |
| 1 US bushel (dry) | $= 3{,}5239 \cdot 10^{-2}$ | m$^3$ |
| 1 UK bushel (dry) | $= 3{,}6369 \cdot 10^{-2}$ | m$^3$ |
| 1 barrel (petroleum US) | $= 1{,}5898 \cdot 10^{-1}$ | m$^3$ |
| 1 lübe oil barrel | $= 2{,}0819 \cdot 10^{-1}$ | m$^3$ |
| 1 gill | $= 1{,}1829 \cdot 10^{-4}$ | m$^3$ |
| 1 register ton $= 100$ ft$^3$ | $= 2{,}8317$ | m$^3$ |
| 1 quarter | $= 2{,}9095 \cdot 10^{-1}$ | m$^3$ |
| $= 8$ UK bushels | | |
| $= 32$ pecks | | |
| $= 64$ UK gallons | | |
| $= 256$ quarts | | |
| $= 512$ pints | | |

*Masse*

| | | |
|---|---|---|
| 1 kp s$^2$/m | $= 9{,}80665$ | kg |
| 1 grain | $= 6{,}4800 \cdot 10^{-5}$ | kg |
| 1 lb | $= 4{,}5359 \cdot 10^{-1}$ | kg |
| 1 ton (short) $= 20$ cwt brit. | $= 9{,}0718 \cdot 10^{2}$ | kg |
| 1 ton (long) $= 20$ cwt UK | $= 1{,}0160 \cdot 10^{3}$ | kg |

*Dichte*

| | | |
|---|---|---|
| 1 grain/ft$^3$ | $= 2{,}2884 \cdot 10^{-3}$ | kg m$^{-3}$ |
| 1 lb/ft$^3$ | $= 1{,}6018 \cdot 10$ | kg m$^{-3}$ |
| 1 lb/UK gal | $= 9{,}9779 \cdot 10$ | kg m$^{-3}$ |
| 1 lb/US gal | $= 1{,}1983 \cdot 10^{2}$ | kg m$^{-3}$ |

*Geschwindigkeit*

| | | |
|---|---|---|
| 1 ft/hr | $= 8,4667 \cdot 10^{-5}$ | m s$^{-1}$ |
| 1 ft/min | $= 5,0300 \cdot 10^{-3}$ | m s$^{-1}$ |
| 1 ft/s | $= 3,0480 \cdot 10^{-1}$ | m s$^{-1}$ |
| 1 mile/hr | $= 4,4704 \cdot 10^{-1}$ | m s$^{-1}$ |

*Kraft*

| | | |
|---|---|---|
| 1 kp | $= 9,8067$ | N |
| 1 dyn | $= 1,0000 \cdot 10^{-5}$ | N |
| 1 Dyn | $= 1,3825 \cdot 10^{-1}$ | N |
| 1 lbf | $= 4,4482$ | N |
| 1 ton f | $= 9,9640 \cdot 10^{3}$ | N |

*Druck*, mechanische Spannung

| | | |
|---|---|---|
| 1 bar | $= 1,0000 \cdot 10^{5}$ | Pa |
| 1 at | $= 9,8067 \cdot 10^{4}$ | Pa |
| 1 kp/cm$^2$ | $= 9,8067 \cdot 10^{4}$ | Pa |
| 1 atm | $= 1,0133 \cdot 10^{5}$ | Pa |
| 1 Torr | $= 1,3332 \cdot 10^{2}$ | Pa |
| 1 mmHg (1 mm QS) | $= 1,3332 \cdot 10^{2}$ | Pa |
| 1 mm/WS | $= 9,8067$ | Pa |
| 1 dyn/cm$^2$ | $= 1,0000 \cdot 10^{-1}$ | Pa |
| 1 pdl/ft$^2$ | $= 1,4881$ | Pa |
| 1 lbf/ft$^2$ (psf) | $= 4,7880 \cdot 10^{1}$ | Pa |
| 1 pdl/in$^2$ | $= 2,1429 \cdot 10^{2}$ | Pa |
| 1 in water | $= 2,4909 \cdot 10^{2}$ | Pa |
| 1 ft water | $= 2,9891 \cdot 10^{3}$ | Pa |
| 1 in Hg (l in mercury) | $= 3,3866 \cdot 10^{3}$ | Pa |
| 1 lbf/in$^2$ (oder psi) | $= 6,8948 \cdot 10^{3}$ | Pa |
| 1 ton f/in$^2$ | $= 1,5444 \cdot 10^{7}$ | Pa |

*Energie*

| | | |
|---|---|---|
| 1 N m | $= 1,0000$ | J |
| 1 W s | $= 1,0000$ | J |
| 1 dyn cm | $= 1,0000 \cdot 10^{-7}$ | J |
| 1 erg | $= 1,0000 \cdot 10^{-7}$ | J |
| 1 Dyn m | $= 1,0000$ | J |
| 1 kpm | $= 9,8067$ | J |
| 1 kcal | $= 4,1868 \cdot 10^{3}$ | J |
| 1 kW h | $= 3,6000 \cdot 10^{6}$ | J |
| 1 Ps h | $= 2,6478 \cdot 10^{6}$ | J |
| 1 Btu | $= 1,0551 \; 10^{3}$ | J |
| 1 Chu | $= 1,8991 \; 10^{3}$ | J |
| 1 ft pdl | $= 4,2139 \; 10^{-2}$ | J |
| 1 ft lbf | $= 1,3558$ | J |
| 1 hp hr (british) | $= 2,6845 \; 10^{6}$ | J |
| 1 therm | $= 1,0551 \; 10^{8}$ | J |
| 1 eV | $= 1,602 \; 10^{-19}$ | J |
| 1 SKE (Steinkohleneinheit) | $= 2,9308 \; 10^{7}$ | J |

*Leistung*, Wärmefluss

| | | |
|---|---|---|
| 1 mkp/s | $= 9,80665$ | W |
| 1 kcal/h | $= 1,1630$ | W |
| 1 erg/s | $= 1,0000 \cdot 10^{-7}$ | W |
| 1 PS | $= 7,3548 \cdot 10^{2}$ | W |
| 1 m$^3$ atm/h | $= 2,8150 \cdot 10$ | W |
| 1 ft lbf/min | $= 2,2597 \cdot 10^{-2}$ | W |
| 1 ft lbf/s | $= 1,3558$ | W |
| 1 ft pdl/s | $= 4,2139 \cdot 10^{-2}$ | W |
| 1 Btu/hr | $= 2,9308 \cdot 10^{-1}$ | W |
| 1 Chu/hr | $= 5,2754 \cdot 10^{-1}$ | W |
| 1 hp (british) | $= 7,4570 \cdot 10^{2}$ | W |
| 1 ton refrigeration | $= 3,5169 \cdot 10^{3}$ | W |
| 1 therm/hr | $= 2,9308 \cdot 10^{4}$ | W |

*Kalorische Größen*, volumenbezogene

| | | |
|---|---|---|
| 1 kcal/m$^3$ | $= 4,1868 \cdot 10^{3}$ | J m$^{-3}$ |
| 1 Btu/ft$^3$ | $= 3,7260 \cdot 10^{4}$ | J m$^{-3}$ |
| 1 Chu/ft$^3$ | $= 6,7067 \cdot 10^{4}$ | J m$^{-3}$ |
| 1 therm/ft$^3$ | $= 3,7260 \cdot 10^{9}$ | J m$^{-3}$ |

*Wärmedurchgangskoeffizient*

| | | |
|---|---|---|
| 1 kcal/m$^2$ h °C | = 1,1630 | W m$^{-2}$ K$^{-1}$ |
| 1 cal/m$^2$ s °C | = 4,1868 · 10$^4$ | W m$^{-2}$ K$^{-1}$ |
| 1 kcal/ft$^2$ hr °C | = 1,2518 · 10 | W m$^{-2}$ K$^{-1}$ |
| 1 Btu/ft$^2$ hr °C | = 5,6785 | W m$^{-2}$ K$^{-1}$ |
| 1 Chu/ft$^2$ hr °C | = 5,6783 | W m$^{-2}$ K$^{-1}$ |

*Wärmeleitfähigkeit*

| | | |
|---|---|---|
| 1 kcal/m h °C | = 1,1630 | W m$^{-1}$ K$^{-1}$ |
| 1 cal/cams °C | = 4,1868 · 10$^2$ | W m$^{-1}$ K$^{-1}$ |
| 1 Btu/ft$^2$ hr (°F/in) | = 1,4423 · 10$^{-1}$ | W m$^{-1}$ K$^{-1}$ |
| 1 Btu/ft hr °F | = 1,7308 | W m$^{-1}$ K$^{-1}$ |
| 1 Chu/ft hr °C | = 1,7308 | W m$^{-1}$ K$^{-1}$ |

*Wärmekapazität*, spezifische

| | | |
|---|---|---|
| 1 kcal/kg °C | = 4,1868 · 10$^3$ | J kg$^{-1}$ K$^{-1}$ |
| 1 cal/g °C | = 4,1868 · 10$^3$ | J kg$^{-1}$ K$^{-1}$ |
| 1 Btu/lb °F | = 4,1868 · 10$^3$ | J kg$^{-1}$ K$^{-1}$ |
| 1 Chu/lb °C | = 4,1868 · 10$^3$ | J kg$^{-1}$ K$^{-1}$ |

*Viskosität*, dynamische

| | | |
|---|---|---|
| 1 kps/m$^2$ | = 9,80665 | Pa s |
| 1 kph/m$^2$ | = 3,532 · 10$^{-4}$ | Pa s |
| 1 Poise = 1 g/cm s | = 1,0000 · 10$^{-1}$ | Pa s |
| 1 lb/ft hr | = 4,1338 · 10$^{-4}$ | Pa s |
| 1 kg/ft hr | = 9,1134 · 10$^{-4}$ | Pa s |
| 1 lb/ft s | = 1,4882 | Pa s |

*Viskosität*, kinematische

| | | |
|---|---|---|
| 1 Stoke = 1 cm$^2$/s | = 1,0000 · 10$^{-4}$ | m$^2$ s$^{-1}$ |
| 1 dm$^3$/hr in | = 1,0936 · 10$^{-5}$ | m$^2$ s$^{-1}$ |
| 1 ft$^2$/hr | = 2,5806 · 10$^{-5}$ | m$^2$ s$^{-1}$ |
| 1 ft$^2$/s | = 9,2903 · 10$^{-2}$ | m$^2$ s$^{-1}$ |

## Anhang 8.5
## Wichtige Zusammenhänge zwischen abgeleiteten Einheiten und Basiseinheiten.

| | |
|---|---|
| 1 N (Newton), Kraft | $1\ \text{kg m s}^{-2}$ |
| 1 Pa (Pascal), Druck | $1\ \text{kg m}^{-1}\ \text{s}^{-2}$ |
| 1 J (Joule), Energie | $1\ \text{kg m}^2\ \text{s}^{-2}$ |
| 1 W (Watt), Leistung | $1\ \text{kg m}^2\ \text{s}^{-3}$ |
| 1 V (Volt), Spannung | $1\ \text{kg m}^2\ \text{A}^{-1}\ \text{s}^{-3}$ |
| 1 Ω (Ohm), elekt. Widerstand | $1\ \text{kg m}^2\ \text{A}^{-2}\ \text{s}^{-3}$ |
| 1 T (Tesla), mag. Flussdichte | $1\ \text{V s m}^{-2}$ |
| 1 Wb (Weber), mag. Fluss | $1\ \text{V s}$ |

## Anhang 8.6
## Umrechnung von Konzentrationsangaben binärer Mischungen der gelösten Komponente A im Lösungsmittel B.

$w_A/\%$ (g g$^{-1}$): Massenprozent
$x_A$ = Molenbruch
$c_A/$mol L$^{-1}$: Molarität
$M_A/$g mol$^{-1}$: Molmasse der Komponente A (dito für B).
$\rho_M/$g cm$^{-3}$: Dichte der Mischung bei der Temperatur $T$

| | $w_A/\%$ | $x_A$ | $c_A/$mol L$^{-1}$ |
|---|---|---|---|
| $w_A =$ | / | $\dfrac{100}{\left(1 + \dfrac{(1-x_A)}{x_A} \cdot \dfrac{M_B}{M_A}\right)}$ | $\dfrac{M_A}{10 \cdot \rho_M} \cdot c_A$ |
| $x_A =$ | $\dfrac{1}{1 + \dfrac{(100-w_A)}{w_A} \cdot \dfrac{M_A}{M_B}}$ | / | $\dfrac{c_A}{c_A \cdot \left(1 - \dfrac{M_A}{M_B}\right) + \dfrac{1000 \cdot \rho_M}{M_B}}$ $\approx \dfrac{M_B}{1000 \cdot \rho_M} \cdot c_A$ bei $M_A \approx M_B$ oder $c_A$ sehr klein |
| $c_A =$ | $\dfrac{10 \cdot \rho_M}{M_A} \cdot w_A$ | $\dfrac{\rho_M}{M_B} \cdot \dfrac{1000 \cdot x_A}{1 - x_A \cdot \left(1 - \dfrac{M_A}{M_B}\right)}$ | / |

## Anhang 8.7
## Van-der-Waals-Konstanten *a* und *b* und kritische Werte für einige Gase in alphabetischer Reihenfolge.

$$\left(P + \frac{a}{\bar{V}}\right) \cdot (\bar{V} - b) = RT$$

| Verbindung | $a/0{,}1 \text{ Pa m}^6 \text{ mol}^{-2}$ | $b/10^{-5} \text{ m}^3 \text{ mol}^{-1}$ | $T_K/K$ | $P_K/\text{bar}$ |
|---|---|---|---|---|
| Ammoniak | 4,46 | 5,15 | 405,6 | 112,8 |
| Argon | 1,37 | 3,23 | 150,8 | 48,7 |
| Benzol | 18,24 | 11,50 | 562,1 | 48,9 |
| Chlor | 6,59 | 5,64 | 417,0 | 77,0 |
| Chlorwasserstoff | 3,73 | 4,09 | 324,6 | 83,0 |
| Cyanwasserstoff | 10,90 | 8,25 | 456,8 | 53,9 |
| Distickstoffmonoxid | 3,84 | 4,43 | 309,6 | 72,4 |
| Essigsäure | 17,59 | 10,68 | 594,4 | 57,9 |
| Ethan | 5,53 | 6,47 | 305,4 | 48,8 |
| Ethen | 4,53 | 5,73 | 282,4 | 50,4 |
| Ethin | 4,46 | 5,15 | 308,3 | 61,4 |
| Ethylenoxid | 17,63 | 13,50 | 466,7 | 36,4 |
| Helium | 0,03 | 2,38 | 5,2 | 2,27 |
| Kohlendioxid | 3,65 | 4,28 | 304,2 | 73,8 |
| Kohlenmonoxid | 1,51 | 4,00 | 132,9 | 35,0 |
| Methan | 2,29 | 4,30 | 190,0 | 46,0 |
| Methanol | 9,67 | 6,71 | 512,6 | 81,0 |
| Monochlormethan | 7,57 | 6,51 | 416,3 | 66,8 |
| n-Butan | 14,69 | 12,30 | 425,2 | 38,0 |
| Propan | 8,77 | 8,47 | 369,8 | 42,5 |
| Propen | 8,49 | 3,30 | 365,0 | 46,2 |
| Sauerstoff | 1,38 | 3,19 | 154,6 | 50,5 |
| Schwefeldioxid | 6,81 | 5,65 | 430,8 | 78,8 |
| Schwefelwasserstoff | 4,49 | 4,30 | 373,2 | 89,4 |
| Stickstoff | 1,41 | 3,92 | 126,2 | 33,9 |
| Stickstoffmonoxid | 1,36 | 2,80 | 1,80 | 65,0 |
| Wasser | 5,53 | 3,60 | 647,3 | 220,5 |
| Wasserstoff | 0,25 | 2,67 | 33,2 | 13,0 |

# Anhang 8.8
# Wärmekapazitäten einiger Stoffe und ihre Temperaturabhängigkeit.

Die Temperaturabhängigkeit der molaren Wärmekapazität wird durch folgenden Potenzansatz approximiert: $c_p/(\text{J mol}^{-1}\,\text{K}^{-1}) = a + b \cdot T + c \cdot T^2 + d \cdot T^3$, wenn $T$ in K angegeben wird.

| Gas | $c_p/$ kJ kg$^{-1}$ K$^{-1}$ | $c_p/$ J mol$^{-1}$ K$^{-1}$ | $a$ | $b/\,10^{-3}$ | $c/\,10^{-6}$ | $d/\,10^{-9}$ |
|---|---|---|---|---|---|---|
| Wasserstoff | 14,3 | 29,1 | 27,124 | 9,267 | − 13,799 | 7,640 |
| Sauerstoff | 0,94 | 20,2 | 28,087 | − 0,004 | 17,447 | − 10,644 |
| Wasserdampf | 1,94 | 34,9 | 32,220 | 1,923 | 10,548 | 3,594 |
| Stickstoff | 1,10 | 30,7 | 31,128 | − 13,556 | 26,777 | 11,673 |
| Stickstoffdioxid | 0,87 | 40,2 | 24,216 | 48,324 | − 20,794 | 0,293 |
| Ammoniak | 2,27 | 38,7 | 27,296 | 23,815 | 17,062 | − 11,840 |
| Schwefeldioxid | 0,68 | 43,5 | 23,836 | 66,940 | − 49,580 | 13,270 |
| Kohlenmonoxid | 1,05 | 29,3 | 30,848 | − 12,840 | 27,870 | − 12,710 |
| Kohlendioxid | 0,94 | 41,2 | 19,780 | 73,390 | − 55,980 | 17,140 |
| Methan | 2,57 | 41,2 | 19,238 | 52,090 | 11,966 | − 11,309 |
| Methanol | 1,61 | 51,6 | 21,127 | 70,880 | 25,820 | − 28,500 |
| Dichlordifluormethan | 0,67 | 81,3 | 31,577 | 178,110 | − 150,750 | 43,388 |
| Ethan | 2,17 | 65,2 | 5,406 | 177,980 | − 69,330 | − 1,916 |
| Ethen | 1,89 | 53,0 | 2,803 | 156,48 | − 83,430 | 17,540 |
| Ethanol | 1,76 | 81,0 | 9,008 | 213,900 | − 83,846 | 1,372 |
| Ethylenoxid | 1,42 | 62,6 | − 7,524 | 222,100 | − 125,560 | 25,900 |
| Essigsäure | 1,36 | 81,6 | 4,837 | 254,680 | − 175,180 | 49,454 |
| Propan | 2,14 | 94,5 | − 4,222 | 306,050 | − 158,530 | 32,120 |
| Propen | 1,90 | 80,0 | 3,707 | 234,380 | − 115,940 | 22,030 |
| Butan | 2,73 | 158,7 | 9,481 | 331,100 | 110,750 | − 2,820 |
| Hexan | 2,11 | 181,9 | − 4,41 | 581,570 | − 311,660 | 64,890 |
| Benzol | 1,43 | 111,6 | − 33,890 | 474,040 | − 301,490 | 71,250 |
| 2-Methylpropan | 2,14 | 124,3 | − 1,389 | 384,500 | − 184,470 | 28,932 |

## Anhang 8.9
## Thermodynamische Daten ausgewählter organischer Verbindungen

($\varnothing$ = Standardtemperatur und Standarddruck) [Sandler 1999].

| Verbindung | $\mu/$ $10^{-30}$ C m | $\Delta_f H^{\varnothing}/$ kJ mol$^{-1}$ | $S^{\varnothing}/$ J mol$^{-1}$ K$^{-1}$ | $c_p/$ J mol$^{-1}$ K$^{-1}$ | $\Delta_V H^{\varnothing}/$ kJ mol$^{-1}$ |
|---|---|---|---|---|---|
| **Alkane** | | | | | |
| Methan | 0,0 | − 75 | 186 | 36 | |
| Ethan | 0,0 | − 85 | 230 | 53 | |
| Propan | 0,0 | − 104 | 270 | 74 | |
| Butan | 0,0 | − 126 | 310 | 97 | 22 |
| Pentan | 0,0 | − 146 | 349 | 120 | 27 |
| Hexan | 0,0 | − 167 | 388 | 143 | 32 |
| Cyclohexan | | − 123 | 298 | 106 | 33 |
| **Alkene** | | | | | |
| Ethen | 0,0 | 52 | 220 | 44 | |
| Propen | 1,2 | 20 | 267 | 64 | |
| 1-Buten | 1,1 | − 0,1 | 306 | 86 | |
| Cyclopenten | 0,7 | 33 | 290 | 75 | 29 |
| 1,3-Butadien | 0,0 | 110 | 279 | 80 | 25 |
| **Alkine** | | | | | |
| Ethin | 0,0 | 227 | 201 | 44 | |
| **Aromaten** | | | | | |
| Benzol (g) | 0,0 | 83 | 269 | 82 | 34 |
| Toluol | 1,2 | 50 | 321 | 104 | 38 |
| Ethylbenzol | 2,0 | 30 | 361 | 128 | 42 |
| **Alkohole** | | | | | |
| Methanol | 5,7 | − 201 | 240 | 44 | 38 |
| Ethanol | 5,6 | − 235 | 283 | 65 | 43 |
| 1-Propanol | 5,6 | − 258 | 325 | 87 | 47 |
| 1-Butanol | 5,5 | − 274 | 363 | 110 | 51 |
| **Carbonsäuren** | | | | | |
| Ameisensäure | 4,7 | − 379 | 249 | | 46 |
| Essigsäure | 5,8 | − 435 | 283 | 67 | 49 |
| n-Buttersäure | | − 534 | 226 | | |
| Benzoesäure | | − 290 | 369 | | 53 |

*Fortsetzung*

| Verbindung | $\mu/$ $10^{-30}$ C m | $\Delta_f H^{\varnothing}/$ kJ mol$^{-1}$ | $S^{\varnothing}/$ J mol$^{-1}$ K$^{-1}$ | $c_p/$ J mol$^{-1}$ K$^{-1}$ | $\Delta_V H^{\varnothing}/$ kJ mol$^{-1}$ |
|---|---|---|---|---|---|
| **Ester** | | | | | |
| Metylformiat | 5,9 | − 350 | 301 | | 28 |
| Ethylformiat | 6,4 | − 371 | | | 28 |
| Methylacetat | 5,7 | − 410 | 301 | | 32 |
| Ethylacetat | 5,9 | − 443 | 363 | | 36 |
| **Aldehyde** | | | | | |
| Formaldehyd | 7,8 | − 116 | 219 | 35 | |
| Acetaldehyd | 9,0 | − 166 | 264 | 57 | 26 |
| Propionaldehyd | 8,4 | − 192 | 305 | | 29 |
| Butyraldehyd | 9,1 | − 205 | 345 | | 34 |
| **Ketone** | | | | | |
| Aceton | 9,6 | − 218 | 295 | 75 | 31 |
| Cyclohexanon | | − 230 | 322 | | 42 |

# Anhang 8.10
# Größenordnung der Reaktionsenthalpie $\Delta_R H$ ausgewählter technischer Reaktionen [Weissermel 1994].

| Edukte | Produkte | $\Delta_R H$/kJ mol$^{-1}$ |
|---|---|---|
| **Umsetzungen mit O$_2$** | | |
| $H_2 + 0{,}5\ O_2$ | $H_2O$ | − 285 |
| $C + O_2$ | $CO_2$ | − 393 |
| $C + 0{,}5\ O_2$ | $CO$ | − 111 |
| $CH_4 + 2\ O_2$ | $CO_2 + 2\ H_2O$ | − 890 |
| $CH_4 + NH_3 + 1{,}5\ O_2$ | $HCN + 3\ H_2O$ | − 473 |
| $CH_3OH + 0{,}5\ O_2$ | $HCHO + H_2O$ | − 159 |
| $C_2H_4 + 0{,}5\ O_2$ | Ethylenoxid | − 105 |
| $C_2H_4 + 3\ O_2$ | $2\ CO_2 + 2\ H_2O$ | − 1327 |
| $C_2H_4 + 0{,}5\ O_2$ | $CH_3CHO$ | − 243 |
| $C_2H_5OH + 0{,}5\ O_2$ | $CH_3CHO + H_2O$ | − 180 |
| $CH_3\text{-}CH = CH_2 + O_2$ | Acrolein $+ H_2O$ | − 368 |
| $CH_3\text{-}CH = CH_2 + 0{,}5\ O_2$ | Aceton | − 255 |
| i-Propanol $+ 0{,}5\ O_2$ | Aceton $+ H_2O$ | − 180 |
| Acrolein $+ 0{,}5\ O_2$ | Acrylsäure | − 266 |

*Fortsetzung*

| Edukte | Produkte | $\Delta_R H$/kJ mol$^{-1}$ |
|---|---|---|
| $CH_3$-CH $=$ CH-CHO $+$ 0,5 $O_2$ | $CH_3$-CH $=$ CH-COOH | $-$ 268 |
| Methacrolein $+$ 0,5 $O_2$ | Methacrylsäure | $-$ 252 |
| i-Butyraldehyd $+$ 0,5 $O_2$ | i-Buttersäure | $-$ 312 |
| $CH_2 = CH$-$C_2H_5$ $+$ 3$O_2$ | Maleinsäureanhydrid $+$ 3 $H_2O$ | $-$ 1315 |
| $C_6H_6$ $+$ 4,5 $O_2$ | Maleinsäureanhydrid $+$ 2 $CO_2$ $+$ 2 $H_2O$ | $-$ 1875 |
| o-Xylol $+$ 3$O_2$ | Phthalsäureanhydrid $+$ 3 $H_2O$ | $-$ 1110 |
| Naphthalin $+$ 4,5 $O_2$ | Phthalsäureanhydrid $+$ 2 $CO_2$ $+$ 2 $H_2O$ | $-$ 1792 |
| **Umsetzungen mit $H_2$** | | |
| C $+$ 2 $H_2$ | $CH_4$ | $-$ 75 |
| CO $+$ 3 $H_2$ | $CH_4$ $+$ $H_2O$ | $-$ 206 |
| CO $+$ 2 $H_2$ | $CH_3OH$ | $-$ 92 |
| $CO_2$ $+$ 3 $H_2$ | $CH_3OH$ $+$ $H_2O$ | $-$ 50 |
| R-$NO_2$ $+$ 3 $H_2$ | R-$NH_2$ $+$ 2 $H_2O$ | $<-$ 500 |
| Butinol $+$ 2 $H_2$ | Butandiol | $-$ 251 |
| NC-$(CH_2)_4$-CN $+$ 4 $H_2$ | $H_2N$-$(CH_2)_6$-$NH_2$ | $-$ 314 |
| $C_6H_6$ $+$ 3 $H_2$ | $C_6H_{12}$ | $-$ 214 |
| $C_6H_5$-$CH_3$ $+$ $H_2$ | $C_6H_6$ $+$ $CH_4$ | $-$ 126 |
| $C_6H_5$-$NO_2$ $+$ 3 $H_2$ | $C_6H_5 - NH_2$ $+$ 2 $H_2O$ | $-$ 443 |
| **Dehydrierungen** | | |
| $CH_3OH$ | HCHO $+$ $H_2$ | $+$ 84 |
| $-$ $CH_2$-$CH_3$ | $-$ CH $=$ $CH_2$ $+$ $H_2$ | $+$ 121 |
| $CH_4$ $+$ $NH_3$ | HCN $+$ 3 $H_2$ | $+$ 251 |
| 2 $CH_4$ | $C_2H_2$ $+$ 3 $H_2$ | $+$ 337 |
| $C_2H_5$-OH | $CH_3$-CHO $+$ $H_2$ | $+$ 84 |
| i-Propanol | Aceton $+$ $H_2$ | $+$ 67 |
| 2-Butanol | Methyl-ethyl-keton $+$ $H_2$ | $+$ 51 |
| n-Butan | $CH_3$-CH $=$ CH-$CH_3$ $+$ $H_2$ | $+$ 126 |
| Cyclohexanol | Cyclohexanon $+$ $H_2$ | $+$ 65 |
| $C_6H_5$-$C_2H_5$ | $C_6H_5$-CH $=$ $CH_2$ $+$ $H_2$ | $+$ 121 |

*Fortsetzung*

| Edukte | Produkte | $\Delta_R H/kJ\ mol^{-1}$ |
|---|---|---|
| **Umsetzungen mit Wasser** | | |
| $C + H_2O$ | $CO + H_2$ | + 119 |
| $CO + H_2O$ | $CO_2 + H_2$ | − 41,2 |
| $CH_4 + H_2O$ | $3\ H_2O + CO$ | + 205 |
| $HCN + H_2O$ | $HCONH_2$ | − 75 |
| $C_2H_4 + H_2O$ | $C_2H_5\text{-}OH$ | − 46 |
| $C_2H_4 + CO + H_2O$ | $CH_3CH_2\text{-}COOH$ | − 159 |
| $C_2H_2 + ROH$ | $CH = CH\text{-}OR$ | − 125 |
| Ethylenoxid $+ H_2O$ | $HO\text{-}CH_2CH_2\text{-}OH$ | − 80 |
| $H_2C = C = O + H_2O$ | $CH_3\text{-}COOH$ | − 147 |
| $CH_3\text{-}CH = CH_2 + H_2O$ | i-Propanol | − 50 |
| Tetrahydrofuran $+ H_2O$ | $HO\text{-}(CH_2)_4\text{-}OH$ | − 13 |
| Phthalsäureanhydrid $+ 2\ ROH$ | Diester der Phthalsäure $+ H_2O$ | − 84 |
| **Umsetzungen mit HCl und Cl₂** | | |
| $CH_3OH + HCl$ | $CH_3Cl + H_2O$ | − 33 |
| $CH_2 = CH\text{-}C_2H_2 + HCl$ | 2-Chlorbutadien | − 184 |
| $C_2H_2 + HCl$ | $CH_2 = CH\text{-}Cl$ | − 99 |
| $CH_2 = CH\text{-}Cl + HCl$ | $Cl\text{-}CH_2CH_2\text{-}Cl$ | − 71 |
| $C_2H_4 + Cl_2$ | $Cl\text{-}CH_2CH_2\text{-}Cl$ | − 180 |
| $CH_3\text{-}CH = CH_2 + Cl_2$ | $CH_2 = CH\text{-}Cl$ | − 113 |
| **Sonstige** | | |
| Ethylenoxid $+ CO_2$ | Ethylcarbonat | − 96 |
| $C_6H_6 + C_2H_4$ | $C_6H_5\text{-}C_2H_5$ | − 113 |
| $C_6H_6 + C_2H_4$ | $C_6H_5\text{-}C_2H_5$ | − 113 |
| $C_6H_6 + CH_3\text{-}CH = CH_2$ | Cumol | − 113 |
| $C_6H_6 + HNO_3$ | Nitrobenzol | − 117 |

## Anhang 8.11
## Antoine-Parameter ausgewählter organischer Verbindungen

$$\lg\,(P/\mathrm{Torr}) = A - \frac{B}{C + T/\,^\circ\mathrm{C}},\ (1\ \mathrm{Torr} = 1{,}33322\ 10^{-3}\ \mathrm{bar}).$$

| Verbindung | A | B | C | Kp/ °C |
|---|---|---|---|---|
| **Anorganische Verbindungen** | | | | |
| Kohlendioxid | 9,66983 | 1295,524 | 269,243 | − 78,42 |
| Sauerstoff | 6,68748 | 318,692 | 266,683 | − 182,96 |
| Xenon | 38,26364 | 54 624,5 | 1 651,838 | − 108,02 |
| **Alkane** | | | | |
| Methan | 6,34159 | 342,217 | 260,221 | − 161,4 |
| Ethan | 6,82477 | 663,484 | 256,893 | − 88,66 |
| Propan | 6,84343 | 818,54 | 248,677 | − 42,11 |
| Butan | 6,82485 | 943,453 | 239,711 | − 0,5 |
| Pentan | 6,84471 | 1060,793 | 231,541 | 36,07 |
| Hexan | 6,88555 | 1175,817 | 224,867 | 68,67 |
| Cyclohexan | 6,84941 | 1206,001 | 223,148 | 80,74 |
| **Alkene** | | | | |
| Ethen | 6,74819 | 584,291 | 254,862 | − 103,78 |
| Propen | 6,82359 | 786,532 | 247,243 | − 47,76 |
| 1-Buten | 6,53101 | 610,261 | 228,066 | − 6,09 |
| 1,3-Butadien | 6,85364 | 933,586 | 239,511 | − 4,52 |
| **Alkine** | | | | |
| Acetylen | 6,57935 | 536,808 | 229,819 | − 84,68 |
| **Aromaten** | | | | |
| Benzol | 6,89272 | 1203,331 | 219,888 | 80,1 |
| Methylbenzol | 6,95805 | 1346,773 | 219,693 | 110,62 |
| Ethylbenzol | 6,9565 | 1423,543 | 213,091 | 136,18 |
| **Alkohole** | | | | |
| Methanol | 8,08097 | 1582,271 | 239,726 | 64,55 |
| Ethanol | 8,16556 | 1624,08 | 228,993 | 78,32 |
| 1-Propanol | 7,74416 | 1437,686 | 198,463 | 97,15 |
| 2-Propanol | 7,74021 | 1359,517 | 197,527 | 82,24 |
| 1-Butanol | 7,36366 | 1305,198 | 173,427 | 117,73 |
| 2-Butanol | 7,20131 | 1157 | 168,279 | 99,51 |
| 2-Methyl-1-propanol | 7,29491 | 1230,81 | 170,947 | 107,89 |
| 2-Methyl-2-propanol | 7,2034 | 1092,971 | 170,503 | 82,35 |
| 1-Pentanol | 7,18246 | 1287,625 | 161,33 | 138 |

*Fortsetzung*

| Verbindung | A | B | C | Kp/ °C |
|---|---|---|---|---|
| **Alkohole** | | | | |
| 1-Hexanol | 8,1117 | 1872,743 | 202,666 | |
| Cyclohexanol | 6,2553 | 912,866 | 109,126 | 161,39 |
| 1,2-Ethandiol | 8,09083 | 2088,936 | 203,454 | 197,49 |
| **Phenole** | | | | |
| Phenol | 7,13301 | 1516,79 | 174,954 | 181,75 |
| **Amine** | | | | |
| Metylamin | 7,3369 | 1011,532 | 233,286 | − 6,28 |
| Dimethylamin | 7,08212 | 960,242 | 221,667 | 6,89 |
| Trimethylamin | 6,85755 | 955,944 | 237,515 | 2,87 |
| **Carbonsäuren** | | | | |
| Ameisensäure | 4,97536 | 541,738 | 137,051 | 100,5 |
| Essigsäure | 7,38732 | 1533,313 | 222,309 | 117,9 |
| Buttersäure | 7,7399 | 1764,68 | 199,892 | 163,28 |
| **Ester** | | | | |
| Ameisensäuremethylester | 3,02742 | 3,018 | − 11,88 | 32,47 |
| Ameisensäureethylester | 7,00902 | 1123,943 | 218,247 | 54,01 |
| Essigsäuremethylester | 7,06524 | 1157,63 | 219,726 | 56,93 |
| Essigester | 7,10179 | 1244,951 | 217,881 | 77,06 |
| **Aldehyde** | | | | |
| Ethanal | 8,00552 | 1600,017 | 291,809 | 20,41 |
| Butanal | 6,38544 | 1330,948 | 210,833 | 123,71 |
| **Ketone, Ether** | | | | |
| Aceton | 7,11714 | 1210,595 | 229,664 | 56,1 |
| 1,4-Dioxan | 7,43155 | 1554,679 | 240,337 | 101,29 |

## Anhang 8.12
## Eigenschaften von Wasser

**Anhang 8.12.1**
Formeln für die Berechnung der physikalisch-chemischen Eigenschaften von flüssigem
Wasser zwischen 0 und 150 °C (*T* in °C, *P* in bar) [Popiel 1998].

**Sättigungsdampfdruck**

$$P_s/\text{bar} = P_c \cdot exp\left\{\left[T_c/(273{,}15 + T)\right]\right.$$
$$\left.\cdot\left(a_1 + a_2 \cdot \tau^{1{,}5} + a_3 \cdot \tau^3 + a_4 \cdot \tau^{3{,}5} + a_5 \cdot \tau^4 + a_6 \cdot \tau^{7{,}5}\right)\right\}$$

- $P_C = 220{,}64$ bar
- $T_C = 647{,}096$ K
- $\tau = 1\text{-}(273{,}15 + T)/T_C$
- $a_1 = -7{,}85951783$
- $a_2 = 1{,}84408259$
- $a_3 = -11{,}7866497$
- $a_4 = 22{,}6807411$
- $a_5 = -15{,}9618719$
- $a_6 = 1{,}80122502$

**Dichte von flüssigem Wasser bei Sättigungsdampfdruck**

$$\rho_S/\text{kg m}^{-3} = a + b \cdot T + c \cdot T^2 + d \cdot T^{2{,}5} + e \cdot T^3$$

- $a = 999{,}79684$
- $b = 0{,}068317355$
- $c = -0{,}010740248$
- $d = 0{,}00082140905$
- $e = -2{,}3030988 \cdot 10^{-5}$

**Dichte von flüssigem Wasser für Drücke, die oberhalb des Sättigungsdruckes liegen**

$$\rho(T, P)/\text{kg m}^{-3} = P_S \cdot \left[1 + \kappa_P \cdot (P - P_s)\right]$$

mit

$$\kappa_P/\text{bar}^{-1} = \left[\frac{(a + c \cdot T)}{(1 + b \cdot T + d \cdot T^2)}\right]^2$$

- $a = 0{,}007131672$
- $b = 0{,}011230766$
- $c = 5{,}369263 \; 10^{-5}$

**Thermischer Ausdehnungskoeffizient von flüssigem Wasser**

$$\beta/\text{K}^{-1} = -\frac{1}{\rho_S'} \cdot \frac{\partial \rho_S}{\partial T} = a + b \cdot T + c \cdot T^{1,5} + d \cdot T^2$$

- $a = -6{,}8785895 \ 10^{-5}$
- $b = 2{,}1687942 \ 10^{-5}$
- $c = -2{,}1236686 \ 10^{-6}$
- $d = 7{,}7200882 \ 10^{-8}$

**Spezifische Wärme bei konstantem Druck**

$$c_{P,S}/\text{kJ kg}^{-1} \text{ K}^{-1} = a + b \cdot T + c \cdot T^{1,5} + d \cdot T^2 + e \cdot T^{2,5}$$

- $a = 4{,}2174356$
- $b = -0{,}0056181625$
- $c = 0{,}0012992528$
- $d = -0{,}00011535353$
- $e = 4{,}14964 \ 10^{-6}$

**Verdampfungswärme**

$$\Delta_V H/\text{kJ kg}^{-1} = a + b \cdot T + c \cdot T^{1,5} + d \cdot T^{2,5} + e \cdot T^3$$

- $a = 2500{,}304$
- $b = -2{,}2521025$
- $c = -0{,}021465847$
- $d = 3{,}1750136 \ 10^{-4}$
- $e = -2{,}8607959 \ 10^{-5}$

**Thermische Leitfähigkeit**

$$\lambda_S/\text{W m}^{-1}\text{K}^{-1} = a + b \cdot T + c \cdot T^{1,5} + d \cdot T^2 + e \cdot T^{0,5}$$

- $a = 0{,}5650285$
- $b = 0{,}0026363895$
- $c = -0{,}00012516934$
- $d = -1{,}5154918 \cdot 10^{-6}$
- $e = -0{,}0009412945$

**Dynamische Viskosität**

$$\eta_S/\text{kg m}^{-1}\text{s}^{-1} = \frac{1}{a + b \cdot T + c \cdot T^2 + d \cdot T^3}$$

- $a = 557{,}82468$
- $b = 19{,}408782$
- $c = 0{,}1360459$
- $d = -3{,}1160832 \ 10^{-4}$

**Dynamische Viskosität bei höheren Drücken als der Sättigungsdampfdruck**

$$\eta(T, P)/\text{kg m}^{-1} \text{ s}^{-1} = \mu_s \cdot \left[1 + \kappa_\mu \cdot (P - P_s)\right]$$

mit dem Kompressibilitätsfaktor:

$$\kappa_\mu/\text{bar}^{-1} = a + b \cdot T + c \cdot T^2 + d \cdot T^3 + e \cdot T^4$$

- $a = 0{,}0001335$
- $b = 5{,}57128 \ 10^{-6}$
- $c = -0{,}0061077357$
- $d = 0{,}3633062 \ 10^{-4}$
- $e = -0{,}8179944 \ 10^{-7}$

**Oberflächenspannung**

$$\sigma/\text{N m}^{-1} = a + b \cdot T + c \cdot T^2 + d \cdot T^3$$

- $a = 0{,}075652711$
- $b = -0{,}00013936956$
- $c = -3{,}0842103 \ 10^{-7}$
- $d = 2{,}75884365 \ 10^{-10}$

**Kritische Parameter von Wasser**

- $P_c = 220{,}64 \text{ bar}$
- $T_c = 647{,}096 \text{ K}$
- $\rho_c = 332 \text{ kg m}^{-3}$

**Tripel-Punkt von Wasser**

- $P_{\text{TR}} = 611{,}657 \text{ Pa}$
- $T_{\text{TR}} = 0{,}01 \,°\text{C}$
- $\rho_{s,\text{TR}} = 999{,}789 \text{ kg m}^{-3}$
- $\rho_{v,\text{TR}} = 0{,}00485426 \text{ kg m}^{-3}$.

**Anhang 8.12.2**
**Stoffwerte von Wasser** $\rho$ = Dichte, $c_p$ = Wärmekapazität, $\alpha$ = Wärmeausdehnungskoeffizient, $\lambda$ = Wärmeleitfähigkeit, $\eta$ = Viskositätskoeffizient

| $T$/°C | $P$/bar | $\Delta_v H$/kJ kg⁻¹ | $\rho$(liq) /kg m⁻³ | $\rho$(gas) | $c_p$(liq) /kJ kg⁻¹ K⁻¹ | $c_p$(gas) | $\alpha$(liq) /10⁻³ K | $\alpha$(gas) | $\lambda$(liq) /10⁻³ J m⁻¹ K⁻¹ | $\lambda$(gas) | $\eta$(liq) /10⁻⁶ kg m⁻¹ s⁻¹ | $\eta$(gas) |
|---|---|---|---|---|---|---|---|---|---|---|---|---|
| 0.01 | 0,006112 | 2501,0 | 999,8 | 0,004850 | 4,217 | 1,864 | −0,0853 | 3,669 | 562 | 16,5 | 1791,4 | 9,22 |
| 10 | 0,012271 | 2477,4 | 999,7 | 0,009397 | 4,193 | 1,868 | 0,0821 | 3,544 | 582 | 17,2 | 1307,7 | 9,46 |
| 20 | 0,023368 | 2453,8 | 998,3 | 0,01720 | 4,182 | 1,874 | 0,2066 | 3,431 | 600 | 18,0 | 1002,7 | 9,73 |
| 30 | 0,042417 | 2430,3 | 995,7 | 0,03037 | 4,179 | 1,883 | 0,3056 | 3,327 | 615 | 18,7 | 797,7 | 10,01 |
| 40 | 0,073749 | 2406,5 | 992,2 | 0,05116 | 4,179 | 1,894 | 0,3890 | 3,233 | 629 | 19,5 | 653,1 | 10,31 |
| 50 | 0,12335 | 2382,6 | 988,0 | 0,08300 | 4,181 | 1,907 | 0,4624 | 3,150 | 640 | 20,3 | 547,1 | 10,62 |
| 60 | 0,19919 | 2358,4 | 983,1 | 0,1302 | 4,185 | 1,924 | 0,5288 | 3,076 | 651 | 21,1 | 466,8 | 10,94 |
| 70 | 0,31151 | 2333,8 | 977,7 | 0,1981 | 4,100 | 1,944 | 0,5900 | 3,012 | 659 | 22,0 | 404,4 | 11,26 |
| 80 | 0,47359 | 2308,8 | 971,6 | 0,2932 | 4,197 | 1,969 | 0,6473 | 2,958 | 667 | 22,9 | 355,0 | 11,60 |
| 90 | 0,70108 | 2283,3 | 965,1 | 0,4233 | 4,205 | 1,999 | 0,7019 | 2,915 | 673 | 23,8 | 315,0 | 11,93 |
| 100 | 1,01325 | 2257,3 | 958,1 | 0,5974 | 4,216 | 2,034 | 0,7547 | 2,882 | 677 | 24,8 | 282,2 | 12,28 |
| 110 | 1,4326 | 2230,5 | 950,7 | 0,8260 | 4,229 | 2,075 | 0,8068 | 2,861 | 681 | 25,8 | 254,9 | 12,62 |
| 120 | 1,9854 | 2202,9 | 942,8 | 1,121 | 4,245 | 2,124 | 0,8590 | 2,851 | 683 | 27,0 | 232,1 | 12,97 |
| 130 | 2,7012 | 2174,4 | 934,6 | 1,496 | 4,263 | 2,180 | 0,9121 | 2,853 | 604 | 28,1 | 212,7 | 13,32 |
| 140 | 3,6136 | 2144,9 | 925,9 | 1,966 | 4,285 | 2,245 | 0,9667 | 2,868 | 685 | 29,4 | 196,1 | 13,67 |
| 150 | 4,7597 | 2114,2 | 916,8 | 2,547 | 4,310 | 2,320 | 1,0237 | 2,897 | 684 | 30,8 | 191,9 | 14,02 |
| 160 | 6,1804 | 2082,2 | 907,3 | 3,259 | 4,339 | 2,406 | 1,0837 | 2,941 | 682 | 32,2 | 169,5 | 14,37 |
| 170 | 7,9202 | 2048,8 | 897,3 | 4,122 | 4,371 | 2,504 | 1,1475 | 3,001 | 679 | 33,8 | 158,8 | 14,72 |
| 180 | 10,027 | 2014,0 | 886,9 | 5,160 | 4,408 | 2,615 | 1,2162 | 3,078 | 674 | 35,4 | 149,3 | 15,07 |
| 190 | 12,552 | 1977,4 | 876,0 | 6,395 | 4,449 | 2,741 | 1,2906 | 3,174 | 669 | 37,2 | 141,0 | 15,42 |

| T/°C | P/bar | $\Delta_V H$/kJ kg⁻¹ | ρ(liq) /kg m⁻³ | ρ(gas) | $c_P$(liq) /kJ kg⁻¹ K⁻¹ | $c_P$(gas) | α(liq) /10⁻³ K | α(gas) | λ(liq) /10⁻³ J m⁻¹ K⁻¹ s⁻¹ | λ(gas) | η(liq) /10⁻⁶ kg m⁻¹ s⁻¹ | η(gas) |
|---|---|---|---|---|---|---|---|---|---|---|---|---|
| 200 | 15,551 | 1939,0 | 864,7 | 7,865 | 4,497 | 2,883 | 1,3721 | 3,291 | 663 | v39,1 | 133,6 | 15,78 |
| 210 | 19,080 | 1898,7 | 852,8 | 9,595 | 4,551 | 3,043 | 1,4623 | 3,432 | 656 | 41,1 | 126,9 | 16,13 |
| 220 | 23,201 | 1856,2 | 840,4 | 11,625 | 4,614 | 3,223 | 1,5629 | 3,599 | 648 | 43,4 | 121,0 | 16,49 |
| 230 | 27,979 | 1811,4 | 827,3 | 13,999 | 4,686 | 3,426 | 1,6763 | 3,798 | 639 | 45,7 | 115,5 | 16,85 |
| 240 | 33,480 | 1764,0 | 813,6 | 16,767 | 4,770 | 3,656 | 1,8658 | 4,036 | 629 | 48,3 | 110,5 | 17,22 |
| 250 | 39,776 | 1713,7 | 799,2 | 19,990 | 4,869 | 3,918 | v1,9552 | 4,321 | 618 | 51,2 | 105,8 | 17,59 |
| 260 | 46,940 | 1660,2 | 783,9 | 23,742 | 4,986 | 4,221 | 2,1301 | 4,665 | 606 | 54,3 | 101,5 | 17,98 |
| 270 | 55,051 | 1603,1 | 767,8 | 28,112 | 5,126 | 4,574 | 2,3379 | 5,086 | 593 | 57,9 | 97,4 | 18,38 |
| 280 | 64,191 | 1541,7 | 750,5 | 33,215 | 5,296 | 4,996 | 2,5893 | 5,608 | 578 | 61,8 | 93,4 | 18,80 |
| 290 | 74,448 | 1475,5 | 732,1 | 39,198 | 5,507 | 5,507 | 2,8998 | 6,267 | 562 | 66,4 | 89,6 | 19,25 |
| 300 | 85,917 | 1403,5 | 712,2 | 46,255 | 5,773 | 6,144 | 3,2932 | 7,117 | 545 | 71,8 | 85,8 | 19,74 |
| 310 | 98,697 | 1324,5 | 690,6 | 54,648 | 6,120 | 6,962 | 3,8079 | 8,242 | 526 | 78,4 | 82,1 | 20,28 |
| 320 | 112,900 | 1239,1 | 666,9 | 64,754 | 6,586 | 8,053 | 4,5104 | 9,785 | 506 | 86,5 | 78,3 | 20,89 |
| 330 | 128,646 | 1139,0 | 640,4 | 77,144 | 7,248 | 9,589 | 5,5306 | 12,017 | 485 | 97,1 | 74,4 | 21,62 |
| 340 | 146,079 | 1026,8 | 610,2 | 92,755 | 8,270 | 11,920 | 7,1672 | 15,502 | 461 | 111,8 | 70,2 | 22,52 |
| 350 | 165,367 | 893,1 | 574,5 | 113,352 | 10,078 | 15,951 | 10,3944 | 21,733 | 436 | 134,2 | 65,7 | 23,72 |
| 360 | 186,737 | 722,6 | 528,3 | 143,467 | 14,987 | 26,792 | 19,2762 | 38,993 | 412 | 175,8 | 60,2 | 25,53 |
| 370 | 210,528 | 439,4 | 448,3 | 201,685 | 53,920 | 112,928 | 98,1843 | 170,915 | 420 | 308,0 | 51,4 | 29,35 |
| 374 | 220,64 | 0 | 322 | 322 | | | | | 830 | | 38,2 | 38,2 |

**Anhang 8.12.3**
**Dichte $\rho$ / kg m$^{-3}$ von Wasser bei verschiedenen Temperaturen und Drücken.**

| T/°C → Druck/bar ↓ | 0 | 25 | 50 | 75 | 100 | 150 | 200 | 250 | 300 | 350 | 400 | 450 | 500 |
|---|---|---|---|---|---|---|---|---|---|---|---|---|---|
| 1 | 999,8 | 997,2 | 988,1 | 974,7 | 0,5895 | 0,5164 | 0,4603 | 0,4156 | 0,3790 | 0,3483 | 0,3223 | 0,2999 | 0,2805 |
| 5 | 1000,0 | 997,3 | 988,2 | 974,9 | 958,3 | 916,8 | 2,353 | 2,108 | 1,914 | 1,754 | 1,620 | 1,506 | 1,407 |
| 10 | 1000,3 | 997,6 | 988,5 | 975,1 | 958,6 | 917,1 | 4,056 | 4,297 | 3,877 | 3,540 | 3,262 | 3,027 | 2,825 |
| 20 | 1000,8 | 998,0 | 988,7 | 975,6 | 959,0 | 917,7 | 865,0 | 8,972 | 7,969 | 7,217 | 6,615 | 6,117 | 5,694 |
| 30 | 1001,3 | 998,5 | 989,3 | 976,1 | 959,5 | 918,2 | 865,8 | 14,17 | 12,02 | 11,05 | 10,07 | 9,274 | 8,611 |
| 40 | 1001,8 | 998,9 | 989,8 | 976,5 | 960,0 | 918,8 | 866,6 | 799,2 | 16,99 | 15,05 | 13,63 | 12,50 | 11,58 |
| 50 | 1002,3 | 999,3 | 990,2 | 976,9 | 960,5 | 919,4 | 867,3 | 800,4 | 22,06 | 19,25 | 17,30 | 15,81 | 14,59 |
| 60 | 1002,8 | 999,8 | 990,6 | 977,4 | 960,9 | 920,0 | 868,1 | 801,5 | 27,65 | 23,68 | 21,11 | 19,19 | 17,66 |
| 70 | 1003,3 | 1000,2 | 991,1 | 977,8 | 961,4 | 920,5 | 868,8 | 802,7 | 33,94 | 28,38 | 25,05 | 22,66 | 20,79 |
| 80 | 1003,8 | 1000,7 | 991,5 | 978,3 | 961,9 | 921,1 | 869,6 | 803,8 | 41,24 | 33,39 | 29,15 | 26,21 | 23,97 |
| 90 | 1004,3 | 1001,1 | 991,9 | 978,7 | 962,4 | 921,7 | 870,3 | 804,9 | 713,1 | 38,77 | 33,41 | 29,87 | 27,21 |
| 100 | 1004,8 | 1001,6 | 992,4 | 979,2 | 962,8 | 922,2 | 871,1 | 806,1 | 715,4 | 44,60 | 37,87 | 33,62 | 30,52 |
| 150 | 1007,2 | 1003,7 | 994,5 | 981,3 | 965,1 | 925,0 | 874,7 | 811,4 | 725,7 | 87,07 | 63,88 | 54,20 | 48,00 |
| 200 | 1009,7 | 1005,9 | 996,6 | 983,5 | 967,4 | 927,7 | 878,2 | 816,5 | 735,0 | 600,3 | 100,5 | 78,71 | 67,70 |
| 250 | 1012,1 | 1008,0 | 998,7 | 985,6 | 969,7 | 930,4 | 881,6 | 821,3 | 743,3 | 625,0 | 166,4 | 109,1 | 89,86 |
| 300 | 1014,5 | 1010,2 | 1000,7 | 987,7 | 971,9 | 933,0 | 884,9 | 826,0 | 751,0 | 643,4 | 356,4 | 148,6 | 115,2 |
| 350 | 1016,9 | 1012,3 | 1002,7 | 989,8 | 974,1 | 935,6 | 888,1 | 830,4 | 758,1 | 658,5 | 474,6 | 201,9 | 144,5 |
| 400 | 1019,2 | 1014,3 | 1004,8 | 991,8 | 976,2 | 938,1 | 891,3 | 834,7 | 764,7 | 671,4 | 523,4 | 270,6 | 178,1 |
| 450 | 1021,6 | 1016,4 | 1006,7 | 993,9 | 978,3 | 940,5 | 894,3 | 838,8 | 770,9 | 682,7 | 554,3 | 343,0 | 216,0 |
| 500 | 1023,9 | 1018,5 | 1008,7 | 995,9 | 980,4 | 943,0 | 897,3 | 842,7 | 776,7 | 692,9 | 577,4 | 402,0 | 257,0 |

**Anhang 8.12.4**
**Spezifische Wärmekapazität $c_P$/[kJ kg$^{-1}$ K$^{-1}$] von Wasser bei verschiedenen Temperaturen und Drücken.**

| T/°C → Druck/bar ↓ | 0 | 25 | 50 | 75 | 100 | 150 | 200 | 250 | 300 | 350 | 400 | 450 | 500 |
|---|---|---|---|---|---|---|---|---|---|---|---|---|---|
| 1 | 4,217 | 4,180 | 4,181 | 4,193 | 2,032 | 1,979 | 1,974 | 1,988 | 2,011 | 2,037 | 2,068 | 2,099 | 2,132 |
| 5 | 4,215 | 4,178 | 4,180 | 4,192 | 4,215 | 4,310 | 2,143 | 2,079 | 2,065 | 2,073 | 2,093 | 2,118 | 2,146 |
| 10 | 4,212 | 4,177 | 4,179 | 4,191 | 4,214 | 4,308 | 2,431 | 2,215 | 2,141 | 2,121 | 2,126 | 2,141 | 2,164 |
| 50 | 4,191 | 4,165 | 4,170 | 4,182 | 4,205 | 4,296 | 4,477 | 4,855 | 3,199 | 2,669 | 2,451 | 2,360 | 2,324 |
| 100 | 4,165 | 4,151 | 4,158 | 4,172 | 4,194 | 4,281 | 4,450 | 4,791 | 5,703 | 4,041 | 3,078 | 2,726 | 2,569 |
| 150 | 4,141 | 4,138 | 4,148 | 4,162 | 4,183 | 4,266 | 4,425 | 4,735 | 5,495 | 8,863 | 4,155 | 3,235 | 2,875 |
| 200 | 4,117 | 4,125 | 4,137 | 4,152 | 4,173 | 4,252 | 4,402 | 4,685 | 5,332 | 8,103 | 6,327 | 3,959 | 3,257 |
| 250 | 4,095 | 4,113 | 4,127 | 4,142 | 4,163 | 4,239 | 4,379 | 4,639 | 5,201 | 7,017 | 13,018 | 5,020 | 3,731 |
| 300 | 4,073 | 4,101 | 4,117 | 4,133 | 4,153 | 4,226 | 4,358 | 4,598 | 5,091 | 6,451 | 25,708 | 6,624 | 4,317 |
| 350 | 4,052 | 4,090 | 4,107 | 4,123 | 4,144 | 4,214 | 4,338 | 4,560 | 4,999 | 6,084 | 11,794 | 8,875 | 5,019 |
| 400 | 4,032 | 4,079 | 4,098 | 4,114 | 4,135 | 4,202 | 4,319 | 4,525 | 4,918 | 5,820 | 8,784 | 10,887 | 5,807 |
| 450 | 4,013 | 4,069 | 4,089 | 4,106 | 4,126 | 4,190 | 4,301 | 4,493 | 4,848 | 5,616 | 7,517 | 10,827 | 6,584 |
| 500 | 3,994 | 4,059 | 4,081 | 4,097 | 4,117 | 4,179 | 4,284 | 4,463 | 4,786 | 5,451 | 6,814 | 9,483 | 7,200 |

**Anhang 8.12.5**
**Dynamische Viskosität $\eta/10^{-6}$ kg m$^{-1}$ s$^{-1}$ von Wasser bei verschiedenen Temperaturen und Drücken.**

| Druck/bar ↓ \ T/°C → | 0 | 25 | 50 | 75 | 100 | 150 | 200 | 250 | 300 | 350 | 400 | 450 | 500 |
|---|---|---|---|---|---|---|---|---|---|---|---|---|---|
| 1 | 1792 | 890,8 | 547,1 | 378,3 | 12,28 | 14,19 | 16,18 | 18,22 | 20,29 | 22,37 | 24,45 | 26,52 | 28,57 |
| 5 | 1791 | 890,7 | 547,2 | 378,4 | 282,3 | 181,9 | 16,07 | 18,15 | 20,25 | 22,35 | 24,44 | 26,52 | 28,58 |
| 10 | 1790 | 890,6 | 547,2 | 378,6 | 282,4 | 182,0 | 15,93 | 18,07 | 20,20 | 22,32 | 24,42 | 26,51 | 28,58 |
| 50 | 1780 | 889,8 | 547,9 | 379,6 | 283,5 | 183,1 | 134,5 | 106,1 | 19,86 | 22,16 | 24,38 | 26,55 | 28,67 |
| 100 | 1769 | 888,9 | 548,7 | 380,8 | 284,8 | 184,4 | 135,7 | 107,5 | 86,39 | 22,18 | 24,49 | 26,72 | 28,90 |
| 150 | 1759 | 888,1 | 549,6 | 382,1 | 286,2 | 185,7 | 137,0 | 108,9 | 88,30 | 22,91 | 24,91 | 27,10 | 29,27 |
| 200 | 1749 | 887,4 | 550,5 | 383,4 | 287,5 | 186,9 | 138,2 | 110,2 | 90,05 | 69,15 | 25,96 | 27,77 | 29,82 |
| 250 | 1740 | 886,8 | 551,4 | 384,6 | 288,9 | 188,2 | 139,4 | 111,4 | 91,67 | 72,60 | 28,99 | 28,89 | 30,61 |
| 300 | 1731 | 886,4 | 552,3 | 385,9 | 290,2 | 189,5 | 140,5 | 112,6 | 93,19 | 75,30 | 43,67 | 30,78 | 31,70 |
| 350 | 1722 | 886,0 | 553,3 | 387,2 | 291,6 | 190,7 | 141,7 | 113,8 | 94,63 | 77,58 | 55,74 | 33,90 | 33,19 |
| 400 | 1714 | 885,8 | 554,3 | 388,5 | 292,9 | 191,9 | 142,8 | 115,0 | 96,00 | 79,60 | 61,26 | 39,03 | 35,17 |
| 450 | 1707 | 555,3 | 555,3 | 389,8 | 294,2 | 193,2 | 144,0 | 116,1 | 97,31 | 81,43 | 64,95 | 45,18 | 37,69 |
| 500 | 1700 | 556,4 | 556,4 | 391,1 | 295,6 | 194,4 | 145,1 | 117,2 | 98,57 | 83,10 | 67,81 | 50,69 | 40,70 |

**Anhang 8.12.6**
Selbstdiffusionskoeffizient $D/m^2\ s^{-1}$ [Lamb 1981] von Wasser bei verschiedenen
Temperaturen und Drücken.

| $T/\,°C$ | $P/bar$ | $D/10^{-9}\ m^2\ s^{-1}$ |
|---|---|---|
| 25 | 1 | 2,15 [Vogel 1982] |
| 225 | 200 | 30,6 |
| 250 | 100 | 32,8 |
| 300 | 100 | 39,6 |
| 350 | 200 | 50,4 |
| 400 | 265 | 160 |
| 400 | 314 | 80,2 |
| 400 | 378 | 64,2 |
| 500 | 256 | 357 |
| 500 | 314 | 285 |
| 500 | 359 | 238 |
| 500 | 403 | 178 |

**Anhang 8.12.7**
**Wärmeausdehnungskoeffizient $\beta/10^{-3}$ K von Wasser bei verschiedenen Temperaturen und Drücken.**

| $T/°C \rightarrow$ Druck/bar $\downarrow$ | 0 | 25 | 50 | 75 | 100 | 150 | 200 | 250 | 300 | 400 | 450 | 500 |
|---|---|---|---|---|---|---|---|---|---|---|---|---|
| 1 | − 0,08518 | 0,2586 | 0,4623 | 0,6190 | 2,879 | 2,451 | 2,159 | 1,937 | 1,761 | 1,493 | 1,388 | 1,218 |
| 5 | − 0,08376 | 0,2590 | 0,4622 | 0,6185 | 0,7539 | 1,024 | 2,372 | 2,051 | 1,829 | 1,523 | 1,409 | 1,313 |
| 10 | 0,08199 | 0,2595 | 0,4620 | 0,6179 | 0,7530 | 1,022 | 2,728 | 2,218 | 1,922 | 1,562 | 1,437 | 1,333 |
| 50 | 0,06777 | 0,2633 | 0,4605 | 0,6132 | 0,7455 | 1,007 | 1,347 | 1,936 | 3,211 | 1,947 | 1,690 | 1,510 |
| 100 | 0,04989 | 0,2682 | 0,4589 | 0,6076 | 0,7366 | 0,0002 | 1,312 | 1,848 | 3,189 | 2,703 | 2,118 | 1,782 |
| 150 | 0,03201 | 0,2733 | 0,4574 | 0,6022 | 0,7281 | 0,9740 | 1,281 | 1,772 | 2,883 | 4,062 | 2,724 | 2,126 |
| 200 | 0,01424 | 0,2786 | 0,4562 | 0,5971 | 0,7200 | 0,9587 | 1,251 | 1,704 | 2,648 | 7,005 | 3,613 | 2,559 |
| 250 | 0,00331 | 0,2840 | 0,4551 | 0,5923 | 0,7122 | 0,9442 | 1,224 | 1,643 | 2,460 | 17,08 | 4,972 | 3,109 |
| 300 | 0,02052 | 0,2894 | 0,4542 | 0,5876 | 0,7047 | 0,9303 | 1,198 | 1,589 | 2,306 | 37,71 | 7,112 | 3,799 |
| 350 | 0,03728 | 0,2950 | 0,4534 | 0,5832 | 0,6975 | 0,9172 | 1,175 | 1,539 | 2,176 | 13,05 | 10,18 | 4,635 |
| 400 | 0,05347 | 0,3006 | 0,4528 | 0,5790 | 0,6907 | 0,9046 | 1,152 | 1,494 | 2,065 | 7,989 | 12,79 | 5,563 |
| 450 | 0,06896 | 0,3062 | 0,4524 | 0,5750 | 0,6841 | 0,8926 | 1,131 | 1,453 | 1,968 | 5,955 | 12,16 | 6,438 |
| 500 | 0,08364 | 0,3119 | 0,4520 | 0,5712 | 0,6777 | 0,8811 | 1,111 | 1,415 | 1,884 | 4,863 | 9,668 | 7,053 |

**Anhang 8.12.8**
Wärmeleitfähigkeit $\lambda/10^{-3}$ W m$^{-1}$ K$^{-1}$ von Wasser bei verschiedenen Temperaturen und Drücken.

| T/°C → Druck/bar ↓ | 0 | 25 | 50 | 75 | 100 | 150 | 200 | 250 | 300 | 350 | 400 | 450 | 500 |
|---|---|---|---|---|---|---|---|---|---|---|---|---|---|
| 1 | 562,0 | 607,6 | 640,5 | 663,3 | 24,78 | 28,80 | 33,37 | 38,38 | 43,49 | 48,97 | 54,71 | 60,69 | 66,89 |
| 5 | 562,2 | 607,8 | 640,7 | 663,5 | 677,7 | 683,6 | 34,24 | 38,81 | 43,89 | 49,32 | 55,02 | 60,97 | 67,16 |
| 10 | 562,5 | 608,1 | 641,0 | 663,8 | 678,0 | 683,9 | 36,06 | 39,69 | 44,49 | 49,79 | 55,43 | 61,35 | 67,50 |
| 50 | 564,8 | 610,2 | 643,0 | 665,9 | 680,2 | 686,7 | 666,5 | 619,5 | 53,04 | 55,22 | 59,52 | 64,81 | 70,57 |
| 100 | 567,7 | 612,8 | 645,6 | 668,6 | 683,1 | 690,0 | 670,8 | 625,8 | 548,2 | 68,57 | 67,26 | 70,57 | 75,35 |
| 150 | 570,6 | 615,4 | 648,2 | 671,2 | 685,8 | 693,3 | 675,0 | 631,9 | 558,9 | 104,0 | 79,97 | 78,54 | 81,40 |
| 200 | 573,5 | 618,0 | 650,7 | 673,8 | 688,5 | 696,5 | 679,2 | 637,7 | 568,6 | 453,9 | 103,3 | 89,80 | 89,13 |
| 250 | 576,4 | 620,5 | 653,2 | 676,3 | 691,2 | 699,7 | 683,1 | 643,2 | 577,5 | 473,7 | 159,9 | 106,3 | 99,07 |
| 300 | 579,2 | 623,1 | 655,6 | 678,8 | 693,9 | 702,8 | 687,0 | 648,5 | 585,8 | 490,1 | 327,6 | 131,7 | 111,9 |
| 350 | 582,0 | 625,6 | 658,0 | 681,3 | 696,5 | 705,9 | 690,8 | 653,6 | 593,6 | 504,2 | 372,9 | 171,0 | 128,6 |
| 400 | 584,8 | 628,1 | 660,5 | 683,8 | 699,1 | 708,9 | 694,5 | 658,5 | 600,9 | 516,8 | 398,5 | 224,9 | 149,9 |
| 450 | 587,6 | 630,6 | 662,8 | 686,2 | 701,6 | 711,8 | 698,1 | 663,3 | 607,8 | 528,3 | 419,8 | 277,9 | 175,9 |
| 500 | 590,4 | 633,0 | 665,2 | 688,6 | 704,1 | 714,7 | 701,7 | 667,9 | 614,3 | 538,7 | 437,9 | 315,8 | 205,4 |

Anhang 8.12.9

**Negativer dekadischer Logarithmus des Ionenproduktes von Wasser $pK_W/mol^2\ kg^{-2}$ [Marshall 1981] von Wasser bei verschiedenen Temperaturen und Drücken.**

| $T/°C \rightarrow$ | 0 | 25 | 50 | 75 | 100 | 150 | 200 | 250 | 300 | 350 | 400 | 450 | 500 |
|---|---|---|---|---|---|---|---|---|---|---|---|---|---|
| Druck/bar ↓ | | | | | | | | | | | | | |
| Sat'd Vapor | 14,938 | 13,995 | 13,275 | 12,712 | 12,265 | 11,638 | 11,289 | 11,191 | 11,406 | 12,30 | – | – | – |
| 250 | 14,83 | 13,90 | 13,19 | 12,63 | 12,18 | 11,54 | 11,16 | 11,01 | 11,14 | 11,77 | 19,43 | 21,59 | 22,40 |
| 500 | 14,72 | 13,82 | 13,11 | 12,55 | 12,10 | 11,45 | 11,05 | 10,85 | 10,86 | 11,14 | 11,88 | 13,74 | 16,13 |
| 750 | 14,62 | 13,73 | 13,04 | 12,48 | 12,03 | 11,36 | 10,95 | 10,72 | 10,66 | 10,79 | 11,17 | 11,89 | 13,01 |
| 1000 | 14,53 | 13,66 | 12,96 | 12,41 | 11,96 | 11,29 | 10,86 | 10,60 | 10,50 | 10,54 | 10,77 | 11,19 | 11,81 |

Anhang 8.12.10

**Relative statische Dielektrizitätskonstante $\varepsilon_r$ von Wasser als Funktion von Druck und Temperatur.**

| $T/°C \rightarrow$ | 0 | 25 | 50 | 75 | 100 | 200 | 300 | 400 | 500 |
|---|---|---|---|---|---|---|---|---|---|
| Druck/bar ↓ | | | | | | | | | |
| 1 | 87,82 | 78,46 | 69,91 | 62,24 | 1,00 | 1,00 | 1,00 | 1,00 | 1,00 |
| 60 | 88,05 | 78,65 | 70,09 | 62,42 | 55,59 | 34,89 | 1,11 | 1,07 | 1,05 |
| 100 | 88,28 | 78,85 | 70,27 | 62,59 | 55,76 | 35,11 | 20,39 | 1,17 | 1,11 |
| 200 | 88,75 | 79,24 | 30,63 | 62,34 | 56,11 | 35,52 | 21,24 | 1,64 | 1,32 |
| 1000 | 92,04 | 82,08 | 73,22 | 65,42 | 58,55 | 38,17 | 25,17 | 16,05 | 9,29 |
| 2000 | 95,20 | 84,94 | 75,89 | 67,95 | 61,00 | 40,66 | 28,07 | 19,69 | 13,86 |

## Anhang 8.13
## Eigenschaften von trockener Luft (Molmasse: $M = 28,966$ g mol$^{-1}$).

Zusammensetzung der trockenen Atmosphäre in der Nähe der Erdoberfläche (Bezugsjahr *1992*) [Bliefert 1995].

| Bestandteil | Formel | Volumenanteil |
|---|---|---|
| Stickstoff | $N_2$ | 78,084 % |
| Sauerstoff | $O_2$ | 20,946 % |
| Argon | Ar | 0,934 % |
| Kohlendioxid | $CO_2$ | 354 ppm |
| Neon | Ne | 18,18 ppm |
| Helium | He | 5,24 ppm |
| Methan | $CH_4$ | 1,7 ppm |
| Krypton | Kr | 1,14 ppm |
| Wasserstoff | $H_2$ | 0,5 ppm |
| Distickstoffoxid | $N_2O$ | 0,3 ppm |
| Xenon | Xe | 87 ppb |
| Kohlenmonoxid | CO | 30...250 ppb |
| Ozon | $O_3$ | 10...100 ppb |
| Stickstoffdioxid | $NO_2$ | 10...100 ppb |
| Stickstoffoxid | NO | 5...100 ppb |
| Schwefeldioxid | $SO_2$ | < 1...50 ppb |
| Ammoniak | $NH_3$ | 0,1...1 ppb |
| Formaldehyd | HCHO | 0,1...1 ppb |

*Gaskinetische Werte der Luft bei Normalbedingungen*
mittlere Teilchengeschwindigkeit: $\bar{u} = 459$ m s$^{-1}$
mittlere freie Weglänge: $\Lambda = 6{,}63 \cdot 10^{-8}$ $m$
Stoßzahl: $Z = 6{,}92 \cdot 10^9$ s$^{-1}$
Dichte: $\rho = 1{,}205$ kg m$^{-3}$

## Anhang 8.13.1
Realgasfaktoren $r = pV/RT$ von trockener Luft bei verschiedenen Temperaturen und Drücken.

| $T/°C \rightarrow$ | − 50 | 0 | 25 | 50 | 100 | 200 | 300 | 400 | 500 |
|---|---|---|---|---|---|---|---|---|---|
| Druck/bar ↓ | | | | | | | | | |
| 1 | 0,998 | 0,999 | 1,000 | 1,000 | 1,000 | 1,000 | 1,000 | 1,000 | 1,000 |
| 5 | 0,992 | 0,997 | 0,998 | 0,999 | 1,000 | 1,001 | 1,002 | 1,002 | 1,002 |
| 10 | 0,985 | 0,994 | 0,997 | 0,999 | 1,001 | 1,003 | 1,004 | 1,004 | 1,004 |
| 50 | 0,931 | 0,978 | 0,990 | 0,998 | 1,009 | 1,017 | 1,019 | 1,019 | 1,019 |
| 100 | 0,888 | 0,970 | 0,992 | 1,006 | 1,024 | 1,038 | 1,041 | 1,040 | 1,039 |
| 150 | 0,884 | 0,980 | 1,006 | 1,023 | 1,045 | 1,061 | 1,063 | 1,062 | 1,059 |
| 200 | 0,917 | 1,005 | 1,031 | 1,049 | 1,070 | 1,086 | 1,087 | 1,084 | 1,080 |
| 250 | 0,973 | 1,042 | 1,065 | 1,081 | 1,101 | 1,112 | 1,111 | 1,106 | 1,239 |
| 300 | 1,042 | 1,090 | 1,107 | 1,120 | 1,135 | 1,141 | 1,137 | 1,129 | 1,121 |
| 350 | 1,118 | 1,144 | 1,155 | 1,163 | 1,172 | 1,172 | 1,163 | 1,152 | 1,142 |
| 400 | 1,198 | 1,202 | 1,206 | 1,209 | 1,211 | 1,204 | 1,190 | 1,176 | 1,163 |
| 450 | 1,279 | 1,263 | 1,260 | 1,258 | 1,253 | 1,236 | 1,218 | 1,200 | 1,184 |
| 500 | 1,362 | 1,326 | 1,316 | 1,308 | 1,295 | 1,270 | 1,246 | 1,224 | 1,206 |

## Anhang 8.13.2
Spezifische Wärmekapazität $c_p$ in kJ kg⁻¹ K⁻¹ von trockener Luft bei verschiedenen Temperaturen und Drücken.

| $T/°C \rightarrow$ | − 50 | 0 | 25 | 50 | 100 | 200 | 300 | 400 | 500 |
|---|---|---|---|---|---|---|---|---|---|
| Druck/bar ↓ | | | | | | | | | |
| 1 | 1,007 | 1,006 | 1,007 | 1,008 | 1,012 | 1,026 | 1,046 | 1,069 | 1,093 |
| 5 | 1,023 | 1,015 | 1,014 | 1,013 | 1,015 | 1,028 | 1,047 | 1,070 | 1,094 |
| 10 | 1,044 | 1,026 | 1,022 | 1,020 | 1,020 | 1,030 | 1,049 | 1,071 | 1,094 |
| 50 | 1,212 | 1,112 | 1,089 | 1,072 | 1,055 | 1,049 | 1,061 | 1,080 | 1,101 |
| 100 | 1,430 | 1,216 | 1,169 | 1,133 | 1,096 | 1,072 | 1,075 | 1,090 | 1,108 |
| 150 | 1,575 | 1,302 | 1,237 | 1,187 | 1,132 | 1,092 | 1,088 | 1,099 | 1,115 |
| 200 | 1,623 | 1,361 | 1,287 | 1,229 | 1,161 | 1,108 | 1,099 | 1,107 | 1,121 |
| 250 | 1,622 | 1,394 | 1,320 | 1,260 | 1,186 | 1,123 | 1,109 | 1,114 | 1,127 |
| 300 | 1,604 | 1,409 | 1,339 | 1,282 | 1,204 | 1,135 | 1,117 | 1,120 | 1,132 |
| 350 | 1,580 | 1,412 | 1,348 | 1,295 | 1,220 | 1,145 | 1,125 | 1,125 | 1,136 |
| 400 | 1,557 | 1,411 | 1,353 | 1,304 | 1,230 | 1,154 | 1,130 | 1,130 | 1,140 |
| 450 | 1,534 | 1,406 | 1,353 | 1,308 | 1,239 | 1,162 | 1,136 | 1,134 | 1,143 |
| 500 | 1,513 | 1,400 | 1,351 | 1,309 | 1,244 | 1,169 | 1,141 | 1,138 | 1,146 |

Anhang 8.13.3

Dynamische Viskosität $\eta/10^{-3}$ mPa s von trockener Luft bei verschiedenen Temperaturen und Drücken.

| $T/°C \rightarrow$ | $-50$ | 0 | 25 | 50 | 100 | 200 | 300 | 400 | 500 |
|---|---|---|---|---|---|---|---|---|---|
| Druck/bar $\downarrow$ | | | | | | | | | |
| 1 | 14,55 | 17,10 | 18,20 | 19,25 | 21,60 | 25,70 | 29,20 | 32,55 | 35,50 |
| 5 | 14,63 | 17,16 | 18,26 | 19,30 | 21,64 | 25,73 | 29,23 | 32,57 | 35,52 |
| 10 | 14,74 | 17,24 | 18,33 | 19,37 | 21,70 | 25,78 | 29,27 | 32,61 | 35,54 |
| 50 | 16,01 | 18,08 | 19,11 | 20,07 | 22,26 | 26,20 | 29,60 | 32,86 | 35,76 |
| 100 | 18,49 | 19,47 | 20,29 | 21,12 | 23,09 | 26,77 | 30,05 | 33,19 | 36,04 |
| 150 | 21,09 | 21,25 | 21,82 | 22,48 | 24,06 | 27,39 | 30,56 | 33,54 | 36,35 |
| 200 | 25,19 | 23,19 | 23,40 | 23,76 | 24,98 | 28,03 | 31,10 | 34,10 | 36,69 |
| 250 | 28,93 | 25,49 | 25,38 | 25,42 | 26,27 | 28,87 | 31,68 | 34,53 | 37,01 |
| 300 | 32,68 | 27,77 | 27,25 | 27,28 | 27,51 | 29,67 | 32,23 | 34,93 | 37,39 |
| 350 | 36,21 | 30,11 | 29,35 | 28,79 | 28,84 | 30,55 | 32,82 | 35,42 | 37,80 |
| 400 | 39,78 | 32,59 | 31,41 | 30,98 | 30,27 | 31,39 | 33,44 | 35,85 | 38,15 |
| 450 | 43,42 | 34,93 | 33,51 | 32,36 | 31,70 | 32,21 | 34,06 | 36,36 | 38,54 |
| 500 | 46,91 | 37,29 | 35,51 | 34,06 | 32,28 | 33,15 | 34,64 | 36,86 | 38,96 |

Anhang 8.13.4

Wärmeleitfähigkeit $\lambda/\text{W m}^{-1} \text{ K}^{-1}$ von trockener Luft bei verschiedenen Temperaturen und Drücken.

| $T/°C \rightarrow$ | $-50$ | 0 | 25 | 50 | 100 | 200 | 300 | 400 | 500 |
|---|---|---|---|---|---|---|---|---|---|
| Druck/bar $\downarrow$ | | | | | | | | | |
| 1 | 20,65 | 24,54 | 26,39 | 28,22 | 31,81 | 38,91 | 45,91 | 52,57 | 58,48 |
| 5 | 20,86 | 24,68 | 26,53 | 28,32 | 31,89 | 38,91 | 45,92 | 52,56 | 58,42 |
| 10 | 21,13 | 24,88 | 26,71 | 28,47 | 32,00 | 39,94 | 45,96 | 52,57 | 58,36 |
| 50 | 24,11 | 27,15 | 28,78 | 30,26 | 33,53 | 40,34 | 46,86 | 53,41 | 58,98 |
| 100 | 28,81 | 30,28 | 31,53 | 32,75 | 35,60 | 42,00 | 48,30 | 54,56 | 60,07 |
| 150 | 34,95 | 33,88 | 34,53 | 35,32 | 37,68 | 43,59 | 49,56 | 55,76 | 61,09 |
| 200 | 41,96 | 38,00 | 37,90 | 38,21 | 39,91 | 45,18 | 50,69 | 56,62 | 61,96 |
| 250 | 48,72 | 42,39 | 41,57 | 41,32 | 42,29 | 46,92 | 51,95 | 57,78 | 63,05 |
| 300 | 54,84 | 46,84 | 45,38 | 44,56 | 44,81 | 48,54 | 53,06 | 58,70 | 63,74 |
| 350 | 60,34 | 51,19 | 49,14 | 47,88 | 47,35 | 50,40 | 54,68 | 59,95 | 64,86 |
| 400 | 65,15 | 55,30 | 52,83 | 51,29 | 49,97 | 52,59 | 55,91 | 60,95 | 65,56 |
| 450 | 69,71 | 59,25 | 56,01 | 54,08 | 52,97 | 54,16 | 57,18 | 61,71 | 66,50 |
| 500 | 73,91 | 62,92 | 59,80 | 57,40 | 54,70 | 55,66 | 58,60 | 62,86 | 67,24 |

# Anhang 8.14
# Dimensionslose Kennzahlen.

| Bezeichnung | Abkürzung | Gleichung | Physikalische Bedeutung |
|---|---|---|---|
| Archimedes | Ar | $\dfrac{l^3 \cdot g \cdot \Delta\rho}{v^2 \cdot \rho}$ | $\dfrac{\text{Auftriebskraft}}{\text{Trägheitskraft}}$ |
| Biot | Bi | $\dfrac{\alpha \cdot l}{\lambda}$ | $\dfrac{\text{konvektiver Wärmetransport}}{\text{Wärmeleitung im Körper}}$ |
| Bodenstein | Bo | $\dfrac{u \cdot l}{D}$ | $\dfrac{\text{konvektiv zugeführte Mole}}{\text{durch Diffusion zugeführte Mole}}$ |
| Damköhler | Dam I | $\dfrac{U \cdot l}{u \cdot x}$ | $\dfrac{\text{chemisch umgesetzte Mole}}{\text{konvektiv zugeführte Mole}}$ |
|  | Dam II | $\dfrac{U \cdot l^2}{D \cdot x}$ | $\dfrac{\text{chemisch umgesetzte Mole}}{\text{durch Diffusion zugeführte Mole}}$ |
|  | Dam III | $\dfrac{H \cdot U \cdot l^2}{cp \cdot \rho \cdot u \cdot T}$ | $\dfrac{\text{chemische Wärmeentwicklung}}{\text{konvektiver Wärmetransport}}$ |
|  | Dam IV | $\dfrac{H \cdot U \cdot l^2}{\lambda \cdot \tau}$ | $\dfrac{\text{chemische Wärmeentwicklung}}{\text{Wärmetransport durch Leitung}}$ |
| Euler | Eu | $\dfrac{\Delta P}{\rho \cdot u^2}$ | $\dfrac{\text{Druckkraft}}{\text{Trägheitskraft}}$ |
| Fourier (Wärme) | Fo$_q$ | $\dfrac{\lambda \cdot \tau}{\rho \cdot cp \cdot l^2}$ | $\dfrac{\text{instationärer Wärmeleitstrom}}{\text{Konvektionsstrom}}$ |
| Fourier (Stoff) | Fo$_s$ | $\dfrac{D \cdot \tau}{l^2}$ | $\dfrac{\text{instationärer Stofftransport}}{\text{substantieller Stofftransport}}$ |
| Froude | Fr | $\dfrac{u^2}{g \cdot l}$ | $\dfrac{\text{Trägheitskraft}}{\text{Schwerkraft}}$ |
| Galilei |  | $\dfrac{g \cdot l^3}{u^2}$ | $\dfrac{\text{Schwerkraft}}{\text{Zähigkeitskraft}}$ |
| Grashof | Gr | $\dfrac{g \cdot \gamma \cdot l^3 \cdot \Delta T}{v^2}$ | $\dfrac{\text{thermische Auftriebskraft}}{\text{Zähigkeitskraft}}$ |
| Lewis |  | $\dfrac{\lambda}{cp \cdot \rho \cdot D}$ | $\dfrac{\text{Wärmeleitstrom}}{\text{Diffusionsstrom}}$ |
| Mach | M | $\dfrac{u}{c}$ | $\dfrac{\text{Strömungsgeschwindigkeit}}{\text{Schallgeschwindigkeit}}$ |
| Newton | Ne | $\dfrac{F \cdot l}{m \cdot u}$ | $\dfrac{\text{Antriebskraft}}{\text{Trägheitskraft}}$ |
| Nusselt | Nu | $\dfrac{\alpha \cdot l}{\lambda}$ | $\dfrac{\text{gesamter Wärmetransport}}{\text{Wärmetransport durch Leitung}}$ |
| Peclet (Wärme) | Pe$_q$ | $\dfrac{u \cdot l \cdot cp \cdot \rho}{\lambda}$ | $\dfrac{\text{Wärmetransport durch Konvektion}}{\text{Wärmetransport durch Leitung}}$ |

| Bezeichnung | Abkürzung | Gleichung | Physikalische Bedeutung |
|---|---|---|---|
| Peclet (Stoff) | $Pe_s$ | $\dfrac{u \cdot l}{D}$ | $\dfrac{\text{Stofftransport durch Konvektion}}{\text{Stofftransport durch Diffusion}}$ |
| Prandl | $Pr$ | $\dfrac{cp \cdot \rho \cdot v}{\lambda}$ | $\dfrac{\text{innere Reibung}}{\text{Wärmeleitstrom}}$ |
| Reynolds | $Re$ | $\dfrac{u \cdot l}{v}$ | $\dfrac{\text{Trägheitskraft}}{\text{Zähigkeitskraft}}$ |
| Schmidt | $Sc$ | $\dfrac{v}{D}$ | $\dfrac{\text{Zähigkeit}}{\text{Diffusion}}$ |
| Sherwood | $Sh$ | $\dfrac{\beta \cdot l}{D}$ | $\dfrac{\text{gesamter Stofftransport}}{\text{Stofftransport durch Diffusion}}$ |
| Stanton (Wärme) | $St_q$ | $\dfrac{\alpha}{cp \cdot \rho \cdot u}$ | $\dfrac{\text{gesamter Wärmetransport}}{\text{Wärmetransport durch Konvektion}}$ |
| Stanton (Stoff) | $St_s$ | $\dfrac{\beta}{u}$ | $\dfrac{\text{gesamter Stofftransport}}{\text{Stofftransport durch Konvektion}}$ |
| Weber | $We$ | $\dfrac{u^2 \cdot \rho \cdot l}{\sigma}$ | $\dfrac{\text{Trägheitskraft}}{\text{Oberflächenspannung}}$ |

$\alpha$  Temperaturleitfähigkeit
$c$  Schallgeschwindigkeit
$c_p$  spezifische Wärmekapazität
$D$  Diffusionskoeffizient
$F$  Kraft
$g$  Erdbeschleunigung
$H$  Enthalpie
$l$  charakteristische Länge
$m$  Masse
$P$  Druck
$T$  Temperatur
$U$  molare Umsetzungsgeschwindigkeit
$u$  Strömungsgeschwindigkeit
$x$  Molenbruch
$\alpha$  Wärmeübergangskoeffizient
$\beta$  Stoffübergangskoeffizient
$\gamma$  thermischer Ausdehnungskoeffizient
$\Delta$  Differenz
$\lambda$  Wärmeleitfähigkeit
$v$  kinematische Viskosität
$\rho$  Dichte
$\sigma$  Oberflächenspannung
$\tau$  Zeit

## Anhang 8.15
# Wichtige gesetzliche Regelungen beim Umgang mit Stoffen.

| *Grundgesetz* | | | | | |
|---|---|---|---|---|---|
| *Bundesgesetze, EU-Recht*<br>werden von Parlamenten<br>(Bund, Länder) beschlossen<br>(Ziele, allgemeine Grundsätze) | BImSchG | WHG | ChemG | GeräteSiG | |
| *Rechtsverordnungen*<br>(konkrete Aussagen) | Störfall-<br>verordnung | VawS | GefStoffV<br>ChemVerbotsV<br>ChemAltstoffV<br>ChemPrüfV | VbF | DruckbV |
| Verwaltungsvorschrift<br>bzw. Technische Regeln<br>(konkrete Handlungsanweisung<br>für die Praxis, Interpretation und<br>Konkretisierung der Verordnungen) | TA-Luft<br><br>TA-Lärm | VVAwS | TRGS | TRbF | TRB<br><br>TRG |

**Detail-**
**Genauigkeit**

**Leichtere**
**Abänderbarkeit**

## Anhang 8.16
# Gefahren- und Sicherheitshinweise.

**R-Sätze (Hinweise auf besondere Gefahren, R steht für Risiko bzw. risk)**

R 1   In trockenem Zustand explosionsgefährlich

R 2   Durch Schlag, Reibung, Feuer oder andere Zündquellen explosionsgefährlich

R 3   Durch Schlag, Reibung, Feuer oder andere Zündquellen besonders explosionsgefährlich

R 4   Bildet hochempfindliche explosionsgefährliche Metallverbindungen

R 5   Beim Erwärmen explosionsfähig

R 6   Mit und ohne Luft explosionsfähig

R 7   Kann Brand verursachen

R 8   Feuergefahr bei Berührung mit brennbaren Stoffen

R 9   Explosionsgefahr bei Mischung mit brennbaren Stoffen

R 10   Entzündlich

R 11   Leichtentzündlich

R 12  Hochentzündlich

R 14  Reagiert heftig mit Wasser

R 15  Reagiert mit Wasser unter Bildung hochentzündlicher Gase

R 16  Explosionsgefährlich in Mischung mit brandfördernden Stoffen

R 17  Selbstentzündlich an der Luft

R 18  Bei Gebrauch Bildung explosionsfähiger/leichtentzündlicher Dampf-Luft-Gemische möglich

R 19  Kann explosionsfähige Peroxide bilden

R 20  Gesundheitsschädlich beim Einatmen

R 21  Gesundheitsschädlich bei Berührung mit der Haut

R 22  Gesundheitsschädlich beim Verschlucken

R 23  Giftig beim Einatmen

R 24  Giftig bei Berührung mit der Haut

R 25  Giftig beim Verschlucken

R 26  Sehr giftig beim Einatmen

R 27  Sehr giftig bei Berührung mit der Haut

R 28  Sehr giftig beim Verschlucken

R 29  Entwickelt bei Berührung mit Wasser giftige Gase

R 30  Kann bei Gebrauch leicht entzündlich werden

R 31  Entwickelt bei Berührung mit Säure giftige Gase

R 32  Entwickelt bei Berührung mit Säure sehr giftige Gase

R 33  Gefahr kumulativer Wirkungen

R 34  Verursacht Verätzungen

R 35  Verursacht schwere Verätzungen

R 36  Reizt die Augen

R 37  Reizt die Atmungsorgane

R 38  Reizt die Haut

R 39  Ernste Gefahr irreversiblen Schadens

R 40  Irreversibler Schaden möglich

R 41  Gefahr ernster Augenschäden

R 42  Sensibilisierung durch Einatmen möglich

R 43  Sensibilisierung durch Hautkontakt möglich

R 44  Explosionsgefahr bei Erhitzen unter Einschluss

R 45  Kann Krebs erzeugen

R 46  Kann vererbbare Schäden verursachen

R 48  Gefahr ernster Gesundheitsschäden bei längerer Exposition

R 49  Kann Krebs erzeugen beim Einatmen

R 50  Sehr giftig für Wasserorganismen

R 51   Giftig für Wasserorganismen

R 52   Schädlich für Wasserorganismen

R 53   Kann in Gewässern längerfristig schädliche Wirkungen haben

R 54   Giftig für Pflanzen

R 55   Giftig für Tiere

R 56   Giftig für Bodenorganismen

R 57   Giftig für Bienen

R 58   Kann längerfristig schädliche Wirkungen auf die Umwelt haben

R 59   Gefährlich für die Ozonschicht

R 60   Kann die Fortpflanzungsfähigkeit beeinträchtigen

R 61   Kann das Kind im Mutterleib schädigen

R 62   Kann möglicherweise die Fortpflanzungsfähigkeit beeinträchtigen

R 63   Kann das Kind im Mutterleib möglicherweise schädigen

R 64   Kann Säuglinge über die Muttermilch schädigen

R 65   Gesundheitsschädlich: kann beim Verschlucken Lungenschäden verursachen

R 66   Wiederholter Kontakt kann zu spröder oder rissiger Haut führen

R 67   Dämpfe können Schläfrigkeit und Benommenheit verursachen

**S-Sätze (Sicherheitsratschläge)**

S 1    Unter Verschluss halten

S 2    Darf nicht in die Hände von Kindern gelangen

S 3    Kühl aufbewahren

S 4    Von Wohnplätzen fernhalten

S 5    Unter ... aufbewahren (geeignete Flüssigkeit vom Hersteller anzugeben)

S 6    Unter ... aufbewahren (inertes Gas vom Hersteller anzugeben)

S 7    Behälter dicht geschlossen halten

S 8    Behälter trocken halten

S 9    Behälter an einem gut belüfteten Ort aufbewahren

S 12   Behälter nicht gasdicht verschließen

S 13   Von Nahrungsmitteln, Getränke und Futtermitteln fernhalten

S 14   Von ... fernhalten (inkompatible Substanzen vom Hersteller anzugeben)

S 15   Vor Hitze schützen

S 16   Von Zündquellen fernhalten – Nicht rauchen

S 17   Von brennbaren Stoffen fernhalten

S 18   Behälter mit Vorsicht öffnen und handhaben

S 20   Bei der Arbeit nicht essen und trinken

S 21   Bei der Arbeit nicht rauchen

S 22   Staub nicht einatmen

S 23   Gas/Rauch/Dampf/Aerosol nicht einatmen

S 24    Berührung mit der Haut vermeiden

S 25    Berührung mit den Augen vermeiden

S 26    Bei der Berührung mit den Augen gründlich mit Wasser spülen und Arzt konsultieren

S 27    Beschmutzte, getränkte Kleidung sofort ausziehen

S 28    Bei Berührung mit der Haut sofort abwaschen mit viel... (vom Hersteller anzugeben)

S 29    Nicht in die Kanalisation gelangen lassen

S 30    Niemals Wasser hinzugießen

S 33    Maßnahmen gegen elektrostatische Aufladungen treffen

S 34    Schlag und Reibung vermeiden

S 35    Abfälle und Behälter müssen in gesicherter Weise beseitigt werden

S 36    Bei der Arbeit geeignete Schutzkleidung tragen

S 37    Geeignete Schutzhandschuhe tragen

S 38    Bei unzureichender Belüftung Atemschutzgerät anlegen

S 39    Schutzbrille/Gesichtsschutz tragen

S 40    Fußboden und verunreinigte Gegenstände mit ... reinigen (vom Hersteller anzugeben)

S 41    Explosions- und Brandgase nicht einatmen

S 42    Beim Räuchern/Versprühen geeignetes Atemschutzgerät anlegen (geeignete Bezeichnung[en] vom Hersteller anzugeben)

S 43    Zum Löschen ... (vom Hersteller anzugeben) verwenden; (wenn Wasser die Gefahr erhöht, anfügen: „Wasser verwenden")

S 44    Bei Unwohlsein ärztlichen Rat einholen (wenn möglich, dieses Etikett vorzeigen)

S 45    Bei Unfall oder Unwohlsein sofort Arzt hinzuziehen (wenn möglich, dieses Etikett vorzeigen)

S 46    Bei Verschlucken sofort ärztlichen Rat einholen und Verpackung oder Etikett vorzeigen

S 47    Nicht die Temperaturen über ... °C aufbewahren (vom Hersteller anzugeben)

S 48    Feucht halten mit ... (geeignetes Mittel vom Hersteller anzugeben)

S 49    Nur im Originalbehälter aufbewahren

S 50    Nicht mischen mit ... (vom Hersteller anzugeben)

S 51    Nur in gut belüfteten Bereichen verwenden

S 52    Nicht großflächig in Wohn- und Aufenthaltsräumen zu verwenden

S 53    Exposition vermeiden – vor Gebrauch besondere Anweisungen einholen

S 56    Diesen Stoff und seinen Behälter der Problemabfallentsorgung zuführen

S 57    Zur Vermeidung einer Kontamination der Umwelt geeigneten Behälter verwenden

S 59   Information zur Wiederverwendung/Wiederverwertung beim Hersteller/Lieferanten erfragen

S 60   Dieser Stoff und sein Behälter sind als gefährlicher Abfall zu entsorgen

S 61   Freisetzung in die Umwelt vermeiden. Besondere Anweisungen einholen/ Sicherheitsdatenblatt zu Rate ziehen

S 62   Bei Verschlucken kein Erbrechen herbeiführen. Sofort ärztlichen Rat einholen und Verpackung oder dieses Etikett vorzeigen

S 63   Bei Unfall durch Einatmen: Verunfallten an die frische Luft bringen und ruhigstellen

S 64   Bei Verschlucken Mund mit Wasser ausspülen (nur wenn Verunfallter bei Bewusstsein ist)

## Anhang 8.17
## Die 25 größten Unternehmen der Welt im Jahr 2000.

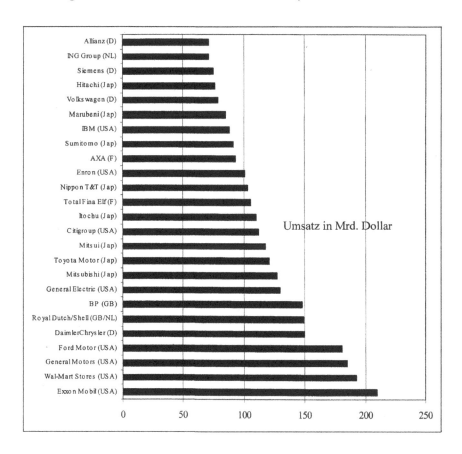

**Anhang 8.18**

**Die 25 größten Unternehmen in Deutschland im Jahr 2000.**

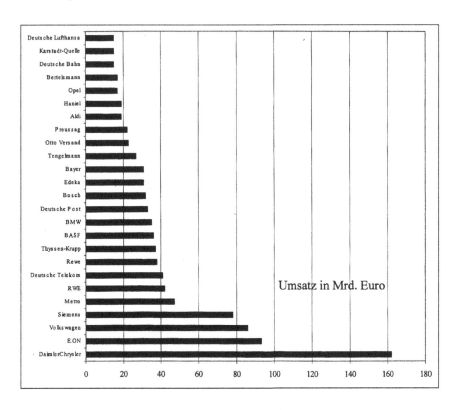

# Anhang 8.19
# Oberflächenuntersuchungsmethoden.

| Nachweis → Anregung ↓ | Elektronen | Photonen | Neutrale Teilchen | Ionen | Phononen | Elektrische oder magnetische Felder |
|---|---|---|---|---|---|---|
| Elektronen | AES, SAM, SEM, LEED, RHEED, EM, HEED, SES, EELS, TEM, IETS, EBIC | EMA, EDX | ESD | ESD | | |
| Photonen | XPS(ESCA), UPS | SES, OS, LM, FER, XRD, ESR, NMR, ELL, RFA | PD | LAMMA | PAS | PC, PDS, MPS, PVS |
| Neutrale Teilchen | | | AIM, NIS | MBT, FAB-MS | HAM | |
| Ionen | INS | IMXA, IEX, PIXE | SNMS, IID | SIMS, IMP, IID, ISS, RBS | | CDS |
| Phononen | | TL | TDS | | SAM | SDS |
| Elektrische- oder magnetische Felder | FES, FEM, IETS, STM | FER | | FIM, FIMS, FIAP, FD | | MPS, SDS, PDS, PC, SPD, FEC, PVS, HE, CDS, CM |

| AES | Augerelektronen-Spektroskopie |
|---|---|
| AIM | Adsorption Isotherm Measurements |
| CDS | Corona Discharge Spectroscopy |
| CM | Conductance |
| CPD | Contact Potential Difference |
| EBIC | Electron Beam Induced Current |
| EDX | Energy Dispersive X-Ray Spectroscopy |
| EELS | Electron Energy Loss Spectroscopy |
| EM | Elektronenmikroskopie |
| EMA | Electron Microprobe Analysis |
| ESD | Electron Stimulated Desorption |
| ESR | Elektronenspinresonanz |
| FAB-MS | Fast Atom Bombardement Mass Spectrometry |
| FEC | Field Effect of Conductance |
| FEM | Feldemissionsmikroskopie |

| | |
|---|---|
| FER | Field Effect of Reflectance |
| FES | Feldemissionsspektroskopie |
| FIAP | Field Ionization Atom Probe |
| FIM | Feldionenmikroskopie |
| FIMS | Feldionen-Massenspektrometrie |
| HAM | Heat of Adsorption Measurements |
| HE | Halleffekt |
| HEED | High Energy Electron Diffraction |
| IETS | Inelastic Electron Tunneling Spectroscopy |
| IEX | Ion Excited X-Ray Fluorescence |
| IID | Ion Impact Desorption |
| IMXA | Ion Microprobe for X-Ray Analysis |
| INS | Ion Neutralisation Spectroscopy |
| ISS | Ion Scattering Spectroscopy ($\rightarrow$ LEIS) |
| LAMMA | Laser Microprobe Mass Analysis |
| LEED | Low Energy Elektron Diffraction |
| LM | Lichtmikroskop |
| MBT | Molecular Beam Techniques |
| MPS | Modulated Photoconductivity |
| NIS | Neutron Inelastic Scattering |
| NMR | Nuclear Magnetic Resonance |
| OS | Optische Spektroskopie |
| PAS | Photoakustische Spektroskopie |
| PC | Photoconductivity |
| PD | Photodesorption |
| PDS | Photodischarge Spectroscopy |
| PIXE | Proton/Particle Induced X-ray Emission |
| PVS | Photovoltage Spectroscopy |
| RBS | Rutherford Backscattering ($\rightarrow$ HEIS) |
| RFA | Röntgenfluoreszenzanalyse, X-Ray Fluorescence ($\rightarrow$ XRF) |
| RHEED | Reflection High Energy Electron Diffraction |
| SAM | Scanning-Auger Microscopy |
| SAM | Scanning Acoustic Microscopy |
| SDS | Surface Discharge Spectroscopy |
| SES | Secondary Electron Spectroscopy |
| SIMS | Sekundärionenmassenspektrometrie |
| SNMS | Sputtered Neutral Mass Spectrometry |
| SNMS | Secondary Neutral Mass Spectrometry |
| STM | Scanning Tunneling Microscopy |

| | |
|---|---|
| TDS | Thermodesorptionsspektroskopie |
| TEM | Transmissionselektronenmikroskopie |
| TL | Thermoluminescence |
| UPS | Ultraviolett Photoelektronenspektroskopie |
| X-AES | X-Ray Induced AES |
| XRD | X-Ray Diffraction |
| XPS (ESCA) | X-Ray Photoelectron Spectroscopy |

# 9
# Literatur

| | |
|---|---|
| Achema 1991 | R. Eckermann<br>*Dechema-Informationssysteme für die Chemische Technik und Biotechnologie*<br>Achema-Jahrbuch 1991, Band 1, Frankfurt 1990. |
| Adler 2000 | R. Adler<br>*Stand der Simulation von heterogen-gaskatalytischen Reaktionsabläufen in Festbettrohrreaktoren*<br>Chem.-Ing.-Techn. 72(2000)555–564, Teil1.<br>Chem.-Ing.-Techn. 72(2000)688–699, Teil2. |
| Albrecht 2000 | C. Albrecht<br>*Für hohe Temperaturen –*<br>*Wärmeübertragung mit Salzschmelzen*<br>CAV(10) (2000)50–52. |
| Amecke 1987 | H.-B. Amecke<br>*Chemiewirtschaft im Überblick*<br>VCH, Weinheim, 1987. |
| Ameling 2000 | D. Ameling<br>*Die volkswirtschaftliche Bedeutung von Nickel und seinen Legierungen*<br>Gefahrst. – Reinhaltung d. Luft, Berlin 60(2000)13–18. |
| Andrigo 1999 | P. Andrigo, R. Bogatin, G. Pagani<br>*Fixed bed reactor*<br>Catalysis Today 52(1999)197–221. |
| Armor 1996 | J.N. Armor<br>*Global Overview of Catalysis*<br>Applied Catalysis A: General 139(1996)217–228. |
| Arnzt 1993 | D. Arntz<br>*Trends in the chemical industry*<br>Catalysis Today 18(1993)173–198. |
| Atkins 1990 | P. W. Atkins<br>*Physikalische Chemie*<br>2. korrigierter Nachdruck, VCH, Weinheim, 1990. |

*Lehrbuch Chemische Technologie. Grundlagen Verfahrenstechnischer Anlagen.* G. Herbert Vogel
Copyright © 2004 WILEY-VCH Verlag GmbH & Co. KGaA, Weinheim
ISBN: 3-527-31094-0

Auelmann I 1991          R. Auelmann
                         *Wassereinsatz in der chemischen Industrie:*
                         *Rationelle Nutzung*
                         Chem. Ind. 9(1991)12–13.

Auelmann II 1991         R. Auelmann
                         *Wassereinsatz in der chemischen Industrie:*
                         *Trinkwasser wird geschont*
                         Chem. Ind. 10(1991)10–12.

Auelmann III 1991        R. Auelmann
                         *Wassereinsatz in der chemischen Industrie:*
                         *Kühlwasser in Kreisläufen*
                         Chem. Ind. 11(1991)10–12.

Aust 1999                E. Aust, St. Scholl
                         *Wärmeintegration als Element der Verfahrensbearbeitung*
                         Chem.-Ing.-Tech. 71(1999)674–679.

Baerns 1992              M. Baerns, H. Hofmann, A. Renken
                         *Chemische Reaktionstechnik*
                         2. Aufl., Georg Thieme Verlag, Stuttgart, 1992.

Baerns 2000              M. Baerns, O. V. Buyevskaya
                         *Catalytic Oxidative Conversion of Alkanes to Olefines and Oxygenates*
                         Erdöl Erdgas Kohle 116(2000)25–30.

Bakay 1989               T. Bakay, K. Domnick
                         *Produktionsintegrierter Umweltschutz – Verminderung von Reststoffen,*
                         *gezeigt anhand ausgeführter Beispiele*
                         Chem.-Ing.-Tech. 61(1989)867–870.

Bartels 1990             W. Bartels, H. Hoffmann, L. Rossinelli
                         *PAAG-Verfahren (HAZOP)*
                         Internationale Sektion der IVSS für die Verhütung von Arbeits-
                         unfällen und Berufskrankheiten in der chemischen Industrie.
                         Gaisbergstr. 11, 6900 Heidelberg.

Bartholomew 1994         C. H. Bartholomew, W. C. Hecker
                         *Catalytic reactor design*
                         Chemical Engineering (1994)70–75.

BASF 1987                BASF
                         *Acrylsäure rein*
                         Techn. Inform. 1987.

BASF 1999                *BASF still tops global Top 50*
                         Chemical & Engineering News, July 26, (1999)23–25.

BASF 2001                *Vor dem Bleichen vergleichen*
                         BASF information, Zeitung für die Mitarbeiter der BASF,
                         2. Aug. 2001, S. 2.

Bauer 1996          M. H. Bauer, J. Stichlmair
                    *Struktursynthese und Optimierung nichtidealer Rektifizierprozesse*
                    Chem.-Ing.-Tech. 68(1996)911–912.

Baumann 1998        U. Baumann
                    *Ab in den Ausguß?*
                    Nachr. Chem. Tech. Lab. 46(1998)1049–1055.

Baur 2001           S. Baur, V. Casal, H. Schmidt, A. Krämer
                    *SUWOX – ein Verfahren zur Zersetzung organischer Schadstoffe
                    in überkritischem Wasser*
                    NACHRICHTEN – Forschungszentrum Karlsruhe 33(2001)71–80.

Behr 2000           A. Behr, W. Ebbers, N. Wiese
                    *Miniplants – Ein Beitrag zur inhärenten Sicherheit?*
                    Chem.-Ing.-Tech. 72(2000)1157–1166.

Belevich 1996       P. Belevich
                    *Selecting and applying flowmeters*
                    Hydrocarbon Processing May(1996)67–75.

Bender 1995         H. Bender
                    *Sicherer Umgang mit Gefahrstoffen*
                    VCH, Weinheim, 1995.

Berenz 1991         R. Berenz
                    *Jahrbuch der Chemiewirtschaft*
                    *Das Rad nicht zweimal erfinden*
                    VDI-Verlag, Düsseldorf, 1996.

Bermingham 2000     S. K. Bermingham et al.
                    *A Design Procedure and Predictive Models for
                    Solution Crystallisation Processes*
                    AIChE Symp. Ser. 96(2000)250–264.

Berty 1979          B. J. M. Berty
                    *The Changing Role of the Pilot Plant*
                    CEP 9(1979)48–50.

Beßling 1995        B. Beßling, J. Ciprian, A. Polt, R. Welker
                    *Kritische Anmerkungen zu den Werkzeugen
                    der Verfahrensüberarbeitung*
                    Chem.-Ing.-Tech. 67(1995)160–165.

Billet 2001         Billet
                    *Separation Tray without Downcomers*
                    Chem. Eng. Technol. 24(2001)1103–1113.

Bimschg 2001        *Bundesgesetzblatt*
                    Jahrgang 2001, Teil I, Nr. 40.

Bio World 1997      Bio World
                    *Bio World Patentrecherchen*
                    Bio World (3)(1997)49–52.

Bisio 1997      A. Bisio
*Catalytic process development:*
*A process designers's point of view*
Catalysis Today 36(1997)367–374.

Blaß 1984      E. Blaß
*Aufgabengerechte Informationssammlung*
*für die Verfahrensentwicklung*
Chem.-Ing.-Tech. 56(1984)272–278.

Blaß 1985      E. Blaß
*Methodische Entwicklung verfahrenstechnischer Prozesse*
Chem.-Ing.-Tech. 57(1985)201–210.

Blaß 1989      E. Blaß
*Entwicklung verfahrenstechnischer Prozesse*
Otto Salle Verlag, Frankfurt, 1989.

Blaß 1996      E. Blaß
*Jahrbuch der Chemiewirtschaft*
*Verfahrenstechnik im Wandel unserer Zeit*
VDI-Verlag, Düsseldorf, 1996.

Bliefert 1995      C. Bliefert
*Umweltchemie*
VCH, Weinheim, 1995.

Blumenberg 1994      B. Blumenberg
*Verfahrensentwicklung heute*
Nachr. Chem. Tech. Lab. 42(1994)480–482.

Boeters 1989      H. D. Boeters, C. F. Müller
*Handbuch Chemiepatent*
2. Aufl., Juristischer Verlag, Heidelberg, 1989.

Bogenstätter 1985      G. Bogenstätter
*Die chemische Fabrik der Zukunft: Verfahrenstechnische*
*Weiterentwicklungen sind unerläßlich für wirtschaftliche und*
*umweltfreundliche Produktion*
Chem. Ind. 37(1985)275–277.

Böhling 1997      R. Böhling
*Einsatz der zeit- und produktaufgelösten Temperatur- und*
*Konzentrations-Programmierten Reaktionsspektroskopie zur*
*Aufklärung der Wechselwirkung von Mo-V-(W)-(Cu)-Mischoxiden*
*mit organischen Sonden*
Doktorarbeit, TU Darmstadt, 1997.

Borho 1991      K. Borho, R. Polke, K. Wintermantel, H. Schubert, K. Sommer
*Produkteigenschaften und Verfahrenstechnik*
Chem.-Ing.-Techn. 63(1991)792–808.

Börnecke 2000

D. Börnecke
*Basiswissen für Führungskräfte*
Publicis MCD Verlag, Erlangen und München, 2000.

Brauer 1985

H. Brauer
*Die Adsorptionstechnik – ein Gebiet mit Zukunft*
Chem.-Ing.-Tech. 57(1985)650–663.

Brauer 1991

H. Brauer
*Abwasserreinigung bis zur Rezyklierfähigkeit des Wassers*
Chem.-Ing.-Tech. 63(1991)415–427.

Breyer 2000

N. Breyer
*Nicht zu schnell und nicht zu langsam*
PROCESS (2000)14–16.

Bringmann 1977

G. Bringmann, R. Kühn
*Grenzwerte der Schadwirkung wassergefährdender Stoffe*
*gegen Bakterien (Pseudomonas putida) und Grünalgen*
*(Scenedesmus quadricauda) im Zellvermehrungshemmtest*
Z. f. Wasser- und Abwasser-Forschung 10(1977)87–98.

Brunan 1994

C. R. Branan
*Rules of Thumb for Chemical Engineers*
Gulf Publishing Company, ouston, 1994.

Brunauer 1938

S. Brunauer, P.H. Emmett, E. Teller
*Adsorption of Gases in Multimolecular Layers*
J. Am. Chem. Soc. 60(1938)309.

Brunauer 1940

S. Brunauer, L. S. Deming, W. E. Deming, E. Teller
*On a Theory of the van der Waals Adsorption of Gases*
J. Am. Chem. Soc. 62(1940)1723.

Burst 1991

W. Burst, F. Heimann, G. Kaibel, S. Maier
*Jahrbuch der Chemiewirtschaft*
*Klein, aber fein*
VDI-Verlag, Düsseldorf, 1991.

Buschulte 1995

Th. K. Buschulte, F. Heimann
*Verfahrensentwicklung durch Kombination von Prozeßsimulation*
*und Miniplant-Technik*
Chem.-Ing.-Tech. 67(1995)718–723.

Busfield 1969

W. K. Busfield, D. Merigold
*The Gas-phase Equilibrium between Trioxan and Formaldehyde:*
*The Standard Enthalpy and Entropy of the Trimerisation*
*of Formaldehyde*
J. Chem. Soc. (A) (1969)2975–2977.

Buzzi-Ferraris 1999

G. Buzzi-Ferraris
*Planning of experiments and kinetic analysis*
Catalysis Today 52(1999)125–132.

Casper 1970  C. Casper
*Strömungs- und Wärmeübergangsuntersuchungen an Gas/Flüssigkeits-*
*Gemischen zur Auslegung von Filmverdampfern für viskose Medien*
Chem.-Ing.-Tech. 42(1970)349 – 354.

Casper 1986  C. Casper
*Die Wärmeübertragung an Zweiphasenfilmströmungen*
*bei hoher Flüssigkeitsviskosität im gewendelten Strömungsrohr*
Chem.-Ing.-Tech. 58(1986)58 – 59.

Cavalli 1997  L. Cavalli, A.Di Mario
*Laboratory scale plants for catalytic tests*
Catalysis Today 34(1997)369 – 377.

Cavani 1997  F. Cavani; F. Trifirò
*Classification of industrial catalysts and catalysis for the*
*petrochemical industry*
Cataysis Today 34(1997)269 – 279.

Chemcad 1996  Chemcad III
*Process Simulation Software*
Chemstations, Inc., 1996.

Chemicalweek 1991  Chemicalweek
*markets&economics*
Chemicalweek 3(2001)38.

Chemie Manager 1998  Märkte, Unternehmen, Produkte
*Der BASF-Chemistrytree*
Chemie Manager 7(1998).

Chemiker Kalender 1984  H. U. v. Vogel
*Chemiker Kalender*
3. Aufl., Springer-Verlag, Berlin, 1984.

Chemische Rundschau 1996  *Rohstoffpreise in Europa*
*Toluol: Spot-Markt ist tot*
Chem. Rundschau 26(1996)4.

Christ 1999  C. Christ
*Integrated Enviromental Protection reduces Water Pollution*
Chem. Eng. Technol. 22(1991)642 – 651.

Christ 2000  C. Christ
*Umweltschonende Technologien aus industrieller Sicht*
Chem.-Ing.-Tech. 72(2000)42 – 57.

Christmann 1985  A. Christmann et al.
*Integrierte Verfahrensentwicklung*
Chem. Ind. 37(1985)533 – 537.

CITplus  *Durchflussmessung*
CITplus (1999)36 – 51.

Class 1982 — I. Class, D. Janke
*Stähle*
Ullmann, 4. Auflage, Bd.22, S. 42–159, 1982.

Claus 1996 — P. Claus, T. Berndt
*Kinetische Modellierung der Hydrierung von Ethylacetat*
*an einem Rh-Sn/SiO2-Katalysator*
Chem.-Ing.-Techn. 68(1996)826–831.

Cohausz 1993 — H. B. Cohausz
*Patente & Muster*
2. Aufl., Wila Verlag, München, 1993.

Cohausz 1996 — H. B. Cohausz
*Info & Recherche*
Wila Verlag, München, 1996.

Collin 1986 — G. Collin
*Prognosen in der chemischen Technik*
Chem.-Ing.-Tech. 58(1986)364–372.

Contractor 1999 — R. M. Contractor
*Dupont's CFB technology for maleic anhydride*
Chem. Eng. Sci. 54(1999)5627–5632)

Corbett 1995 — R.A. Corbett
*Effectively Use Corrosion Testing*
Chem. Eng. Progress, April(1996)42–47.

Coulson 1990 — J.M. Coulson, J.F. Richardson, J.R. Backhurst, J.H. Harker
*Chemical Engineering*
4th Ed., Vol. 1, Pergamon Press, Oxford, 1990, pp. 286–292.

Crum 2000 — J. Crum
*High-nickel alloys in the chemical process industries*
Stainless Steel World 12(2000)55–59.

DAdda 1997 — M. DÀdda
*Fixed-capital cost estimating*
Catalysis Today 34(1997)457–467.

Damköhler 1936 — G. Damköhler
*Einflüsse der Strömung, Diffusion und des Wärmeüberganges*
*auf die Leitung von Reaktionsöfen*
Ztschr. Elektrochemie 42(1936)846–862.

Daun 1999 — G. Daun, B. Bartenbach, M. Battrum
*Praxisrelevante Simulationswerkzeuge für mehrstufige Batch-Prozesse*
Chem.-Ing.-Tech. 71(1999)1253–1261.

DECHEMA 1953 — *DECHEMA-Werkstoff-Tabelle*
Herausgegeben von der DECHEMA, Frankfurt, in fortlaufenden
Lieferungen, erste Lieferung 1953.

Dechema 1990      *Produktionsintegrierter Umweltschutz in der chemischen Industrie*
DECHEMA, Frankfurt, 1990.

Denk 1996      O. Denk
*Zur Aufstellung von Stoffmengenbilanzgleichungen auf der Basis
komplexer Reaktionsgleichungssysteme*
Chem.-Ing.-Tech. 68(1996)113 – 116.

Despeyroux 1993      B. Despeyroux, K. Deller, H. Krause
*Auf den Träger kommt es an.*
Chem.Ind. 116(1993)48 – 49.

DFG 1983      *Toxikologische Untersuchungen an Fischen*
Verlag Chemie, Weinheim, 1983.

Dichtl 1987      E. Dichtl, O. Issing
*Vahlens großes Wirtschaftslexikon*
Verlag C. H. Beck, München, Verlag Franz Vahlen, München, 1987.

Dietz 2000      P. Dietz, U. Neumann
*Verfahrenstechnische Maschinen – Chancen der gleichzeitigen
Prozeß- und Maschinenentwicklung*
Chem.-Ing.-Tech. 72(2000)9 – 16.

Dietzsch 1996      C. R. Dietzsch
*Patente – effizientes Entwicklungswerkzeug*
Transfer 1/2(1996)10 – 13.

DIN 38409      DIN 38409 Teil 41
*Bestimmung des chemischen Sauerstoffbedarfs (CSB)*
DIN 38409 Teil 51
*Bestimmung des Biochemischen Sauerstoffbedarfs (BSB)*

DIN 38412      DIN 38412 Teil 8
*Testverfahren mit Wasserorganismen (Gruppe L)*
*Bestimmung der Wirkung von Wasserinhaltsstoffen auf Bakterien*
DIN 38412 Teil 15
*Testverfahren mit Wasserorganismen (Gruppe L)*
*Bestimmung der Hemmwirkung von Wasserinhaltsstoffen auf Fische*

Dolder 1991      F. Dolder
*Patentmanagement im Betrieb:*
*Geheimhalten oder patentieren?*
Management Zeitschrift 60(1991)64 – 68.

Donat 1989      H. Donat
*Apparate aus Sonderwerkstoffen*
Chem.-Ing.-Tech. 61(1989)585 – 590.

Donati 1997      G. Donati, R. Paludetto
*Scale up of chemical reactors*
Catalysis Today 34(1997)483 – 533.

Dreyer 1982

D. Dreyer, G. Luft
*Treibstrahlreaktor zur Untersuchung von hetzerogenkatalysierten Reaktionen*
Chemie-Technik 11(1982)1061–1056.

Drochner 1999

A. Drochner, R. Böhling, M. Fehlings, D. König, H. Vogel
*Konzentrationsprogrammierte Reaktionstechnik – Eine Methode zur Beurteilung des Anwendungspotentials instationärer Prozeßführungen bei Partialoxidationen*
Chem.-Ing.-Tech. 71(1999)226–230.

Drochner 1999a

A. Drochner, K. Krauß, H. Vogel
*Eine neue DRIFTS-Zelle zur In-situ-Untersuchung heterogen katalysierter Reaktionen*
Chem.-Ing.-Techn. 71(1999)861–864.

Eggersdorfer 1994

M. Eggersdorfer, L. Laupichler
*Nachwachsende Rohstoffe – Perspektiven für die Chemie?*
Nachr. Chem. Tech. Lab. 42(1994)996–1002.

Eggersdorfer 2000

M. Eggersdorfer
*Perspektiven nachwachsender Rohstoffe in Energiewirtschaft und Chemie*
Spektrum der Wissenschaft Digest: Moderne Chemie II
1(2000)94–97.

Ehrfeld 2000

W. Ehrfeld, V. Hessel, H. Löwe
*Microreactors*
Wiley-VCH, Weinheim, 2000.

Eichendorf 2001

K. Eichendorf, E. Guntrum, C. Jochum, K.-J. Niemitz
*Analyse zur Bewertung des Gefahrenpotenzials von prozessbezogenen Anlagen*
Chem.-Ing.-Tech. 73(2001)809–812.

Eidt 1997

C. M. Eidt, R. W. Cohen
*Basic research at Exxon*
Chemtech April (1997)6–10.

Eigenberger 1991

G. Eigenberger
*Aufgaben und Entwicklung in der Chemiereaktortechnik*
World Congr. of Chem. Engng., 4; Strat. 2000, Proc. 16.–21.6.91,
Karlsruhe-Frankf. a.M.:DECHEMA(1992)(1991)Juni, 1082/1102.

Eissen 2002

M. Eissen, J. O. Metzger, E. Schmidt, U. Schneidewind
*10 Jahre nach „Rio" – Konzepte zum Beitrag der Chemie zu einer nachhaltigen Entwicklung*
Angew. Chem. 114(2002)402–425.

Emig 1993

G. Emig
*Neue reaktionstechnische Konzepte für die Verbesserung chemischer Verfahren*
DECHEMA-Jahrestagung 1993 – Übersichtsvortrag.

| | |
|---|---|
| Emig 1997 | G. Emig, R. Dittmayer<br>*Simultaneous Heat and Mass Transfer and Chemical Reaction*<br>aus G. Ertl, H. Knötzinger, J. Weitkamp<br>Heterogeneous Catalysis, Vol. 3<br>VCH, Weinheim, 1997, S. 1209–1252. |
| Engelbach 1979 | H. Engelbach; R. Krabetz; G. Dümbgen<br>*Verfahren zur Herstellung von 3 bis 4-Atome enthaltenden β-olefinisch ungesättigten Aldehyden*<br>Deutsche Offenlegungsschrift 2909597(1979). |
| Engelmann 2001 | F. Engelmann, W. Steiner<br>*Dynamische Shift-Techniken zur schnellen Charakterisierung der Desaktivierungskinetik heterogener Katalysatoren*<br>Chem.-Ing.-Techn. 73(2001)536–541. |
| Englund 1992 | S. M. Englund, J. L. Mallory, D. L. Grinwis<br>*Prevent Backflow*<br>Chem. Eng. Progress, Feb. (1992)47–53. |
| Erdmann 1984 | H. H. Erdmann, J. Kussi, K. H. Simmrock<br>*Möglichkeiten und Probleme der Prozeß-Synthese*<br>Chem.-Ing.-Tech. 56(1984)32–41. |
| Erdmann 1986 | H. H. Erdmann, M. Lauer, M. Passmann, E. Schrank,<br>K. H. Simmrock<br>*Expertensysteme - ein Hilfsmittel der Prozeß-Synthese*<br>Chem.-Ing.-Tech. 58(1986)296–307. |
| Erdmann 1986a | H.-H. Erdmann, H.-D. Engelmann, M. Lauer, K.H. Simmrock<br>*Problemlösungen per Computer*<br>Chemische Industrie 8(1986)682–686. |
| Erlwein 1998 | E. Müller-Erlwein<br>*Chemische Reaktionstechnik*<br>B.G. Teubner, Stuttgart, 1998. |
| Ertl 1990 | G. Ertl 1990<br>*Elementary Steps in Heterogeneous Catalysis*<br>Angew. Chem. Int. Ed. Engl. 29(1990)1219–1227. |
| Ertl 1994 | G. Ertl<br>*Reaktionen an Festkörper-Oberflächen*<br>Ber. Bunsenges. Phys. Chem. 98(1994)1413–1420. |
| Ertl 1997 | G. Ertl, H. Knötzinger, J. Weitkamp<br>*Handbook of Heterogeneous Catalysis*<br>VCH Verlag, Weinheim, 1997. |
| Everett 1976 | D. H. Everett, J. C. Powl<br>*Adsorption in Slit-like and Cylindrical Micropores in the Henry's Law Region*<br>JCS, Faraday I 72(1976)619–636. |

Färber 1991

G. Färber
*Jahrbuch der Chemiewirtschaft 1991*
*Standardtechnik löst Probleme*
VCH, Weinheim, S. 158–162.

Fattore 1997

V. Fattore
*Importance and significance of patents*
Cat. Today 34(1997)379–392.

Faz 1999

*Chemische Forschung rasch genutzt*
*Miniplants erleichtern die Erprobung neuer Verfahren /*
*Die BASF als Beispiel*
Frankfurter Allgemeine Zeitung, 10.02.1999.

Fedtke 1996

M. Fedtke, W. Pritzkow, G. Zimmermann
*Lehrbuch der Technischen Chemie*
6. Aufl., Deutscher Verlag für Grundstoffindustrie, Stuttgart, 1996.

Fehlings 1998

M. Fehlings, D. König, H. Vogel
*Explosionsgrenzen von Propen/Sauerstoff/Alkan-Mischungen und ihre*
*Reaktivität an Bi/Mo-Mischoxiden*
Chemische Technik 50(1998)241–245.

Fehlings 1999

M. Fehlings, A. Drochner, H. Vogel
*Katalysatorforschung Heute*
Technische Universität Darmstadt
thema Forschung 1(1999)136–142.

Fei 1998

W. Fei; H.-J. Bart
*Prediction of Diffusivities in Liquids*
Chem. Eng. Technol. 21(1998)659–665.

Fei 1998

W. Fei, H.J. Bart
*Voraussage von Diffusionskoeffizienten*
Chem.-Ing.-Techn. 70(1998)1309–1311.

Felcht 2000

U.-H. Felcht
*Chemie, Eine reife Industrie oder weiterhin Innovationsmotor?*
Universitätsbuchhandlung Blazek und Bergamann, Frankfurt
2000.

Felcht 2001

U.-H. Felcht, G. Kreysa
*Katalyse – Ein Schlüssel zum Erfolg in der Technischen Chemie.*
Festschrift anlässlich des 75. DECHEMA-Jubiläums.

Ferino 1999

I. Ferrino, E. Rombi
*Oscillating reactions*
Catalysis Today 52(1999)291–305.

Ferrada 1990

J. J. Ferrada, J.M. Holmes
*Developing Expert Systems*
Chem. Eng. Prog. 4(1990)34–41.

Fick 1855       A. Fick
*Ueber Diffusion*
Ann. Phys. und Chemie 94(1855)

Fild 2001       C. Fild, U. Jung
*Was der Chemie übrig bleibt*
Nachrichten aus der Chemie 49(2001)1080–1084.

Fitzer 1975       E. Fitzer, W. Fritz
*Technische Chemie*
Springer Verlag, Berlin, 1975, S. 173–175.

Fitzer 1989       E. Fitzer, W. Fritz
*Technische Chemie*
Springer-Verlag, Berlin, 3. Auflage, 1989.

Fluent 1998       FLUENT Deutschland GmbH
Computational Fluid Dynamics
Darmstadt, http://www.fluent.de, 1998

Forni 1997       L. Forni
*Laboratory reactors*
Catalysis Today 34(1997)353–367.

Forni 1997       L. Forni
*Laboratory reactors*
Catalysis Letters 34(1997)353–367.

Forni 1999       L. Forni
*Mass and heat transfer in catalytic reactions*
Catalysis Today 52(1999)147–152.

Forzatti 1997       P. Forzatti
*Kinetic study of a simple chemical reaction*
Catalysis Today 34(1997)401–409.

Forzatti 1999       P. Forzatti, L. Lietti
*Catalyst deactivation*
Catalysis Today 52(1999)165–181.

Franck 1999       E. U. Franck
*Supercritical Water*
Intenational Conference on the Properties of Water and Steam,
Toro, Ottawa, p. 22–34, 1999.
NRC Research Press 0-0660-17778-1

Franke 1999       D. Franke, W. Gösele
*Hydrodynamischer Ansatz zur Modellierung von Fällungen*
Chem.-Ing.-Tech. 71(1999)1245–1251.

Fratzscher 1993       W. Fratzscher, H.-P. Picht
*Stoffdaten und Kennwerte der Verfahrenstechnik*
4. Aufl., Deutscher Verlag für Grundstoffindustrie, Leipzig, 1993.

Frey 1990     W. Frey, F. Heimann, S. Maier
          *Wirtschaftliche und technologische Bewertung von Verfahren*
          Chem.-Ing.-Tech. 62(1990)1–8.

Frey 1995     W. Frey
          *Wandel in der Verfahrenstechnik – Anforderungen an die Ausbildung*
          Chem.-Ing.-Tech. 67(1995)155–159.

Frey 1998     W. Frey, B. Lohe
          *Verfahrenstechnik im Wandel*
          Chem.-Ing.-Tech. 70(1998)51–63.

Frey 1998a    T. Frey, J. Stichlmair
          *Thermodynamische Grundlagen der Reaktivdestillation*
          Chem.-Ing.-Tech. 70(1998)1373–1381.

Frey 2000     Th. Frey, D. Brusis, J. Stichlmair, H. Bauer, S. Glanz
          *Systematische Prozesssynthese mit Hilfe mathematischer Methoden*
          Chem.-Ing.-Tech. 72(2000)813–821.

Fürer 1996    St. Fürer, J. Rauch, F. J. Sanden
          *Konzepte und Technologien für Mehrproduktanlagen*
          Chem.-Ing.-Tech. 68(1996)375–381.

Gärtner 2000   E. Gärtner
          *Computer und Indigo – Alles öko?*
          Nachrichten aus der Chemie 48(2000)1357–1361.

Geiger 2000    T. Geiger, C. Weichert
          *Thermische Abfallbehandlung*
          Chem.-Ing.-Tech. 72(2000)1512–1522.

Ghosh 1999    P. Ghosh
          *Rediction of Vapor-Liquid Equilibria using Peng-Robinson*
          *and Soave-Redlich-Kwong Equation of State*
          Chem. Eng. Technol. 22(1999)5.

Gilles 1986    E. D. Gilles, P. Holl, W. Marquardt
          *Dynamische Simulation komplexer chemischer Prozesse*
          Chem.-Ing.-Tech. 58(1986)268–278.

Gilles 1998    E. D. Gilles
          *Network Theory for Chemical Processes*
          Chem. Eng. Technol. 21(1998)121–132.

Gillett 2001    J.E. Gillett
          *Chemical Engineering Education in the Next Century*
          Chem. Eng. Technol. 24(2001)561–570.

GIT 1999     V. Hessel, W. Erfeld, K. Globig, O. Wörz
          *Mikroreaktionssysteme für die Hochtemperatursynthese*
          GIT Labor-Fachzeitschrift 10(1999)1100–1103.

Glanz 1999

S. Glanz, E. Blaß, J. Stickmair
*Systematische vergleichende Kostenanalyse von destillativen und extraktiven Stofftrennverfahren*
Chem.-Ing.-Tech. 71(1999)669–673.

Glasscock 1994

D. A. Glasscock; J. C. Hale
*Process Simuation: the art and science of modeling*
Chem. Engng. 11(1994)82–89

Gmehling 1977

J. Gmehling, U. Onken
*Chemistry Data Series*
*Vapor-Liquid Equilibrium Data Collection*
DECHEMA, Vol. I, Part 1, 1977.

Gmehling 1981

J. Gmehling, U. Onken, W. Arlt
*Chemistry Data Series*
*Vapor-Liquid Equilibrium Data Collection*
DECHEMA, Vol. I, Part 1a, 1981.

Gmehling 1992

J. Gmehling, B. Kolbe
*Thermodynamik*
2. Aufl., VCH, Weinheim, 1992, S. 183.

Göttert 1991

W. Göttert, E. Blaß
*Zur rechnerischen Auswahl von Apparaten für die flüssig/flüssig-Extraktion*
Chem.-Ing.-Tech. 63(1991)238–239.

Graesser 1995

U. Graeser, W. Keim, W. J. Petzny, J. Weitkamp
*Perspektiven der Petrochemie*
Erdöl Erdgas Kohle 111(1995)208–218.

Greß 1979

D. Greß, H. Hartmann, G. Kaibel, B. Seid
*Einsatz von mathematischer Simulation und Miniplant-Technik in der Verfahrensentwicklung*
Chem.-Ing.-Tech. 51(1979)601–611.

GVC.VDI 1997

GVC.VDI-Gesellschaft
*Verfahrenstechnik/Chemieingenieurwesen*
Herausgeber: Fachausschuß Aus- und Weiterbildung
in Verfahrenstechnik, Graf-Recke-Str. 84, 40239 Düsseldorf, 3.
vollständig überarbeitete Auflage 1997.

Haarer 1999

D. Haarer, H.J. Rosenkranz
*Bayer's Interdisciplinary Research Philosophy*
Adv. Mater. 11(1999)515–517.

Hacker 1980

I. Hacker, K. Hartmann
*Probleme der modernen chemischen Technologie:*
*Heuristische Verfahren zum Entwurf Verfahrenstrechnischer Systeme*
Akademie-Verlag, Berlin, 1980, S. 193–244.

Hagen 1996
J. Hagen
*Technische Katalyse*
VCH, Weinheim, 1996.

Hampe 1996
M. Hampe
*Mikroplants zur Kreislaufführung in verfahrenstechnischen Prozessen*
thema Forschung (TH-Darmstadt) 2(1996)98–108.

Handbook 1978
*Handbook of Chemistry and Physics, C730*
59$^{nd}$ Ed., 1978–1979.

Handbook 1991
R. C. Weast
*Handbook of Chemistry and Physics*
*Enthalpy of Combustion of Hydrocarbons*
72$^{nd}$ Ed., 1991–1992.

Hänny 1984
J. Hänny
*Forschung und Entwicklung in der industriellen Unternehmung*
Techn. Rundschau Sulzer 1(1984)4–10.

Hansen 1997
B. Hansen, F. Hirsch
*Protecting Inventions in Chemistry*
Wiley-VCH, Weinheim, 1997.

Hänßle 1984
P. Hänßle
*Auswahlkriterien für organische Wärmeträger*
Chemie-Technik 13(1984)92–101.

Harnisch 1984
H. Harnisch, R. Steiner, K. Winnacker
*Chemische Technologie, Band 1*
4. Aufl., Carl Hanser Verlag, München, Wien, 1984.

Hartmann 1980
K. Hartmann, W. Schirmer, M. G. Slinko
*Probleme der modernen chemischen Technologie*
*Modellierung und Simulation*
Akademie-Verlag, Berlin, 1980, S. 43–77.

Hauthal 1998
H. G. Hauthal
*Verfahrenstechnik in Ludwigshafen*
Nachr. Chem. Tech. Lab. 46(1998)41–42.

Hayes 1994
D. L. Hayes, A. C. Smith
*What is that patent, trademark, or copyright worth?*
CHEMTECH (1994)16–20.

Heimann 1998
F. Heimann
*Labor- und Miniplanttechnik: Was bietet der Markt?*
Chem.-Ing.-Tech. 70(1998)1192–1195.

Heinke 1997
G. Heinke, J. Korkhaus
*Einsatz von korrosionsbeständigem Stahl in der chemischen Industrie*
Chem.-Ing.-Techn. 69(1997)283–290.

Hellmund 1991          W. Hellmund; R. Auelmann; J. Wasel – Nielen; A. Rothert
                       *Wassereinsatz in der chemischen Industrie (1): Rationelle Nutzung*
                       Chem. Ind. 114(1991)12–13.

Hendershot 2000        D.C. Hendershot
                       *Was Murphy Wrong?*
                       Process Safety Progress 19(2000)65–68.

Henglein 1963          F. A. Henglein
                       *Grundriß der chemischen Technik*
                       Verlag Chemie, Weinheim, 1963.

Henker 1999            R. Henker, G. H. Wagner
                       *Korrosionsbeständige Werkstoffe für Chemie-, Energie-
                       und Umwelttechnik*
                       *Erfahrungen beim Einsatz von Sonderedelstählen und Nickellegierungen
                       in der chemischen Industrie*
                       Korrosionsschutzseminar Dresden, 1999.
                       TAW-Verlag, Wuppertal, ISBN 3-930526-16-6.

Henne 1994             H. J. Henne
                       *Konzepte für noch mehr Sicherheit*
                       Chemische Industrie 5(1994)23–25.

Henzel 1994            M. Henzel, W. Göpel
                       *Oberflächenphysik des Feststoffes*
                       Teubner Studienbücher, Stuttgart, 1994.

Herden 2001            A. Herden, C. Mayer, S. Kuch, R. Lacmann
                       *Über die metastabile Grenze der Primär- und Sekundärkeimbildung*
                       Chem.-Ing.-Tech. 73(2001)823–830.

Hezel 1985             C. Hezel
                       *Aufstellung von Sicherheitsanalysen durch die Betreiber chemischer
                       Anlagen*
                       Chem.-Ing.-Tech. 58(1986)15–18.

Hirsch 1995            F. Hirsch, B. Hansen
                       *Der Schutz von Chemie-Erfindungen*
                       VCH, Weinheim, 1995.

Hirschberg 1999        H.G. Hirschberg
                       *Handbuch Verfahrenstechnik und Anlagenbau*
                       Springer-Verlag, Berlin, 1999.

Hochmüller 1973        K. Hochmüller
                       VGB-Mitteilungen
                       Sonderheft VGB, Speisewassertagung 1953.

Hofe 1998              Hofe
                       *Ein neuer Strömungsrohrreaktor für die Kinetik schneller chemischer
                       Reaktionen*
                       GIT-Labor-Fachzeitschrift, Nr. 11(1998)1127–1131.

Hofen 1990
W. Hofen, M. Körfer, K. Zetzmann
*Scale-up-Probleme bei der experimentellen Verfahrensentwicklung*
Chem.-Ing.-Tech. 62(1990)805–812.

Hofmann 1979
H. Hofmann
*Fortschritte bei der Modellierung von Festbettreaktoren*
Chem.-Ing.-Techn. 51(1979)257–265.

Hofmann 1983
H. Hofmann, G. Emig
*Systematik und Prinzipien der Auslegung chemischer Reaktoren*
Dechema-Monographien, Band 94, Verlag Chemie, 1983.

Hopp 1990
V. Hopp
*Der Rhein – größter Standort der chemischen Industrie in der Welt*
Chemiker-Zeitung 114(1990)229–243.

Hopp 2000
V. Hopp
*Die Zukunft hat schon längst begonnen*
CIT plus 3(2000)6–8.

Hornbogen 1994
E. Hornbogen
*Werkstoffe*
Springer Verlag, Berlin, 6. Auflage, 1994.

Hörskens 1991
M. Hörskens
*Jahrbuch der Chemiewirtschaft 1991*
*BASF spielt einen Grand mit Vieren*
VCH, Weinheim, S. 145–151.

Hou 1999
K. Hou, M. Fowles, R. Hughes
*Effective Diffusivity Measurements on Porous Catalyst Pellets at Elevated Temperture and Pressures*
TransIChemE 77(A)(1999)55–61.

Hou 1999
K. Hou, M. Fowles, R. Hughes
*Effective Diffusivity Measurements on Porous Catalyst Pellets at Elevated Temperatures and Pressures*
TransIChemE 77(A)(1999)55–61.

Hüls 1989
Hüls
*Katalytische Abgasreinigung*
Der Lichtbogen, Nr. 208, 38(1989)23.

Hüning 1984
W. Hüning, H. Nentwig, C. Gockel
*Die verbrennungstechnische Entsorgung eines Chemiebetriebes*
Chem.-Ing.-Tech. 56(1984)521–526.

Hüning 1986
W. Hüning
*Aufgabenstellung und Konzeptfindung bei der thermischen Abluftreinigung*
Chem.-Ing.-Tech. 58(1986)856–866.

Hüning 1989          W. Hüning, P. Reher
                     *Verbrennungstechnik für den Umweltschutz*
                     Chem.-Ing.-Tech. 61(1989)26–36.

Hyland 1998          M. A. Hyland
                     *Projekte unter der Lupe*
                     Chemie Technik 27(1998)64–65.

Ingham 1994          J. Ingham, I. J. Dunn
                     *Desktop Simulation of Dynamic Chemical Engineering Processes*
                     Chemical Technology Europe, Nov./Dec. (1994)14–20.

IUPAC 1985           IUPAC
                     *Reporting physisorption data for gas/solid system*
                     Pure Appl. Chem. 57(1985)603.

J. Stichlmair 1998   J. Stichlmair, T. Frey
                     *Prozesse der Reaktivdestillation*
                     Chem.-Ing. Tech. 70(1998)1507–1516.

Jäckel 1995          K.-P. Jäckel, M. Molzahn
                     *Mit Miniplant die Kosten minimieren*
                     Standort spezial 22(1995)24–26.

Jahrbuch 1991a       M. Kersten
                     *Jahrbuch der Chemiewirtschaft 1991*
                     *Bruttostundenverdienste*
                     VCH, Weinheim, S. 286.

Jahrbuch 1991b       M. Kersten
                     *Jahrbuch der Chemiewirtschaft 1991*
                     *Forschungs- und Entwicklungsaufwendungen der chemischen Industrie*
                     VCH, Weinheim, S. 302.

Jahrbuch 1991c       M. Kersten
                     *Jahrbuch der Chemiewirtschaft 1991*
                     *Aufwendungen für den Umweltschutz in der chemischen Industrie*
                     VCH, Weinheim, S. 303.

Jahrbuch 1991d       M. Kersten
                     *Jahrbuch der Chemiewirtschaft 1991*
                     *Bruttostundenverdienste*
                     VCH, Weinheim, S. 286.

Jahrbuch 1991e       M. Kersten
                     *Jahrbuch der Chemiewirtschaft 1991*
                     *Gesamtumsatz der chemischen Industrie*
                     VCH, Weinheim, S. 282.

Jahrbuch 1991f       M. Kersten
                     *Jahrbuch der Chemiewirtschaft 1991*
                     *Preisindizes chemischer Anlagen*
                     VCH, Weinheim, S. 280.

Jakubith 1998

M. Jakubith
*Grundoperationen und chemische Reaktionstechnik*
Wiley-VCH, Weinheim, 1998.

Jentzsch 1990

W. Jentzsch
*Was erwartet die Chemische Industrie von der Physikalischen und Technischen Chemie?*
Angew. Chem. 102(1990)1267 – 1273.

Johnstone 1957

*R. E. Johnstone, M. W. Thring*
*Methods in Chemical Engineering*
*Pilot Plants, Models and Scale-up*
McGrawHill, New York, 1957.

Jorisch 1998

W. Jorisch
*Vakuumtechnik in der chemischen Industrie*
Wiley-VCH, Weinheim, 1998.

Juhnke 1978

I. Juhnke, D. Lüdemann
*Ergebnisse der Untersuchung von 200 chemischen Verbindungen auf akute Fischtoxizität mit dem Goldorfentest*
Z. f. Wasser- und Abwasserforschung 11(1978)161.

Jung 1983

J. Jung
*Aspekte der Vorausberechnung von Anlagenkosten bei der Projektierung verfahrenstechnischer Anlagen*
Chemie-Technik 12(1983)9 – 18.

Kaibel 1987

G. Kaibel
*Distillation Columns with Vertical Partitions*
Chem. Eng. Technol. 10(1987)92 – 98.

Kaibel 1989

G. Kaibel, E. Blaß, J. Köhler
*Gestaltung destillativer Trennungen unter Einbeziehung thermodynamischer Gesichtspunkte*
Chem.-Ing.-Tech. 61(1989)16 – 25.

Kaibel 1989a

G. Kaibel, E. Blaß, J. Köhler
*Gestaltung destillativer Trennungen unter Einbeziehung thermodynamischer Gesichtspunkte*
Chem.-Ing.-Tech. 61(1989)16 – 25)

Kaibel 1989b

G. Kaibel, E. Blaß
*Möglichkeiten zur Prozeßintegration bei destillativen Trennverfahren*
Chem.-Ing.-Tech. 61(1989)104 – 112.

Kaibel 1990

G. Kaibel
*Energieintegration in der thermischen Verfahrenstechnik*
Chem.-Ing.-Tech. 62(1990)99 – 106.

Kaibel 1990a

G. Kaibel, E. Blass, J. Köhler
*Thermodynamics – guideline for the development of distillation column arrangements*
Gas Separation & Purification 4(1990)109 – 114.

Kaibel 1998       G. Kaibel
*Abwärtsfahrweise und Zwischenspeicherung bei der
diskontinuierlichen Destillation*
Chem.-Ing.-Tech. 70(1998)711–713.

Kämereit 2001      W. Kämereit
*Behälter durchleuchten*
CAV Aug.(2001)18–19.

Kast 1988        W. Kast
*Absorption aus der Gasphase*
VCH, Weinheim, 1988.

Kaul 1999        C. Kaul, H. Exner, H. Vogel
*Verhalten von anorganischen Katalysatormaterialien gegenüber
überkritischen wäßrigen Lösungen*
Mat.-wiss., u. Werkstofftech.. 30(1999)326–331.

Keil 1999        F. Keil
*Diffusion und Chemische Reaktionen in der Gas/Feststoff Katalyse*
Springer-Verlag, Berlin, 1999.

Kind 1990        J. Kind
*Grundlagen der praktischen Information und Dokumentation
Online-Dienste*
3. Aufl., Band 1, K. G. Saur, München, 1990, S. 366.

Kircherer 2001      A. Kircherer
*Ökoeffizienz-Analyse als betrieblicher Nachhaltigkeitsindikator*
Chem.-Ing.-Tech. 73(2001)404–406.

Klar 1991        W. Klar
*Expertensysteme: gestern, heute, morgen*
Elektronik 8(1991)108–123.

Klos 2000        T. Klos
*Chemische Verfahren*
Chem.-Ing.-Tech. 72(2000)1174–1181.

Knapp 1987       H. Knapp
*Methoden zur Beschaffung von Information über Stoffeigenschaften*
Chem.-Ing.-Tech. 59(1987)367–376.

Knauf 1998       R. Knauf, U. Meyer-Blumenroth, J. Semel
*Einsatz von Membrantrennverfahren in der chemischen Industrie*
Chem.-Ing.-Tech. 70(1998)1265–1270.

Kölbel 1960       H. Kölbel; J. Schulze
*Projektierung und Vorkalkulation in der chemischen Industrie*
Springer-Verlag, Berlin, 1960.

Kölbel 1967          H. Kölbel, J. Schulze
                     *Neuentwicklungen zur Berechnung von Preisindices von chemische*
                     *Anlagen*
                     Chem. Ind. 19(1967)340 und 701.

König 1998           D. König
                     *Partialoxidation von Propen zu Acrolein an einem Bi/Mo-Mischoxid-*
                     *Katalysator*
                     *-Prozeßentwicklung und Katalyse-*
                     Doktorarbeit, TU Darmstadt, 1998 (D17).

Körner 1988          H. Körner
                     *Optimaler Energieeinsatz in der Chemischen Industrie*
                     Chem.-Ing.-Tech. 60(1988)511–518.

Krätz 1990           O. Krätz
                     *7000 Jahre Chemie*
                     Nikol Verlag, Hamburg, 1990.

Krammer 1999         P. Krammer, H. Vogel
                     *Hydrolysis of Esters in Subcritical and Supercritical Water*
                     J. Supercritical Fluids 16(2000)70–74.

Kraus 2001           O. E. Kraus
                     *Managementwissen für Naturwissenschaftler*
                     Springer-Verlag, Berlin, 2001.

Krauß 1999           K. Kraus, A. Dochner, M. Fehlings, H. Vogel
                     *DRIFT-Spektroskopie zur In-situ-Untersuchung heterogen katalysierter*
                     *Reaktionen*
                     GIT Labor – Fachzeitschrift43(1999)476–479.

Krekel 1985          J. Krekel, G. Siekmann
                     *Die Rolle des Experiments in der Verfahrensentwicklung*
                     Chem.-Ing.-Tech. 57(1985)511–519.

Krekel 1992          J. Krekel, R. Polke
                     *Jahrbuch der Chemiewirtschaft 1992*
                     *Qualitätssicherung – Unternehmensziel integriert in Verfahren*
                     VCH, Weinheim, S. 206.

Kreul 1997           L. U. Kreul, G. Fernholz, A. Gorak, S. Engell
                     *Erfahrungen mit den dynamischen Simulatoren DIVA, gPROMS*
                     *und ABACUSS*
                     Chem.-Ing.-Tech. 69(1997)650–653.

Krötz 1999           P. Krötz
                     *Excellente Manager lernen gewinnen mit Teams*
                     VDI Berichte Nr. 1519, 1999, S. 201–218.

Krubasik 1984        G. Krubasik
                     *Management – Angreifer im Vorteil*
                     Wirtschaftswoche Nr. 23(1984)48–56.

Kühn 1996      Kühn, Birett
*Band 5, VI-4, Wassergefährdende Stoffe*
Merkblätter Gefährliche Arbeitsstoffe 92. Erg. Lfg. 10(1996).

Kussi 2000      J. S. Kussi, H.-J. Leimkühler, R. Perne
*Ganzheitliche Verfahrensentwicklung und -optimierung aus industrieller Sicht*
Chem.-Ing.-Tech. 72(2000)1285 – 1293.

Kussi 2000a     J. S. Kussi, H. J. Leimküler, R. Perne
*Overall Process Design and Optimization*
AIChE Symp. Ser. 96(2000)315 – 319.

Laidler 1987     K.J. Laidler
*Chemical Kinetics*
3. Ed., 1987.

Lamb 1981      W. J. Lamb, G. A. Hoffmann, J. Jonas
*Self-diffusion in compressed supercritical water*
J. Chem. Phys. 74(1981)6875 – 6880.

Landolt       Landolt-Börnstein
*Kalorische Zustandsgrößen*
6. Aufl., II. Band, 4. Teil.

Last 2000       W. Last, J. Stichlmair
*Bestimmung der Stoffübergangskoeffizienten mit Hilfe chemischer Absorptionen*
Chem.-Ing.-Tech. 72(2000)1362 – 1366.

Lax 1967       D'Àns Lax
*Taschenbuch für Chemiker und Physiker*
*Zustandsgrößen von Wasser, Sättigungsdruck, Dichte, Verdampfungsenthalpie und relative Werte der thermodynamischen Funktionen*
3. Aufl., 1. Band, Springer-Verlag, Berlin, 1967.

Lenz 1989      H. Lenz, M. Molzahn, D.W. Schmitt
*Produktionsintegrierter Umweltschutz – Verwertung von Reststoffen*
Chem.-Ing.-Tech. 61(1989)860 – 866.

Leofanti 1997a    G. Leofanti et al.
*Catalyst characterization: characterization techniques*
Catalysis Letters 34(1997)307 – 327.

Leofanti 1997b    G. Leofanti et al.
*Catalyst characterization: applications*
Catalysis Today 34(1997)329 – 352.

Levenspiel 1980   O. Levenspiel
*The Coming-Of-Age of Chemical Reaction Engineering*
Chem. Eng. Sci. 35(1980)1821 – 1839.

Lieberam 1986          A. Lieberam
*Expertensysteme für die Verfahrenstechnik*
Chem.-Ing.-Tech. 58(1986)9–14.

Linnhoff 1981          B. Linnhoff, J.A. Turner
*Heat-recovery networks: new insights yield big savings*
Chemical Engineering, November 2(1981)56–70.

Linnhoff 1983          B. Linnhoff
*New Concepts in Thermodynamics for Better Chemical Process Design*
Chem. Eng. Res. Des. 61(1983)207–223.

Lintz 1999          H.G. Lintz, A. Quast
*Partielle Oxidation im Integralreaktor: Möglichkeiten der mathematischen Beschreibung*
Chem.-Ing.-Techn. 71(1999)126–131.

Lipphardt 1989          G. Lipphardt
*Produktionsintegrierter Umweltschutz – Verpflichtung der Chemischen Industrie*
Chem.-Ing.-Tech. 61(1989)855–859.

Loo 2000          L. Loo, O. Ebbeke
*Restlos vernichten – Hightech-Verbrennungsanlagen in einem Chemie-Betrieb*
Chemie Technik 29(2000)12–14.

Lowenstein 1985          J. G. Lowenstein
*The Pilot Plant*
Chemical Engineering 9(1985)62–76.

Lück 1983          G. Lück
*Verfahrensentwicklung*
Fortschritte der Verfahrenstechnik 21(1983)473–486.

Luft 1969          G. Luft
*Die Berücksichtigung des Druckeinflusses auf die Geschwindigkeits-konstante bei der Berechnung Chemischer Hochdruckreaktoren*
Chem.-Ing.-Techn. 12(1969)712–721.

Luft 1973          G. Luft
*Kreislaufapparaturen für reaktionskinetische Messungen*
Chem.-Ing.-Techn. 45(1973)596–602.

Luft 1978a          G. Luft, O. Schermuly
*Kreislaufreaktor mit Treibstrahlantrieb für feststoffkatalysierte chemische Reaktionen*
Offenlegungsschrift 28 08 366, Anmeldetag: 27.2.1978.

Luft 1978b          G. Luft, R. Römer, F. Häusser
*Performance of Tubular and Loop Reactor in Kinetic Measurements*
ACS Symposium Series, No. 65, Chemical Reaction Engineering, 1978.

Luft 1989            G. Luft, Y. Ogo
                     *Activa Volumes of Polymerization Reactions*
                     *Polymer Handbook, 3th*
                     John Wiley&Sons, 1989.

Lunde 1985           K. E. Lunde
                     *Transfer pricing*
                     Chemical Engineering, Feb. 4(1985)85–87.

Maier 1986           S. Maier, F.-J. Müller
                     *Reaktionstechnik bei industriellen Hochdruckverfahren*
                     Chem.-Ing.-Techn. 58(1986)287–295.

Maier 1990           S. Maier, G. Kaibel
                     *Verkleinerung verfahrenstechnischer Versuchsanlagen –*
                     *was ist erreichbar?*
                     Chem.-Ing.-Tech. 62(1990)169–174.

Maier 1999           W.F. Maier
                     *Kombinatorische Chemie – Herausforderung und Chance f*
                     *ür die Entwicklung neuer Katalysatoren und Materialien*
                     Angew. Chemie 111(1999)1294–1296.

Maier 2000           W. F. Maier, G. Kirsten, M. Orschel, P. A. Weiss
                     *Combinatorial approaches to catalysts and catalysis*
                     Chimica Oggi/chemistry today (2000)15–20.

Marchetti 1982       C. Marchetti
                     *Die magische Entwicklungskurve*
                     Bild der Wissenschaft 10(1982)115–128.

Marquardt 1992       W. Marquardt
                     *Rechnergestützte Erstellung verfahrenstechnischer Prozeßmodelle*
                     Chem.-Ing.-Tech. 64(1992)25–40.

Marquardt 1999       W. Marquardt
                     *Von der Prozeßsimulation zur Lebenszyklusmodellierung*
                     Chem.-Ing.-Techn. 71(1999)1119–1137.

Mars 1954            P. Mars, D.W. van Krevelen
                     *Oxidations carried out by means of vanadium oxide catalysts*
                     Special Supp. Chem. Eng. Sci. 3(1954)41.

Marshall 1981        W. L. Marshall, E. U. Frank
                     *Ion Product of Water Substance*
                     J. Phys. Chem. Ref. Data 10(1981)295–304.

Martino 2000         G. Martino
                     *Catalysis for oil refining and petrochemistry, recent developments and*
                     *future trends*
                     Studies in Surface Science and Catalysis Vol. 130A,
                     12th International Congress on Catalysis, p. 83–103, Elsevier, 2000.

Masso 1969

A. H. Masso, D. F. Rudd
*The Synthesis of System Designs*
AIChE Journal 15(1969)10–17.

McCabe 1925

W. L. McCabe, E. W. Thiele
*Graphical Design of Fractionating Columns*
Ind. Eng. Chem. 17(1925)605–611.

Melzer 1980

W. Melzer; D. Jaenicke
*Ullmanns Enzyklopädie der technischen Chemie*
Verlag Chemie, Weinheim 1980, Band 5, S. 891f.

Mendoza 1998

V. A. Mendoza, V. G. Smolensky, J. F. Straitz
*Do your flame arrestors provide adequate protection?*
Hydrocarbon Processing Oct.(1998)63–69.

Menzinger 1969

M. Mezinger, R. L. Wolfgang
*Bedeutung und Anwendung der Arrhenius-Aktivierungsenergie*
Angew. Chem. 81(1969)446–452.

Menzler 1994

M. Menzler, W. Göpel
*Oberflächenphysik des Festkörpers*
Teubner, 2. Auflage, Stuttgart, 1994.

Mersmann 2000

A. Mersmann, K. Bartosch, B. Braun, A. Eble, C. Heyer
*Möglichkeiten einer vorhersagenden Abschätzung der Kristallisationskinetik*
Chem.-Ing.-Tech. 72(2000)17–30.

Mersmann 2000a

A. Mersmann, M. Löffelmann
*Crystallization and Precipitation: The Optimal Supersaturation*
Chem. Eng. Technol. 23(2000)11–15.

Messer 1998

A, Messer, V. Münch
*Hochwertiges Werkzeug für die Verfahrenssimulation*
Chem.-Ing.-Tech. 70(1998)29.

Messtechnik 1998

*Kleine Ströme kein Problem*
Chemie Technik 27(1998)22–24.

Meßumformer 1999

*Marktübersicht Meßumformer*
CITplus, Nr. 3, 2(1999)34.

Metivier 2000

P. Metivier
*Catalysis for fine chemicals: An industrial perspective*
Studies in Surface Science and Catalysis Vol. 130A,
12th International Congress on Catalysis, p. 167–176,
Elsevier, 2000.

Meyer-Galow 2000

E. Meyer-Galow
*Wo liegt die Zukunft der chemischen Industrie?*
Nachrichten aus der Chemie 48(2000)1234–1238.

Miller 1965

C. A. Miller
*New Cost Factors – Give Quick, Accurate Estimates*
Chemical Engineering 13(1965)226–239.

Miller 1997

J. A. Miller
*Basic research at DuPont*
CHEMTECH, April (1997)12–16.

Misono 1999

Misono
*New catalytic technologies in Japan*
Catalysis Today 51(1999)369–375.

Mittelstraß 1994

J. Mittelstraß
*Grundlagen und Anwendung – Über das schwierige Verhältnis*
*zwischen Forschung, Entwicklung und Politik*
Chem.-Ing.-Tech. 66(1994)309–315.

Molzahn 2001

M. Molzahn, K. Wittstock
*Verfahrensingenieure für das 21. Jahrhundert*
Chem.-Ing.-Tech. 73(2001)797–801.

Moro 1993

Y. Moro-oka
*New Aspects of Spillover-Effects in Catalysis*
Elsevier Science Publishers, 1993.

Mosberger 1992

E. Mosberger
*Jahrbuch der Chemiewirtschaft 1992/93*
*Führungskonzept mit zahlreichen Varianten*
Verlagsgruppe Handelsblatt GmbH, Düsseldorf, S. 200–205.

Müller – Erlwein 1998

E. Müller – Erlwein
*Chemische Reaktionstechnik*
B.G. Teubner, Stuttgart, 1998.

Münch 1992

V. Münch
*Patentbegriffe von A bis Z*
VCH, Weinheim, 1992.

Muthmann 1984

E. Muthmann
*Ermittlung der Investitionskosten von Chemieanlagen*
*in verschiedenen Projektphasen*
Chem.-Ing.-Tech. 56(1984)940–941.

Narin 1993

F. Narin, V. M. Smith, Jr., M. B. Albert
*What patents tell you about your competition*
CHEMTECH, Feb. (1993)52–59.

Niemantsverdriet 1993

J. W. Niemantsverdriet
*Spectroscopy in Catalysis*
VCH, Weinheim, 1993.

Notari 1991

B. Notari
*C-1 Chemistry, a critical review*
Catalytic Sci. and Technology 1(1991)55–76.

Ochi 1982              K. Ochi, S. Hiraba, K. Kojima
                       *Prediction of solid-liquid equilibria using ASOG*
                       J. Chem. Eng. Japan, 12(1982)59–61.

OECD 1981              *Modifizierter Zahn-Wellens Test*
                       OECD Guidelines for Testing of Chemicals, Paris 1981.

Oh 1998                M. Oh, I. Moon
                       *Framework of Dynamik Simulation for Complex Chemical Processes*
                       Korean J. Chem. Eng. 15(3)(1998)231–242.

Onken 1997             U. Onken
                       *The Development of Chemical Engineering in German Industry
                       and Universities*
                       Chem. Eng. Technol. 20(1997)71–75.

Ostrovskii 1997        N. M. Ostrovskii
                       *Probleme in Erprobung und Vorhersage der Einsatzdauer
                       von Katalysatoren*
                       Khim. prom 6(1997)61–72.

Ozero 1984             B. J. Ozero, R. Landau
                       Encyclopedia of Chemical Processing and Design, 1st ed, Vol. 20,
                       Marcel Dekker, New York, 1984, S. 274–318.

Ozonia                 *Die großtechnische Erzeugung und Anwendung von Ozon*
                       Firmenschrift der Ozonia Switzerland

Palluzi 1991           R. P. Palluzi
                       *Understand Your Pilot-Plant Options*
                       Chemical Engineering Progress, Jan. (1991)21–26.

Pasquon 1994           I. Pasquon
                       *What are the important trends in catalysis for the future?*
                       Applied Catalysis A: General 113(1994)193–198.

Perego 1997            C. Perego, P. Villa
                       *Catalyst preparation methods*
                       Catalysis Today 34(1997)281–305.

Perego 1999            C. Perego, S. Peratello
                       *Experimental methode in catalytic kinetics*
                       Catalysis Today 52(1999)133–145.

Perlitz 1985           M. Perlitz, H. Löbler
                       *Brauchen Unternehmen zum Innovieren Krisen?*
                       Zeitschrift für Betriebswirtschaft 55(1985)424–450.

Perlitz 2000           M. Perlitz
                       *Ein europäisches 21. Jahrhundert?*
                       Elektronik (2000)70–75.

Pernicone 1997                N. Pernicone
                              *Scale-up of catalyst production*
                              Catalysis Today 34(1997)535–547.

Peterssen 1965               E. E. Peterssen
                              *Chemical Reactor Analysis*
                              Prentice – Hall, Englewood Chiffs, 1965.

Petrochemie 1990             Die Petrochemie
                              *Erdöl und Kohle-Erdgas-Petrochemie 43(1990)375–376.*

Petzny 1997                  W. Petzny, G. Rossmanith
                              *Petrochemie und nachwachsende Rohstoffe*
                              Erdöl Erdgas Kohle 113(1997)294–296.

Petzny 1999                  W. J. Petzny, K. J. Mainusch
                              *Neue Wege zu Petrochemikalien*
                              Erdöl Erdgas Kohle 115(1999)597–602.

Pilz 1985                    V. Pilz
                              *Sicherheitsanalysen zur systematischen Überprüfung von Verfahren
                              und Anlagen – Methoden, Nutzen und Grenzen*
                              Chem.-Ing.-Tech. 57(1985)289–307.

Pinna 1998                   F. Pinna
                              *Supported Metal Catalysts Preparation*
                              Catalysis Today 41(1998)129–137.

Platz 1986                   J. Platz,. H. J. Schmelzer
                              *Projektmanagement in der industriellen Forschung und Entwicklung*
                              Springer-Verlag, Berlin, 1986.

Platzer 1996a                B. Platzer
                              *Massen- und ortsfeste Betrachtungsweisen
                              bei der Reaktormodellierung*
                              Chem.-Ing.-Tech. 68(1996)769–781.

Platzer 1996b                B. Platzer
                              *Basismodelle für Reaktoren – eine kritische Bilanz*
                              Chem.-Ing.-Tech. 68(1996)1395–1403.

Platzer 1999                 B. Platzer, K. Steffani, S. Grobe
                              *Möglichkeiten zur Vorausberechnung von Verweilzeitverteilungen*
                              Chem.-Ing.-Techn. 71(1999)795–807.

Plotkin 1999                 J. S. Plotkin, A. B. Swanson
                              *New technologies key to revamping petrochemicals*
                              Oil&gas Journal 13(1999)108–116.

Poe 1999                     C. Poe, K. Bonnell
                              *Selecting Low-flow Pumps*
                              Chemical Engineering, Feb. (1999)78–82.

Pohle
    H. Pohle
*Chemische Industrie – Umweltschutz, Arbeitsschutz, Anlagensicherheit*
VCH, Weinheim, 1991.

Poling 2001
    B. E. Poling, J. M. Prausnitz, J. P. O' Connell
*The properties of gases and liquids*
McGraw-Hill, New York, 5ed, 2001.

Popiel 1998
    C.O. Popiel, J. Wojtkowiak
*Simple Formulas for thermophysical Properties of Liquid Water
for Heat Transfer Calculations*
heat transfer engineering 19(1998)87–101.

Porter 1980
    M. E. Porter
*Competitive Strategy*
The Free Press, New York, 1980.

Porter 1985
    M. E. Porter
*Technology and Competitive Advantage*
J. Business Strategy (1985)60–89.

Prausnitz 1969
    J. M. Prausnitz
*Molecular Thermodynamics of Fluid-Phase Equilibria*
Prentice-Hall International Series in the Physical and
Chemical Engineering Sciences, 1969.

Prinzing 1985
    P. Prinzing, R. Rödl, D. Aichert
*Investitionskosten-Schätzung für Chemieanlagen*
Chem.-Ing.-Tech. 57(1985)8–14.

Puigjaner 1991
    L. Puigjaner, A. Espuna
*Computer-Oriented Process Engineering*
Elsevier, Amsterdam, 1991.

Qi 2001
    M. Qi, M. Lorenz, A. Vogelpohl
*Mathematische Lösung des Zweidimensionalen Dispersionsmodells*
Chem.-Ing.-Tech. 73(2001)1435–1439.

Quadbeck 1990
    H. J. Quadbeck-Seeger
*Chemie für die Zukunft – Standortbestimmung und Persepektiven*
Angew. Chem. 102(1990)1213–1224.

Quadbeck 1997
    H.-J. Quadbeck-Seeger
*Chemie Rekorde*
Wiley-VCH, Weinheim,1997.

Raichle 2001
    Raichle, Y. Traa, J. Weitkamp
*Aromaten: Von wertvollen Basischemikalien
zu Überschusskomponenten*
Chem.-Ing.-Tech. 73(2001)947–955.

Rauch 1997
    J. Rauch
*Mehrproduktanlagen*
WILEY-VCH, Weinheim, 1997.

Reher 1991     P. Reher
*Jahrbuch der Chemiewirtschaft 1991*
*Produktion mit umweltgerechter Entsorgung*
VCH, Weinheim, S. 213–217.

Reichel 1995    H.-R. Reichel
*Gebrauchsmuster- und Patentrecht – praxisnah*
Kontakt & Studium, 3.Aufl., Band 278, expert verlag, Renningen –
Malmsheim, 1995.

Reisener 2000   G. Reisener, M. Schreiber, R. Adler
*Korrektur reaktionskinetischer Daten des realen*
*Differential-Kreislaufreaktors*
Chem.-Ing.-Tech. 72(2000)1192–1195.

Robbins 1979   L. A. Robbins
*The Miniplant Concept*
CEP, Sep. (1979)45–47.

Romanow 1999   S. Romanow
*Catalysts – They just keep things reacting*
Hydrocarbon Processing, July (1999)15.

Roth 1991     L. Roth, G. Rupp
*Sicherheitsdatenblätter*
VCH, Weinheim, 1991.

Rothert 1992    A. Rothert
*Jahrbuch der Chemiewirtschaft 1992*
*Die Grenzen des Machbaren*
VCH, Weinheim, S. 28.

Sandler 1999    S. I. Sandler
*Chemical and Engineering Thermodynamics*
John Wiley&Sons, Inc., New York, 1999.

Santacesaria 1997  E. Santacesario
*Kinetics and transport phenomena*
Catalysis Today 34(1997)393–400.

Santacesaria 1997a  E. Santacesario
*Kinetics and transport phenomena in heterogeneous gas-solid*
*and gas-liquid systems*
Catalysis Today 34(1997)411–420.

Santacesaria 1999  E. Santacesario
*Fundamental chemical kinetics: the first step to reaction modelling*
*and reaction enigneering*
Catalysis Today 52(1999)113–123.

Sapre 1995    A. V. Sapre, J. R. Katzer
*Core of Chemical Reaction Engineering: One Industrial View*
Ind. Eng. Chem. Res. 34(1995)2202–2225.

Sattler 1995            K. Sattler
                        *Thermische Trennverfahren*
                        VCH, Weinheim, 2te Auflage, 1995.

Sattler 2000            K. Sattler, W. Kasper
                        *Verfahrenstechnische Anlagen*
                        *Planung, Bau und Betrieb*
                        Wiley-VCH, Weinheim, Band 1 und 2, 2000.

Scharfe 1991            G. Scharfe, B. Sewekow
                        *Produktionsintegrierter Umweltschutz: Das Beispiel Bayer*
                        Chemische Industrie (1991)17–20.

Scheiding 1989          W. Scheiding, H. Hartmann, P. Tönnishoff
                        *SATU86 – Simulationsrahmen zur dynamischen Prozeßsimulation*
                        *für den industriellen Einsatz*
                        Chem.-Ing.-Tech. 61(1989)292–299.

Schembecker 1996        G. Schembecker, K. H. Simmrock
                        *Alternativen schnell und zuverlässig*
                        Standort Spezial 20(1996)18.

Schembra 1993           M. Schembra; J. Schulze
                        *Schätzung der Investitionskosten bei der Prozeßentwicklung*
                        Chem.-Ing.-Tech. 65(1993)41–47.

Schierbaum 1997         B. Schierbaum, D. Rosskopp, D. Bröll, H. Vogel
                        *Integriertes Verfahren zur Reinigung von carbonsäurehaltigen*
                        *Prozeßabwässern*
                        Chem.-Ing.-Tech. 69(1997)519–523.

Schlicksupp 1977        H. Schlicksupp
                        *Kreative Ideenfindung in der Unternehmung*
                        Walter de Gruyter, Berlin, 1977.

Schlögl 1998            R. Schlögl
                        *Des Kaisers neue Kleider*
                        Angew. Chem. 110(1998)2467–2470.

Schneider 1965          K. W. Schneider
                        *Großanlagen in der Mineralölindustrie und Petrochemie*
                        Chem.-Ing.-Tech. 37(1965)875–879.

Schneider 1998          D. F. Schneider
                        *Build a Better Process Model*
                        Chemical Engineering Progress, April (1998)75–85.

Schönbucher 2002        A. Schönbucher
                        *Thermische Verfahrenstechnik*
                        Springer Verlag, Berlin, 2002.

Scholl 1995          S. Scholl, A. Polt, S. Krüger
                     *Ausgewählte Problempunkte bei Simulation und Gestaltung*
                     *rektifikativer Trennprozesse*
                     Chem.-Ing.-Tech. 67(1995)166–170.

Scholl 1996          S. Scholl
                     *Zur Bestimmung von Verschmutzungswiderständen*
                     *industrieller Wärmeträger*
                     Chem.-Ing. Tech. 68(1996)124–127.

Scholl 1997          A. Scholl
                     *Eine Maschine, sieben Funktionen*
                     *Dauerbrenner Flüssigkeitsringverdichter*
                     Chemie Technik 26(1997)48–62.

Schuch 1992          G. Schuch, J. König
                     *Jahrbuch der Chemiewirtschaft 1992*
                     *Mehrproduktanlagen – Stetiger Wandel aus Erfahrung*
                     VCH, Weinheim, 1993, S. 195–206.

Schuler 1995         H. Schuler
                     *Prozeßsimulation*
                     VHC, Weinheim 1995.

Schulz 1990          A. Schulz – Walz
                     *Meß- und Dosiertechnik beim Betrieb von Miniplants*
                     Chem.-Ing.-Tech. 62(1990)453–457.

Schwenk 2000         E. F. Schwenk
                     *Sternstunden der frühen Chemie*
                     Verlag C. H. Beck, München, 2. Auflage, 2000.

Seider 1999          W. D. Seider, J. D. Seader, D. R. Lewin
                     *Process Design Principles*
                     John Wiley&Sons, Inc., New York, 1999.

Semel 1997           R. Semel
                     *Verfahrensbearbeitung heute*
                     Nachr. Chem. Tech. Lab 45(1997)601–607.

Senkan 1998          S. M. Senkan
                     *Hight-throughput screening of solid-state catalyst libraries*
                     Nature 394(1998)350–353.

Senkan 1999          S. M. Senkan, S. Ozturk
                     *Discovery and Optimization of Heterogeneous Caalysts*
                     *by Using Combinatorial Chemistry*
                     Angew. Chem. Int. Ed. 38(1999)791–795.

Senkan 2001          S. Senkan
                     *Kombinatorische heterogene Katalyse*
                     Angew. Chemie 113(2001)322–341.

Shinnar 1991      R. Shinnar
*The future of the chemical industries*
CHEMTECH, Jan. (1991)58–64.

Siegert 1999      M. Siegert, J. Stichlmair, J.-U. Repke, G. Wozny
*Dreiphasenrektifikation in Packungskolonnen*
Chem.-Ing.-Tech. 71(1999)819–823.

Solinas 1997      M.A. Soloinas
*Methodologies for economic and financial analysis*
Catalysis Today 34(1997)469–481.

Sowa 1997      Ch. J. Sowa
*Process Development: A Better Way*
Chemical Engineering Progress, Feb. (1997)109–112.

Sowell 1998      R. Sowell
*Why a simulation system doesn't match the plant*
Hydrocarbon Processing, March (1998)102–107.

Specht 1988      G. Specht, K. Michel
*Integrierte Technologie- und Marktplanung mit Innovationsportfolios*
Zeitschrift für Betriebswirtschaft 58(1988)502–520.

Splanemann 2001      R. Splanemann
*Production Simulation –*
*A Strategic Tool to Enable Efficient Production Processes*
Chem. Eng. Technol. 24(2001)571–573.

Srinivasan 1997      R. Srinivasan et al.
*Micromachined Reactors for Catalytic Partial Oxidation Reactions*
AIChE Journal 43(1997)3059.

Standort 1995 Felcht      U.-H. Felcht
*Millionenbeträge einsparen*
Standort spezial 22(1995)17.

Steele 1984      G. L. Steele jr.
*Common LISP: The Language*
Digital Press, 1984.

Steinbach 1999      A. Steinbach
*Verfahrensentwicklung und Produktion*
CITplus, Heft 3, 2(1999)28–29.

Steiner 1967      R. Steiner, G. Luft
*Die simultane Abhängigkeit der Reaktionsgeschwindigkeit von Druck und Temperatur*
Chem. Engng. Sci. 22(1967)119–126.

Stephanopoulos 1976      G. Stephanopolous, A.W. Westerberg
*Evolutionary Synthesis of Optimal Process Flowsheets*
Chemical Engineering Science 31(1976)195–204.

Steude 1997      H. E. Steude, L. Deibele, J. Schröter
*MINIPLANT-Technik – ausgewählte Aspekte der apparativen Gestaltung*
Chem.-Ing.-Tech. 69(1997)623–631.

Stewart 1993      I. Stewart
*Spielt Gott Roulette? Uhrwerk oder Chaos?*
Insel Verlag, Frankfurt, Leipzig, 1993.

Streit 1991      B. Streit
*Lexikon Ökotoxikologie*
VCH, Weinheim, 1991.

Strube 1998      J. Strube, H. Schmidt-Traube, M. Schulte
*Auslegung; Betrieb und ökonomische Betrachtung chromatographischer Trennprozesse*
Chem.-Ing.-Tech. 70(1998)1271–1279.

Strube 1998      J. Strube, H. Schmidt-Traub, M. Schulte
*Auslegung, Betrieb und ökonomische Betrachtung chromatographischer Trennprozesse*
Chem.-Ing.-Tech. 70(1998)1271–1270.

Sulzer      Sulzer Chemtech AG
*Fraktionierte Kristallisation*
Industriestr. 8
CH-9471 Buchs/ Switzerland

Sulzer 1987      Sulzer
*Kreiselpumpen Handbuch*
Gebrüder Sulzer AG, Winterthur, Schweiz, 2. Auflage, 1987.

Swodenk 1984      W. Swodenk
*Umweltfreundlichere Produktionsverfahren in der chemischen Industrie*
Chem.-Ing.-Tech. 56(1984)1–8.

Szöllosi 1998      M. Szöllözi-Janze
*Fritz Haber 1868–1934*
Verlag C.H. Beck, München, 1998, S. 287.

Teifke 1997      J. Teifke
*Die Flüssigkeitsring-Vakuumpumpe als verfahrenstechnische Maschine*
Vakuum in Forschung und Praxis 2(1997)85–92.

Thiele 1939      E. W. Thiele
Relation between Catalytic Activity and Size of Particle
Ind. Eng. Chem. 31(1939)916–920.

Thomas 1994      J. M. Thomas
*Wendepunkt der Katalyse*
Angew. Chem. 106(1994)963–989.

Tröster 1985                  E. Tröster
                              *Sicherheitsbetrachtungen bei der Planung von Chemieanlagen*
                              Chem.-Ing.-Tech. 57(1985)15–19.

Tostmann 2001                 K.-H. Tostmann
                              *Korrosion – Ursachen und Vermeidung*
                              Wiley-VCH, Weinheim, 2001.

Trotta 1997                   R. Trotta, I. Miracca
                              *Approach to the industrial process*
                              Catalysis Today 34(1997)429–446.

Trum 1986                     P. Trum, N. R. Iudica
                              *Expertensysteme – Aufbau und Anwendungsgebiete*
                              Chem.-Ing.-Tech. 58(1986)6–9.

Uhlemann 1996                 J. Uhlemann, V. Garcia, M. Cabassud, G. Casamatta
                              *Optimierungsstrategien für Batchreaktoren*
                              Chem.-Ing.-Tech. 68(1996)917–926.

Ullmann                       Ullmann's Encyclopedia of Industrial Chemistry
                              5$^{th}$ ed.

Ullmann 1 Ohara 1985          T. Ohara
                              *Acrylic Acid and Derivatives*
                              Ullmann, 5$^{th}$ ed., Vol. A1, 1985, S. 161ff.

Ullmann 2 Henkel 1992         K.-D. Henkel
                              *Reatortypes and their Industrial Applications*
                              Ullmann, 5$^{th}$ ed., Vol. B4; 1992; S. 87ff.

Van Heek 1999                 K.H. Van Heek
                              *Entwicklung der Kohlenwissenschaft im 20. Jahrhundert (1)*
                              Erdöl Erdgas Kohle 115(1999)546–551.

VCI 1995                      Verband der Chemischen Industrie
                              *Jahresbericht 1994/95*
                              Frankfurt, 1995.

VCI 2000                      *Jahresbericht*
                              Verband der Chemischen Industrie e. V., 30. Juni 2001, 60329
                              Frankfurt.

VCI 2001                      *Chemiewirtschaft in Zahlen 2001*
                              Verband der Chemischen Industrie e. V., Karlstr. 21,
                              60329 Frankfurt. www.chemische-industrie.de

VDI-Wärmeatlas                *VDI-Wärmeatlas- Berechnungsblätter für den Wärmeübergang*
                              Herausgeber: Verein Deutscher Ingenieure, VDI-Gesellschaft
                              Verfahrenstechnik und Chemieingenieurwesen (GVC)
                              VDI Verlag, 6te Auflage, Düsseldorf, 1991.

Villermaux 1995          J. Villermaux
                         *Future Challenges in Chemical Engineering Research*
                         Tans IChemE 73(1995)105 – 109.

Vogel 1981a              H. Vogel, A. Weiss
                         *Transport Properties of Liquids.*
                         *I. Self-Diffusion, Viscosity and Density of Nearly Spherical and*
                         *Disk Like Molecules in the Pure Liquid Phase*
                         Ber. Bunsenges. Phys. Chem. 85(1981)539 – 548.

Vogel 1981b              H. Vogel, A. Weiss
                         *Transport Properties of Liquids.*
                         *II. Self-Diffusion of Almost Spherical Molecules in Athermal*
                         *Liquid Mixtures*
                         Ber. Bunsenges. Phys. Chem. 85(1981)1022 – 1026.

Vogel 1982               H. Vogel
                         *Transporteigenschaften reiner Flüssigkeiten und binärer Mischungen*
                         Doktorarbeit Darmstadt 1982, D17.

Vogel 1997               H. Vogel
                         *Entwicklung von chemischen Prozessen: Stand der Technik und*
                         *Trends in der Forschung*
                         Technische Hochschule Darmstadt
                         thema Forschung 1(1997104 – 106).

Vogel 1999               H. Vogel et al.
                         *Chemie in überkritischem Wasser*
                         Angew. Chem. 111(1999)3180 – 3196.

Vogel 2001               H. Vogel
                         *rational catalyst design für Acrylsäure*
                         CHEManager, Polymer Forschung Darmstadt,
                         Deutsches Kunststoff-Institut
                         GIT Verlag, Darmstadt, 2001, S. 34 – 35.

Volmer 1931              M. Volmer, W. Schultz
                         *Kondensation an Kristallen*
                         Zeitschrift für Phys. Chem. 156(1931)1 – 22.

Vvedensky 1994           D. Vvedensky
                         *Partial Differential Equations with Mathematica*
                         Addison-Wesley Publishing Company, Wohingham, England,
                         1994.

Wagemann 1997            K. Wagemann
                         *Wie neue Technologien entstehen*
                         Nachr. Chem. Tech. Lab. 45(1997)273 – 275.

Wagener 1972             D. Wagener
                         *Kostenermittlung im Anlagenbau für die chemische Industrie*
                         Technische Mitteilungen 65(1972)542 – 547.

| | |
|---|---|
| Walter 1997 | D. W. Walter<br>*The future of patent searching*<br>CHEMTECH 27(1997)16–20. |
| Wang 1999 | S. Wang, H. Hofmann<br>*Strategies and methods for the investigation of chemical reaction kinetics*<br>Chem. Eng. Sci. 54(1999)1639–1647). |
| Watzenberger 1999 | O. Watzenberger, E. Ströfer, A. Anderlohr<br>*Instationär-oxidative Dehydrierung von Ethylbenzol zu Styrol*<br>Chem.-Ing.-Tech. 71(1999)150–152. |
| Weber 1996 | K. H. Weber<br>*Inbetriebnahme verfahrenstechnischer Anlagen*<br>VDI Verlag, Düsseldorf, 1996. |
| Wedler 1997 | G. Wedler<br>*Lehrbuch der Physikalischen Chemie*<br>4. Aufl.; VCH; Weinheim; 1997. |
| Weierstraß 1999 | Weierstraß<br>*Dynamische Prozeßsimulation*<br>Chem.-Ing.-Techn. 71(1999)1118. |
| Weissermel 1994 | K. Weissermel, H.-J. Arpe<br>*Industrielle Organische Chemie – Bedeutende Vor- und Zwischenproduklte*<br>4. Aufl., VCH, Weinheim, 1994. |
| Weisz 1954 | P. B. Weisz, D. Prater<br>*Interpretation of Measurements in Experimental Catalysis*<br>Adv. Catal. 6(1954)143–196. |
| Wengerowski 2001 | J. Wengerowski<br>*Anlagenbau – von der Idee bis zur Inbetriebnahme*<br>Bioworld 1(2001)12–13. |
| Westerterp 1992 | K. R. Westerterp<br>*Multifunctional Reaktors*<br>Chemical Engineering Science 47(1992)2195–2206. |
| Wiesner 1990 | J. Wiesner<br>*Produktionsintegrierter Umweltschutz in der chemischen Industrie*<br>DECHEMA, Frankfurt, 1990. |
| Wijngaarden 1998 | R.J. Wijngaarden, A. Kronberg, K.R. Westerterp<br>*Industrial Catalysis*<br>Wiley-VCH, Weinheim, 1998. |
| Willers 2000 | Y. Willers, U. Jung<br>*Gibt es das überhaupt: „Spezialchemikalien"?*<br>Nachrichten aus der Chemie 48(2000)1374–1377. |

Wilson 1971
G. T. Wilson
*Capital investment for chemical plant*
Brit. Chem. Eng. Proc. Tech. 16(1971)931.

Wirth 1994
W.-D. Wirth
*Patente lesen, nicht nur zählen*
Nachr. Chem. Tech. Lab. 42(1994)884.

Wörsdörfer 1991
U. Wörsdörfer, U. Müller-Nehler
*Jahrbuch der Chemiewirtschaft 1991*
*Ein Gewinn für die Forschung*
VCH, Weinheim, S. 183–186.

Wörz 1995
O. Wörz
*Process development via a miniplant*
Chemical Engineering and Processing 34(1995)261–268.

Wörz 2000
O. Wörz, K.-P. Jäckel, T. Richter, A. Wolf
*Mikroreaktoren – Ein neues Werkzeug für die Reaktorentwicklung*
Chem.-Ing.-Techn. 72(2000)460–463.

Wörz 2000a
O. Wörz
*Wozu Mikroreaktoren?*
Chemie in unserer Zeit 34(2000)24–29.

Wozny 1991
G. Wozny
*Jahrbuch der Chemiewirtschaft 1991*
*Software macht den Fortschritt*
VCH, Weinheim, 1992, S. 153–158.

Wozny 1991a
G. Wozny, L. Jeromin
*Dynamische Prozeßsimulation in der industriellen Praxis*
Chem.-Ing.-Techn. 63(1991)313–326.

Yau 1995
Te-Lin Yau, K. W. Bird
*Manage Corrosion with Zirconium*
Chem. Eng. Progress (1995)42–46.

Yaws 1988
C. Yaws, P. Chiang
*Enthalpy of formation for 700 major organic compounds*
Chemical Engineering (1988)81–88.

Yaws 1994
C. Yaws, X. Lin, L. Bu
*Calculate Viscosities for 355 Liquids*
Chemical Engineering April(1994)119–128.

Zeitz 1987
M. Zeitz
*Simulationstechnik*
Chem.-Ing.-Tech. 59(1987)464–469.

Zevnik 1963
F. C. Zevnik, R. L. Buchanan
*Generalized correlation of proces investment*
Chem. Eng. Progress 59(1963)70–77.

Zlokarnik 1989           M. Zlokarnik
*Umweltschutz – eine ständige Herausforderung*
Chem.-Ing.-Tech. 61(1989)378–385.

Zlokarnik 2000           M. Zlokarnik
*Scale-up, Modellübertragung in der Verfahrenstechnik*
Wiley-VCH, Weinheim, 2000.

# Register

*Lehrbuch Chemische Technologie. Grundlagen Verfahrenstechnischer Anlagen.* G. Herbert Vogel
Copyright © 2004 WILEY-VCH Verlag GmbH & Co. KGaA, Weinheim
ISBN: 3-527-31094-0